大规模移动对象轨迹压缩及其时空索引查询技术

赵东保　著

·北京·

内 容 提 要

伴随着移动互联网、卫星导航、智能手机等技术的快速进步，基于位置的服务催生了巨量用于刻画移动对象运动的时空轨迹数据，并被广泛应用于智能交通系统的分析决策、城市规划、人群移动规律分析等领域。本书重点对移动轨迹的数据压缩、时空索引和数据查询等进行了全面系统的论述。既有对传统经典方法的回顾性总结，又有对最新技术的引入和介绍，并且还穿插展示了研究团队在综合考虑两个技术研究领域方面所开展的研究性工作和成果。

本书可供GIS专业人员、软件开发人员、数据分析师、数据库管理人员、科研人员和相关院校师生参考。

图书在版编目（CIP）数据

大规模移动对象轨迹压缩及其时空索引查询技术 / 赵东保著. -- 北京 : 中国水利水电出版社, 2023.11
ISBN 978-7-5226-1911-8

Ⅰ. ①大… Ⅱ. ①赵… Ⅲ. ①数据管理 Ⅳ. ①TP274

中国国家版本馆CIP数据核字(2023)第217539号

书　名	**大规模移动对象轨迹压缩及其时空索引查询技术** DAGUIMO YIDONG DUIXIANG GUIJI YASUO JI QI SHIKONG SUOYIN CHAXUN JISHU
作　者	赵东保　著
出版发行	中国水利水电出版社 （北京市海淀区玉渊潭南路1号D座　100038） 网址：www.waterpub.com.cn E-mail：sales@mwr.gov.cn 电话：（010）68545888（营销中心）
经　售	北京科水图书销售有限公司 电话：（010）68545874、63202643 全国各地新华书店和相关出版物销售网点
排　版	中国水利水电出版社微机排版中心
印　刷	清淞永业（天津）印刷有限公司
规　格	184mm×260mm　16开本　9.5印张　231千字
版　次	2023年11月第1版　2023年11月第1次印刷
定　价	**88.00**元

前　言

近些年来，伴随着移动互联网、卫星导航设备和智能手机的日益普及，基于位置的服务在国民经济和社会发展中变得愈发重要，深刻影响了人民的日常生活，并由此涌现出大规模的各类轨迹数据。上班族每天的通勤路线，大街小巷出租车的行驶路线，大气 PM2.5 季节传输路径，全球台风的运行路径，鸟类、鱼类、昆虫等随季节变化的迁移路线等这些无不构成了各类轨迹数据。从智能手机到视频监控、卫星影像，再到社交网络等方式都成为轨迹数据的获取来源，轨迹数据变得日益复杂和多样，数据量十分庞大。通过对轨迹数据的分析，可以挖掘人类活动规律和动植物迁移规律，分析车辆、大气环境等的移动特征。特别地，在城市计算领域，基于城市交通的轨迹数据处理能够为优化交通路线、个性化推荐路线、实时路况计算和预测、城市规划、缓解交通拥堵等提供有力的解决方案。

尽管轨迹数据就像一座宝藏，蕴含着丰富的信息资源，但由于日积月累所形成的数据量过于庞大，使得对于海量轨迹数据的传输、管理、检索和挖掘均构成了严峻挑战。为了更好地存储和管理数据，高效的轨迹数据压缩方法显然是解决问题的重要途径。当前，在轨迹数据管理、分析和应用的各个研究领域中，仍有一系列难点有待深入解决。其中一个关键难题是如何确保对海量轨迹数据进行有效压缩的同时，又能保证可以对压缩后的轨迹数据进行高效的时空查询和检索。单独对轨迹数据进行压缩，或者单独对轨迹数据进行时空查询，这二者均已有较为成熟的研究成果，但是将两者结合在一起进行综合考量，问题就变得复杂起来。作者主持的国家自然科学基金项目“道路网约束下的大规模车辆轨迹数据压缩及其时空索引方法”（41971346）专门针对这个问题进行了系统而又深入的研究工作，取得了一系列研究成果，重点解决了如何进一步提高车辆轨迹数据压缩方法的压缩比和如何针对压缩车辆轨迹数据进行时空索引和查询两个关键难题，实现了既能对车辆轨迹进行高度数据压缩，同时又确保能在无须解压缩或少量解压缩前提下，直接对压缩车辆轨迹进行较为全面和快速的时空查询等目标。相关研究成果对移动对象轨迹数据管理具有重要意义。

本研究受国家自然科学基金项目“道路网约束下的大规模车辆轨迹数据压

缩及其时空索引方法”（41971346）的专项资助，对大规模移动对象的轨迹压缩及其时空索引查询技术进行了深入剖析和叙述，既有对各类传统经典方法的全面介绍，又有对各类最新技术深入浅出的论述，还同时穿插讲述了研究团队在轨迹压缩和轨迹索引方面所开展的研究性工作和成果。全书共包括6章，第1章概括性介绍了移动对象轨迹数据管理的相关背景，轨迹数据的特征和分类等。第2章介绍了轨迹数据的预处理工作，包括轨迹数据清洗，轨迹数据相似性度量和地图匹配等。第3章从基于特征点的轨迹压缩，基于道路网约束的轨迹压缩，基于相似性的轨迹压缩和基于语义的轨迹压缩四个方面重点探讨了轨迹压缩相关技术。第4章剖析了移动对象及其轨迹数据的各类时空查询方法。第5章介绍了常用的空间索引方法。在第5章的基础上，第6章全面论述了移动对象及其轨迹数据的各类时空索引方法。

研究生张凯旋、熊文辉、刘湃和中水淮河规划设计研究院尹殿胜在书稿整理过程中也付出了大量劳动，一并感谢！

限于作者水平，书中难免存在缺点和错误，敬请广大读者批评指正。

作者

2023年10月

目　录

前言

第 1 章　移动对象轨迹时空数据概述 …… 1

1.1　移动对象数据管理相关背景 …… 1

1.2　轨迹数据相关定义 …… 2

1.3　轨迹数据的分类 …… 3

1.4　轨迹数据的特征 …… 4

1.5　轨迹数据处理分析框架 …… 5

第 2 章　移动对象轨迹数据基础性处理 …… 7

2.1　轨迹数据采集 …… 7

2.2　轨迹数据清洗 …… 10

2.3　轨迹数据相似性度量 …… 13

2.4　轨迹数据地图匹配 …… 18

参考文献 …… 22

第 3 章　轨迹数据压缩 …… 24

3.1　轨迹压缩精度衡量指标 …… 24

3.2　基于特征点提取的轨迹压缩方法 …… 26

3.3　基于道路网约束的轨迹压缩方法 …… 35

3.4　基于相似性的轨迹压缩方法 …… 45

3.5　基于语义的轨迹压缩方法 …… 48

参考文献 …… 51

第 4 章　大规模移动对象的时空数据查询 …… 53

4.1　时空数据模型 …… 53

4.2　移动对象的时空数据查询 …… 54

4.3　轨迹数据的时空查询 …… 56

4.4　移动对象的最邻近查询 …… 58

参考文献 …… 68

第 5 章　常用空间索引方法 …… 70

5.1　B 树及其变种 …… 70

5.2　KD 树及其变种 …… 73

5.3　四叉树及其变种 …… 75

5.4 R树及其变种 …… 79
5.5 空间填充曲线 …… 92
参考文献 …… 95
第6章 大规模移动对象及其轨迹数据时空索引方法 …… 97
6.1 对历史移动对象的时空索引 …… 97
6.2 对当前移动对象的时空索引 …… 105
6.3 对未来移动对象的时空索引 …… 107
6.4 对所有时间点移动对象的索引 …… 115
6.5 面向文本语义的轨迹时空索引 …… 117
6.6 面向分布式系统的移动对象时空索引 …… 121
6.7 面向相似查询的轨迹时空索引 …… 126
6.8 面向压缩轨迹路径查询的时空索引 …… 129
6.9 顾及轨迹压缩的车辆路径查询算法 …… 137
参考文献 …… 142
第7章 总结和展望 …… 144
7.1 总结 …… 144
7.2 展望 …… 144

第1章 移动对象轨迹时空数据概述

在移动互联网、卫星导航、基于位置的服务等技术高速发展的背景下，涌现出了大量的轨迹数据。轨迹数据具有典型的时空特征，他们是地理空间加上时间轴所形成的多维空间中的一条曲线，可以表示移动对象在一段较长时间范围内的位置变化。每条轨迹由序列时空采样点构成，其中每个采样点记录了位置、时间、方向、速度、周边环境感知甚至人与社会交互活动等各方面的信息，刻画了人们在时空环境下的个体移动和行为历史。海量轨迹数据中不仅蕴含了群体对象的泛在移动模式与规律，例如人群的移动与活动特征、交通拥堵规律等，还揭示了交通演化的内在机理。通过分析移动对象的轨迹数据可以获得移动对象运动的相关特征信息以便更好地服务于智能交通和智慧城市等领域。伴随着这种轨迹数据量的爆炸性增长，移动对象的轨迹压缩、索引与查询问题是移动对象时空数据库最重要的基础性功能需求，尽管在该领域也已取得了一系列富有价值的研究成果，但仍有一系列难点问题需要进一步深入探索和分析。

1.1 移动对象数据管理相关背景

在地理信息科学领域，移动对象是近年来新出现的研究话题。所谓移动对象是指地理世界中广泛存在的具有时空和属性特征运动状态的地理实体，包括行人和动物、交通工具（如车辆、船舶等）、自然现象（如台风等气象事件）等。和移动对象数据管理具有密切联系的背景知识主要有移动对象时空数据库和基于位置的服务。

1.1.1 移动对象时空数据库

移动对象时空数据库是广义上的时空数据库中一个特例，时空数据库是时态数据库与空间数据库的统一体，它是在空间数据库的基础上增加时间要素而构成的三维或四维数据库，即同时包括时间、空间与属性元素，主要用于存储与管理位置或形状随时间而变化的各类地理对象。时空数据库主要是针对对象的时空信息进行分析处理，通常涉及时空对象表达、时空数据建模、时空数据索引、时空数据查询以及时空数据库的体系结构等几个方面的研究内容。移动对象时空数据库直属于时空数据库的研究范围，但又是一个新兴的数据库分支。它主要针对离散的和连续变化的移动对象数据，尤其是对移动对象所产生的轨迹数据提供全方位的数据存储和查询支持，其可以用于智能交通管理、军事指挥系统、货物运输管理、基于位置的服务等。移动对象时空数据库的主要目标是允许用户在数据库中表示移动对象，并可以支持时空变化，也就是移动相关的用户查询。移动对象时空数据库也需要从底层结合移动对象的运动特征研究数据模型、查询代数、查询语言、索引、查询优化等数据库的基础性理论和技术，移动对象时空数据库一般需要提供如下功能：①移动对象位置建模，解决模型框架下的数据表示与存储；②移动对象索引；③移动对象位置更新及预测策略；④移动对象查询处理等。移动对象数据库商业化程度整体不高，业界可应用的系统如 PostGIS 数据库的 temporal 模块，Ganos 时空数据库等。

1.1.2　基于位置的服务

基于位置的服务（Location Based Services，LBS）是指围绕地理位置数据而展开的服务，其由移动终端使用无线通信网络或卫星定位系统，基于时空数据库，获取用户的地理位置坐标信息并与其他信息集成以向用户提供所需的与位置相关的增值服务。服务提供商获得移动对象的位置以后，用户可以进行与该位置相关的查询。

根据信息的获取方式不同，基于位置的服务可分为主动获取服务和被动接收服务两种。主动获取服务是指用户通过终端设备主动发送明确的服务请求，服务提供商根据用户所处的位置以及用户的需求将信息返回给用户。例如，用户通过手机终端发送一个请求“离我最近的加油站在哪里”给服务提供商。被动接收服务与主动获取服务相反，用户没有明确发送服务请求，而是当用户到达一个地点时，服务提供商就会自动将相关信息返回给用户。最常见的就是在坐火车的长途旅行中，每到一个城市，用户就会接收到该城市的天气预报以及住宿相关的广告信息。

根据服务的查询技术不同，基于位置的服务又可以分为点查询服务和连续查询服务。点查询服务是指根据查询条件一次执行，返回查询结果。主动获取服务中常采用这种查询技术，如用户查询最近的公交站牌。连续查询是根据用户位置的持续变化更新查询结果。通常情况下，被动接收服务通过连续查询来实现，如天气预报短信提醒服务。

根据使用服务的对象不同，位置服务又可以分为特定服务和通用服务。特定服务是指为特定服务对象（特定用户或特定区域）提供的服务，如博物馆中的文物讲解服务。特定服务需要维护特定数据集合，如博物馆文物的相关信息等。通用服务是指通信提供商对其所有用户提供的通用服务。常见的通用服务有目录、网关、位置工具、路径和导航等。

基于位置的服务的共同特点是服务提供的过程，首先是用户定位，然后将位置信息以及上下文信息传输给信息处理中心，之后通过上下文信息查询相关服务，最后将服务提供给用户。

1.2　轨迹数据相关定义

移动对象管理最重要的是对移动对象所产生的轨迹数据进行管理，为了方便挖掘时空轨迹数据的内在信息，需要对轨迹数据进行基本的模型构建，统一轨迹数据的表示结构，本节重点介绍轨迹数据的相关术语。

轨迹点：设 t 是一个时间戳，$(x, y)\in R^2$，一个轨迹点 p_i 可以表示为 (x_i, y_i, t_i)，代表第 i 个轨迹点在 t_i 时刻所处的空间位置 (x_i, y_i)，一般用地理坐标（经纬度）表示轨迹点的空间位置。

移动轨迹：轨迹 T 是指由轨迹点按照时间排序而得到的连续序列，是同时具有时间和空间属性的时空轨迹。时空轨迹实质是时间到空间上的映射，可抽象为式（1-1），表示在某一时刻 $t(t\in R^{+})$，可通过连续函数 lot 得到移动对象在 d 维（$d=2$ 或 3）空间 R^{d} 中的位置。当 $d=2$，即在二维空间下时，一条轨迹可采用式（1-2）表示，其中 Tid 表示该条轨迹的标识码，$p_i(x_i,y_i,t_i)$，$(1\leqslant i\leqslant n)$ 是组成轨迹的轨迹点。

$$lot:R^{+}\rightarrow R^{d} \tag{1-1}$$

$$T=\begin{cases}\{Tid,(x_1,y_1,t_1),(x_2,y_2,t_2),\cdots,(x_n,y_n,t_n)\}\\ \{Tid,p_1,p_2,\cdots,p_n\}\end{cases} \tag{1-2}$$

子轨迹：设 S 是一条轨迹，表示为 $S=\{Sid,(x_{u_1},y_{u_1},t_{u_1}),(x_{u_2},y_{u_2},t_{u_2}),\cdots,(x_{u_c},y_{u_c},t_{u_c})\}$，满足条件 $1\leqslant u_1<\cdots<u_c<n$ 且 $u_{j+1}=u_j+1(1\leqslant j<c)$，则称 S 为轨迹 T 的一条子轨迹，表示为 $S\in T$。子轨迹示意如图 1-1 所示，虚线表示的两个轨迹段 $S_1=\{p_3,p_4,p_5\}$ 和 $S_2=\{p_6,p_7,p_8\}$ 均为原始轨迹 $T=\{Tid,(x_1,y_1,t_1),(x_2,y_2,t_2),\cdots,(x_8,y_8,t_8)\}$ 的子轨迹。

压缩轨迹：压缩轨迹 T' 是通过对原始轨迹点（N 个）进行特征点筛选而由保留的特征点（M 个）所构成的能代表原始轨迹形状的最佳近似曲线。压缩轨迹示意如图 1-2 所示，压缩后的轨迹 $T'=\{p_1,p_3,p_5,p_8\}$ 可以近似的代表原始轨迹的形状。

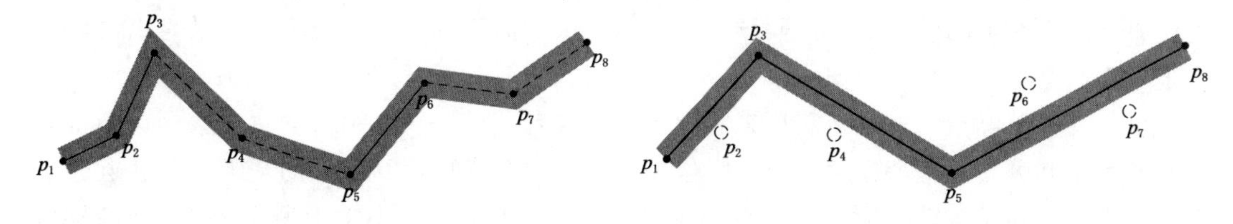

图 1-1 子轨迹示意图　　　　图 1-2 压缩轨迹示意图

道路节点：道路节点一般是指道路交叉口，除此之外，道路特性发生变化的点、可能进行转向操作的点以及客源或货源生成点也是道路节点。

道路路段：道路网络中相邻两个节点之间的交通线路称为一个路段。

道路网：道路网是一个有向图，用来描述真实世界路网的拓扑结构，定义为 $G=(V,E)$，其中 $V=(v_1,v_2,\cdots,v_n)$ 是道路网中 n 个道路节点的集合，$E=(e_1,e_2,\cdots,e_m)$ 是道路网中 m 个路段的集合。

行驶路径：在车辆行驶过程中经过的一系列连续路段所组成的路径称为行驶路径。

1.3 轨迹数据的分类

轨迹数据多是通过对一个或多个移动对象运动过程的持续采样而形成，一般包括采样点位置、采样时间等数据。轨迹数据来源多样并且复杂，可以通过卫星定位、WIFI 服务、通信基站、公交卡刷卡等采集，还可以借助射频识别、视频监控、卫星遥感和社交媒体签到等不同方式来获取。由于传感器技术的快速发展，除了轨迹点的采样坐标和采样时间外，诸如移动对象的速度、方向、姿态、气压和温度等各类数据也可以伴随坐标数据的采集而同时获取，这就使得轨迹数据成为类似于卫星影像、矢量地图等同等重要程度的基础性地理信息，为地理时空分析提供了重要的数据源。轨迹数据一般包括人类活动轨迹、交通工具活动轨迹、动物活动轨迹和自然规律活动轨迹等，其数据来源见表 1－1。

表 1－1　轨迹数据来源情况

数据种类	采集方式	采样频率	日均数据量（采样点）	数据总量
车辆轨迹	车载 GPS	秒级、分钟级	千万～亿级	TB 级
移动轨迹	地图 APP	秒级、分钟级	千万～百亿级	TB 级、PB 级
手机轨迹	蜂窝基站	分钟级	十亿～百亿级	TB 级、PB 级
公交轨迹	公交卡	小时级	百万～千万级	TB 级、PB 级
卡口数据	卡口抓拍	分钟级	千万级	TB 级
行为轨迹	社交媒体	分钟级、小时级	百万～千万级	PB 级

（1）人类活动轨迹数据包括主动式记录数据和被动式记录。主动式记录数据是人们主动公开自身的轨迹信息。例如，分享到某个景点的旅游路线、一段爬山轨迹、一段自行车骑行锻炼的轨迹等。此外，通过社交网络的照片分享、邮件来往也可获取一系列活动轨迹，这也属于人类活动轨迹数据的一类。被动式记录是用户在无意间开启定位服务而暴露的也具有时空特征的轨迹数据。同样，用户的信用卡消费行为、公交刷卡记录等也可以汇聚成具有时空特征的轨迹数据。

（2）交通工具活动轨迹是利用车载导航设备或者手机导航所记录的轨迹数据。最常见的有出租车和公交车上所搭载的卫星定位设备采集的车辆在道路网中的全天行驶轨迹。车辆轨迹数据在城市计算和智能交通系统中具有广泛的应用，例如，计算和预测实时路况，避免交通拥堵，改善交通运输网络的整体效率；对道路网数据进行变化检测和增量更新，以维护城市道路网的现势性；对城市交通进行资源分配，预测某个区域的车辆需求，调度空闲车辆等。

（3）动物活动轨迹数据是为了研究动物迁徙特征、行为特征、生活习惯和居住特点而通过传感器获取动物的活动轨迹数据。例如，在繁殖季，灰头信天翁也会休假。来自轻型记录器的追踪数据揭示了信天翁的三种习性：①居住在大西洋西南部的繁殖区；②短途飞到印度洋然后返回；③在极地环绕整个南冰洋，有时是两次。

（4）自然规律活动轨迹数据可以帮助捕捉环境和气候的变化，帮助人类更好地保护环境并且抵御自然灾害。例如，通过收集台风活动轨迹、PM2.5 的扩散路径等来探索自然现象的活动规律，如果能够实时掌握和预测台风路径的演变情况就有助于人们提前准备，防灾减灾，减少人员伤亡和经济损失。

1.4　轨迹数据的特征

轨迹数据显然也属于地理空间数据的一种，轨迹数据由于受采样设备、环境、频率和存储方式等多因素的影响，具有如下特征：

（1）数据量庞大。随着移动终端设备的普及和定位技术的日趋成熟，各种移动对象每时每刻都在产生巨量的轨迹数据，这其中既包含行人出行、动物迁徙、台风移动等自由轨迹，也涵盖了汽车、舰船、飞机等交通工具的行驶轨迹。这导致了轨迹数据量极其庞大，属于典型的大数据。

(2) 时空序列性。轨迹数据是具有位置、时间信息的采样序列，轨迹点蕴含了对象的时空动态性，时空序列性是轨迹数据最基本的特征。轨迹点数据还同时含有各类语义属性信息，例如，轨迹点可以是一个景点或者是宾馆、饭店等。

(3) 异频采样性。由于活动轨迹的随机性、时间差异较大的特征，轨迹的采样间隔差异显著，面向导航服务顾及数据一般为分钟级甚至是秒级采样，而社交媒体行为轨迹一般都是以小时或者以天作为间隔进行采样。不同类型轨迹点采样频率的显著不同也增加了轨迹数据分析的难度。

(4) 数据质量较差。由于连续性的运动轨迹被离散化表示，再加上轨迹数据一般是大众用户采集，受到采样精度、采样频率、位置的不确定性与预处理方式的影响，轨迹数据的精度较之于专业测绘部门而言普遍不高。

(5) 数据来源繁杂，需要融合处理。从普遍的卫星定位设备到视频监控、卫星影像和社交网络。人们可以收集到越来越多不同来源、不同形式的轨迹数据。例如，基于地理位置的社交网络产生了大量具有时空标记的多模态数据，其中包括地理坐标、文本描述、图片、短视频等。

1.5　轨迹数据处理分析框架

轨迹数据的处理分析框架如图 1-3 所示，各阶段之间紧密联系，形成一个有机整体。

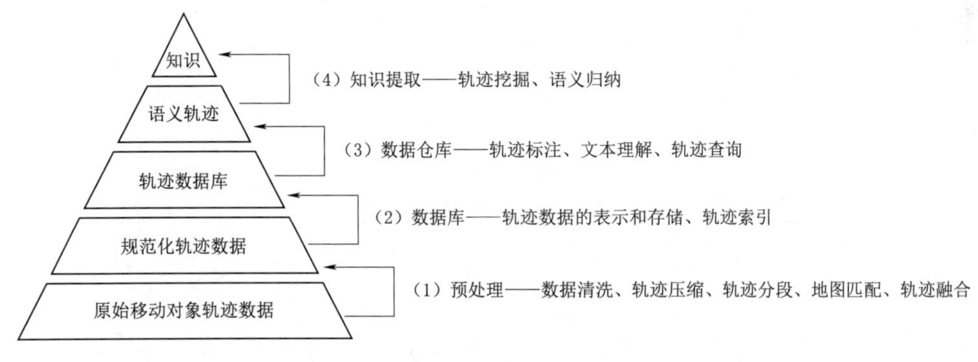

图 1-3　轨迹数据的处理分析框架

首先是轨迹数据的预处理，原始轨迹数据存在很多数据冗余与噪声，需要通过数据清洗、轨迹压缩、轨迹分段、地图匹配、轨迹融合等预处理方式转化为规范化的轨迹数据。

对于规范化的轨迹数据，构建轨迹数据的逻辑表示和存储模型，建立轨迹数据的时空索引结构，给出轨迹相似性度量公式，从而将规范化轨迹数据入库到移动对象时空数据库中。

在移动对象时空数据库中，轨迹将不再是枯燥、无意义的一堆数字，可以从中实现各种对移动对象及其轨迹数据的时空查询处理。如移动对象的最近邻查询，轨迹的时空范围查询等。在此基础上进一步实现对轨迹数据语义信息的标注和提取，拓展和形成语义轨迹。

最后就是针对轨迹数据最高层次的数据分析，即开展轨迹数据挖掘工作，发现轨迹数据所隐含的规律，归纳提取专业知识等。轨迹数据挖掘主要包括轨迹聚类，轨迹异常探测，轨迹数据伴随模式、周期模式、频繁序列模式、关联模式等模式挖掘，轨迹数据时空序列预测等。

时空轨迹大数据的理解和建模为学习人类移动模式提供了新的角度，也是极具潜力的城市规划与智慧城市管理的辅助工具。通过轨迹数据中的模式挖掘可以帮助了解城市出行群体的通勤时空规律，为解决交通拥堵、改善交通服务提供新的机遇。

第2章　移动对象轨迹数据基础性处理

原始轨迹数据大多存在异常点、噪声点、轨迹点漂移等问题，因此要事先对轨迹数据进行预处理。轨迹数据作为轨迹大数据处理的对象，其预处理效果将直接影响轨迹数据挖掘的效果。本研究的主要内容是对移动对象轨迹数据压缩及其时空索引技术进行广泛、深入和专门的研究和介绍，所以轨迹数据的基础性处理工作应紧密围绕这个主旨而开展。本章主要介绍内容是轨迹数据的基础性处理工作，包括轨迹数据采集、轨迹数据清洗、轨迹数据相似性度量和轨迹数据地图匹配等。轨迹数据采集介绍了利用智能手机的多传感器采集轨迹坐标等运动特征的相关数据。轨迹数据清洗的目标是去除轨迹的异常点和噪声点，检测停留点。轨迹数据相似性度量给出各种衡量轨迹相似性的度量公式及方法，用于轨迹的相似性检索以及相似轨迹的识别。轨迹数据地图匹配旨在将车辆轨迹数据转换为所对应的道路网中的行驶路径，以便于轨迹的索引查询和基于道路网约束的轨迹压缩。

2.1　轨迹数据采集

轨迹数据的采集手段灵活多样，但是鉴于智能手机的广泛普及，大量的移动轨迹数据都来源于智能手机，智能手机一般搭载着多种传感器，除了可采集移动对象的GNSS卫星定位坐标，形成轨迹数据外，还可以采集诸如移动对象的加速度、行进方向和运动姿态、温度、环境声音等多方面信息，从而形成对轨迹数据的重要补充。

Android平台是智能手机最常见的开源操作系统。Android平台的传感器系统的层次结构如图2-1所示。

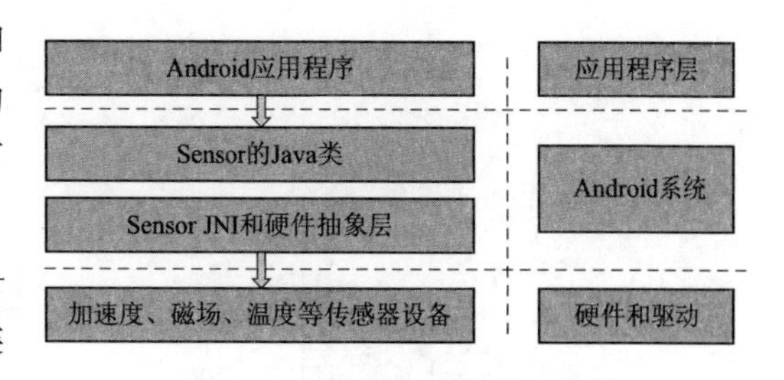

图2-1　传感器系统层次结构

Android传感器系统框架提供的类和接口，可以帮助开发者轻松获取传感器的数据并完成相应的开发，主要包括以下四类：

（1）SensorManager类。SensorManager类是系统中传感器的管理类，通过类的实例化能够访问传感器列表、注册和注销事件监听器以及设定传感器的采样频率、精度等。

（2）Sensor类。Sensor类定义传感器服务类型，通过SensorManager. getDefaultSensor（int type）获得特定的传感器类型，其提供的传感器TYPE接口见表2-1。

（3）SensorEvent类。SensorEvent类获得传感器的相关事件信息，包括传感器类型、传感器原始数据、数据精度、时间戳等信息。

（4）SensorEventListener 接口。SensorEventListener 接口用于创建回调方法，实时监听传感器数值和精度的变化状态，onSensorChanged（）、onAccuracyChanged（）实现传感器数值及精度的回调。

表 2-1　　手机内置传感器 TYPE 接口

传感器类型	Sensor 类中定义的 TYRE 接口	描　述
加速度传感器	TYPE_ACCELEROMETER	测量手机三个方向的加速度值
磁力传感器	TYPE_MAGNETIC_FIELD	测量手机三轴的磁感应强度
方向传感器	TYPE_ORIENTATION	测量手机三轴的角度数据
陀螺仪传感器	TYPE_GYROSCOPE	测量绕手机三个轴转动的角速度值
重力传感器	TYPE_GRAVITY	测量重力值
线性加速度传感器	TYPE_LINEAR_ACCELERATION	测量不受重力影响的手机三轴加速度值
旋转矢量传感器	TYPE_ROTATION_VECTOR	测量设备的方向
光线感应传感器	TYPE_LIGHT	测量手机周围光线强度
压力传感器	TYPE_PRESSURE	测量手机周边的大气压强
温度传感器	TYPE_TEMPERATURE	测量手机周围温度
接近传感器	TYPE_PROXIMITY	测量物体到手机屏幕的距离

目前 Google 发布的 Android 系统最多可支持 13 种类型传感器，但由于手机品牌等的差异性，每部手机所搭载的内置传感器的种类和数量也都不尽相同，不过按照 Android 开发文档中传感器的宽泛类别划分，手机中安装的传感器大致可以分为动作传感器、位置传感器和环境传感器三部分。

动作传感器是测量手机在运动状态下三轴 X、Y、Z 上的加速度和旋转角度，主要包括加速度传感器、重力传感器、线性加速度传感器、陀螺仪传感器。位置传感器是测量手机相对于世界坐标系的物理位置，包括方向传感器（方向传感器基于软件，数据由加速度传感器和磁场传感器联合导出）和磁场传感器。环境传感器是测量手机周边的各种环境参数，包括温度传感器、湿度传感器、压力传感器和光线传感器。

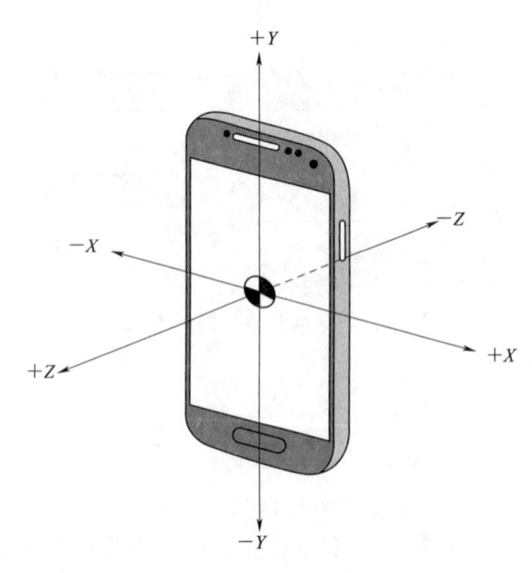

图 2-2　基于手机的三维直角坐标系

在 Android 平台中，传感器数据输出是基于手机的三维直角坐标系，其坐标轴的定义符合右手法则。如图 2-2 所示，保持右手手心的方向与屏幕正上方一致，四指指向手机顶部的方向为 Y 轴的正方向，则大拇指指向就是 X 轴的正方向，手心的朝向方向就是 Z 轴的正方向。当手机发生运动或旋转时，基于手机的三维直角坐标系与手机的相对位置不变。Android 手机体坐标系适用于加速度传感器、线性加速度传感器、重力传感器、磁场传感器、陀螺仪等。

在Android手机的各个传感器中，与轨迹数据采集密切相关的主要有GNSS卫星定位传感器、线性加速度传感器和方向传感器等。

目前智能手机中都集成了具有定位功能的GNSS芯片，GNSS芯片定位的过程需要不断地与卫星进行信号传递，能够在设定时间内采集数据，并计算出速度、距离和达到预设点的预计时间。手机受尺寸限制，天线比较小，对原始信号的捕获、跟踪、去噪能力、抗多径能力都比较差，造成接收信号的质量不如专业接收机。智能手机多数是单频，但近些年来一些品牌厂商也不断推出双频GNSS天线。手机的定位算法应该主要还是单点定位，定位精度在米级。但智能手机也不断采用各种辅助定位技术，如AGPS辅助定位，该技术将卫星定位技术和基站定位技术相互结合，工作原理是手机通过基站定位当前位置，然后把位置告诉AGPS服务器，服务器根据这个位置信息，将此时经过用户头顶的卫星参数（哪几颗、频率、位置、仰角等信息）反馈给智能手机，智能手机的GNSS芯片就可以快速搜索。借助AGPS，手机搜星速度大大提高，几秒钟就可以完成定位。

线性加速度传感器坐标系统采用手机坐标系，其值对应于空间中加速度的三轴分量数据。线性加速度传感器主要是通过集成在硅晶片上微机电系统（Micro-Electro-Mechanical System，MEMS）来测量和输出X、Y、Z三轴的加速度值，且除去了重力加速度在三个轴上的分量。当手机处于静止或匀速直线运动时，传感器测得的三轴加速度值均为零；当手机处于变速运动时，传感器测得的三轴加速度值为除去重力影响的真实加速度值。手机中常用的加速度传感器有AMK的897X系列、ST的LIS3X系列、BOSCH的BMA系列等，加速度检测范围可达±2G～±16G，数据精度小于16bit，可以满足运动状态检测的需要。线性加速度传感器常可用来探测用户是否在步行，并统计步数。

方向传感器也被称为姿态传感器，用于感知手机设备方位的变化，其输出数据值[方位角，俯仰角，翻滚角]是通过特定算法将加速度传感器和磁场传感器数据融合抽象计算得到的。假设手机为水平放置，则方位角为手机绕Z轴旋转时，Y轴正方向与地磁场北极方向的夹角，俯仰角为手机绕X轴旋转时，Y轴正方向与水平方向的夹角，翻滚角为手机绕Y轴旋转时，X轴正方向与水平方向的夹角。其获取手机内置传感器具体参数见表2-2。

表2-2　手机内置传感器参数

传感器类型	输出数据及说明
线性加速度传感器	values [0]，沿X轴的线性加速度（不包含重力）
	values [1]，沿Y轴的线性加速度（不包含重力）
	values [2]，沿Z轴的线性加速度（不包含重力）
方向传感器	values [0]，绕Z轴旋转所得方位角（0°～360°）
	values [1]，绕X轴旋转所得俯仰角（−180°～180°）
	values [2]，绕Y轴旋转所得翻滚角（−90°～90°）

手机的各种传感器相互综合使用，可以大大扩充轨迹数据的信息，不只是帮助手机获取实时位置，还可以监测和识别移动对象当前的运动模式，如加速、减速、转弯、停止、是否在步行、是否在上下楼梯等[1-4]。手机的GNSS定位传感器，线性加速度传感器和方

向传感器实际上可以组成一个小型惯性导航系统，这个惯导系统可利用手机先前的位置、陀螺仪和加速度计测量出的角速度和加速度来共同确定当前位置，从而进一步提高手机在不同场景下的定位精度。此外，手机所接收的 WIFI 信号以及基站信号也都可以用于实现增强定位、室内定位等，从而拓展了手机定位的应用场景。

2.2 轨迹数据清洗

轨迹数据清洗过程主要是通过处理数据中的缺失值、光滑噪声数据、识别和删除离群点来解决原始轨迹数据中存在的不完整和不一致性问题。轨迹数据的噪声点主要是指由软/硬件设备异常导致的错误采样，例如，移动对象进入室内或其他因素干扰 GPS 接收信号而导致定位存在误差。

2.2.1 噪声点的探测

由于定位过程遇到各种误差干扰的原因，轨迹点坐标可能存在较大的噪声，甚至是明显的异常现象，故而首先需要探测轨迹数据的噪声点。那些过于明显的噪声点实际上是一种异常点，一般可采用移动对象的行驶速度来探测。如图 2-3 轨迹所示，为了找出 P_5 这个轨迹异常点，可以计算 P_4 到 P_5 之间的距离，再除以 P_4 和 P_5 两点的时间间隔，就可以计算在 P_4 到 P_5 之间的平均速度 V_1。当这个速度大于一定的阈值时，例如 150km/h，就可以判定 P_5 为异常轨迹点。

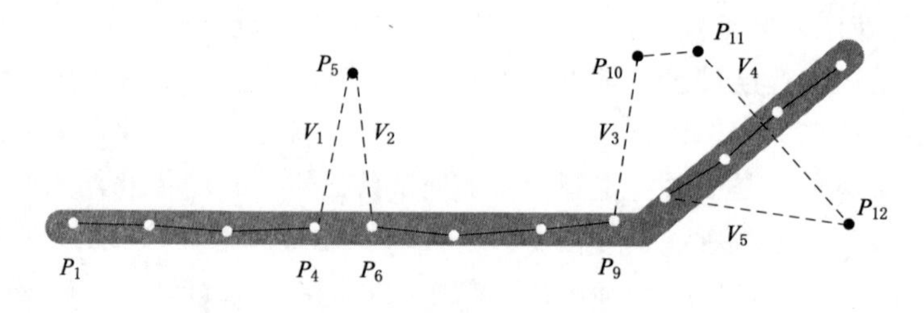

图 2-3　噪声点示意图

有些轨迹点通过行驶速度判断是在阈值范围之内的，但是其轨迹几何形状与实际情况显著不符合，例如车辆轨迹不可能在短时间内发生明显的转弯现象，其转弯应该是渐进发生的。但是，在图 2-4（a）中，车辆轨迹点与前后轨迹点的夹角过于尖锐，从图中可以看出，P_4、P_5、P_6 之间的夹角过于尖锐。在图 2-4（b）中，车辆轨迹点在上下行平行道路上来回跳跃，可以看出，轨迹点 P_2、P_4 在上行道路上，P_1、P_3、P_5、P_6 在下行道路上。这些情况显然不符合实际，可能是因为车辆位于高大建筑物下或者立交桥下，影响了定位精度，导致了噪声点的出现。

还有一些轨迹点其位置坐标不符合统计学意义。例如计算一系列轨迹点的平均前后距离，如果某个轨迹点与其前后轨迹点的距离都较大，从数理统计角度计算属于粗差，这也可能是噪声点；或者给定一个半径，以每个轨迹点为圆心，以该半径做圆，统计所包含的其他轨迹点数目，从中也能发现统计学意义上的噪声点。

此外，轨迹数据中未必仅仅只有坐标点数据，可能还包含其他属性信息。例如，出租

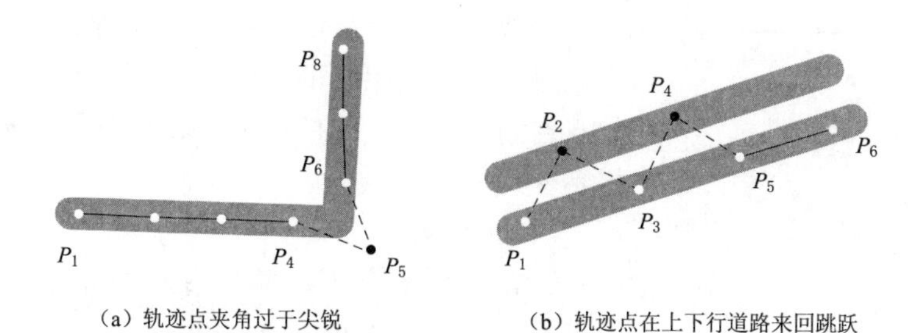

(a) 轨迹点夹角过于尖锐　　(b) 轨迹点在上下行道路来回跳跃

图 2-4　轨迹几何形状与实际不符示意图

车轨迹数据中就还包含采样时刻，是否载客，车辆的行驶速度、行驶方向等数据，这些数据也可能会出现异常现象，需要根据实际情况分析确定异常检测规则。

2.2.2　噪声点的处理

对轨迹数据的噪声点的处理并非都是直接剔除，而是要视具体情况而定，因为有些噪声值可能包含有用的信息，其常用处理方法见表 2-3。

表 2-3　噪声值处理方法

噪声值处理方法	方法描述
删除噪声值	直接将含有异常值的记录删除
视为缺失值	将该异常值视为缺失值，进行替换或者插补
平滑降噪	可用前后两个观测值的平均值修正该异常值
不处理	直接在具有噪声值的数据集上进行挖掘

1. 删除噪声值

将含有异常值的记录直接删除的方法简单易行，这种方法主要适用于那种十分明显的噪声点，也就是异常轨迹点。但缺点也很明显，在观测值很少的情况下，这种删除会造成样本量不足，可能会改变变量的原有分布，从而造成分析结果不准确。

2. 视为缺失值

可将噪声值视为缺失值，进行补救，有替换法和插补法两种方法。缺失的变量值按属性可分为数值型和非数值型，二者的替换法处理办法不同。如果缺失值所在变量为数值型，一般用该变量在其他所有对象的取值的均值来替换变量的缺失值；如果为非数值型变量，则使用该变量在其他全部有效观测值的中位数或者众数进行替换。常用的插补法有回归插补等。回归插补法利用回归模型，将需要插值补缺的变量作为因变量，其他相关变量作为自变量，通过回归函数预测出因变量的值来对缺失值进行补缺。

3. 平滑降噪

对轨迹数据进行平滑降噪，可直接消除轨迹点噪声的影响。常见方法有中值或均值滤波、卡尔曼滤波、高斯滤波、Savitzky-Golay 滤波、*B* 样条曲线平滑等。利用 Savitzky-Golay 滤波对一段含有噪声点的轨迹进行平滑滤波后的效果如图 2-5 所示。Savitzky-Golay 滤波器（S-G 滤波器）最初由 Savitzky 和 Golay 于 1964 年提出，之后被广泛地运

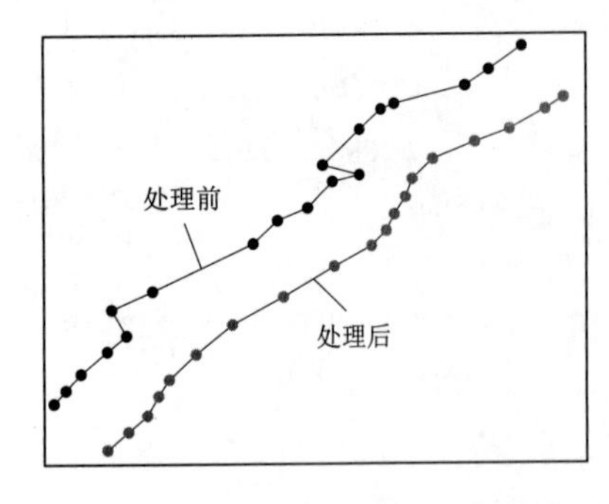

图 2-5　Savitzky-Golay 滤波对轨迹进行平滑处理

用于数据流平滑除噪，是一种在时域内基于局域多项式最小二乘法拟合的滤波方法。这种滤波器最大的特点在于在滤除噪声的同时可以确保信号的形状、宽度不变。

4. 不处理

在某些场合下，要先分析异常值出现的可能原因，再判断异常值是否应该舍弃，如果是正确的数据，可以直接在具有异常值的数据集上进行挖掘。异常值其实代表着某种突变性或者异于常规规律的现象发生了，这种异常值往往具有十分重要的意义，可能代表着某种预警等。

2.2.3　停留点探测

轨迹中的停留点具有重要意义，停留点本身往往代表着某种有意义的行为，例如旅游轨迹中，旅客在景点处停留。停留点还可以划分轨迹的不同交通模式，当用户由一种交通模式转变为另一种交通模式，常会出现步行或者停留，可据此进行轨迹分段。在轨迹中出现的停留点有两种类型，一种是单点位置，如图 2-6 (a) 所示的停留点 1，用户在那里静止停留了一段时间。但这种情况比较少，因为用户的定位设备即使在同一地点也通常会产生不同轨迹采样点 [如图 2-6 (a) 所示的停留点 2]。另一种是多点位置，其在轨迹中更普遍地被观察到，代表着人们四处移动 [图 2-6 (b)] 或保持静止但定位坐标四处游动。

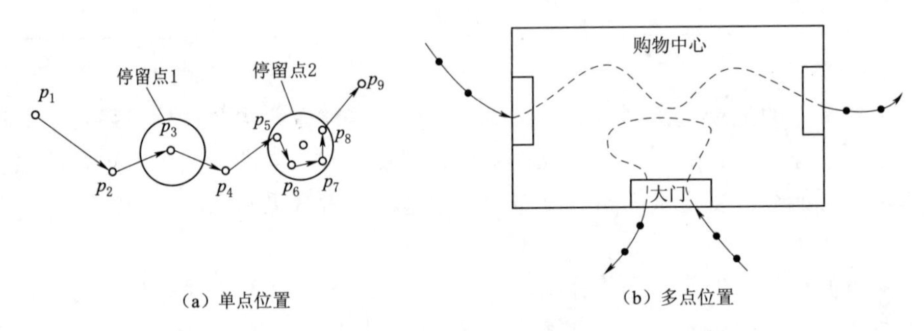

(a) 单点位置　　(b) 多点位置

图 2-6　轨迹中的停留点

根据这样的停留点，就可以把轨迹从一系列有时间戳的空间点 P 变成一串有意义的地点 S，即

$$P=P_1\rightarrow P_2\rightarrow\cdots\rightarrow P_n\Rightarrow S=S_1\xrightarrow{\Delta t_1}S_2\xrightarrow{\Delta t_2},\cdots,\xrightarrow{\Delta t_{n-1}}S_n \tag{2-1}$$

停留点检测算法的步骤如下：首先检查一个锚点（如 P_5）与轨迹中的后续点之间距离是否大于一个给定的阈值（如 100m）。然后测量锚点与距离阈值内的最后一个后继点（即 P_8）之间的时间跨度。如果时间跨度大于给定的阈值，则检测到一个停留点；接着从 P_9 开始检测下一个停留点。

轨迹的停留点还可以借助密度聚类算法予以识别或者借助轨迹压缩算法直接予以消除。密度聚类算法（DBSCAN）的核心思想是，对于一个簇（cluster）内的点，要求在给定半径 *eps* 的邻域包含的点数必须不小于一个最小值 Min*Pts*，满足此要求点被称为“核心点”（Core point）。从某个选定的核心点出发，不断向密度可达的区域扩张，从而得到一个包含核心点和边界点的最大化区域，区域中任意两点密度相连。这个区域就是一个聚类，采用密度聚类算法可以发现轨迹中密集留下的停留点，因为这些停留点会形成一个簇。

2.3 轨迹数据相似性度量

在本研究中，轨迹数据的相似性度量是后续基于轨迹相似性的轨迹压缩以及面向相似性的轨迹查询的重要基础，同时也是轨迹聚类和轨迹挖掘等模式分析的重要前提。相对于点与点或点与轨迹之间的距离度量，轨迹之间的距离度量更加的复杂，需要考虑的因素也更多，例如轨迹点的采样率、轨迹的时间信息和轨迹自身的噪声等。常见的轨迹相似性度量方法大致分类如图 2-7 所示。以下分别介绍几种具有代表性的轨迹相似性度量方法。

图 2-7 轨迹相似性度量方法

我们定义如下两条轨迹 tr_1 和 tr_2，轨迹点的数目分别为 n 和 m，各种距离测度为

$$\begin{cases} tr_1 = < p_1^1 \rightarrow p_1^2 \rightarrow \cdots \rightarrow p_1^n > \\ tr_2 = < p_2^1 \rightarrow p_2^2 \rightarrow \cdots \rightarrow p_2^m > \end{cases} \tag{2-2}$$

1. 欧式距离

欧式距离要求两条轨迹的采样点数目相同且根据采样时刻存在一一对应关系。欧氏距离的定义简单明了，就是两条轨迹对应点的空间距离的平均值，但是缺点也很明显，就是不能度量不存在严格的一一对应关系的不同轨迹之间的相似性，且对噪声点敏感（图 2-8）。

2. 动态时间归整

动态时间归整的思想是自动扭曲两个序列，并在时间轴上进行局部的缩放对齐，以使其形态尽可能一致，从而得到最大可能的相似性[5]。DTW

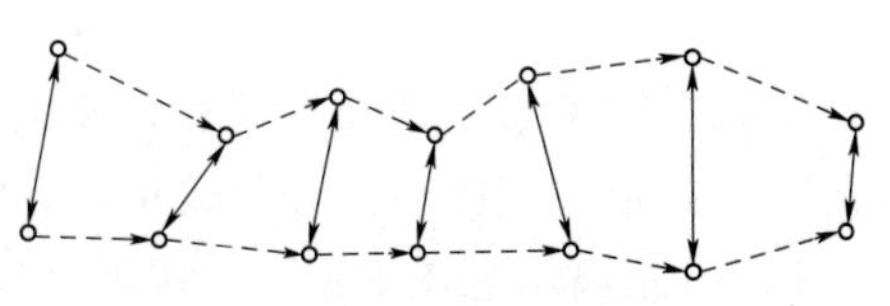

图 2-8 欧式距离示意图

度量可以适用于不同轨迹点数目的轨迹之间的相似度计算，能够将两条轨迹的轨迹点进行多对多的映射，从而较为高效地解决轨迹点无法严格一一对应匹配的问题（图 2 - 9），其动态规划算法为

$$d_{\mathrm{DTW}}(tr_1,tr_2)=\begin{cases}0,(n=0\ \text{和}\ m=0)\\ \infty,(n=0\ \text{或}\ m=0)\\ d_{\mathrm{DTW}}[Head(tr_1),Head(tr_2)]+\min\begin{cases}d_{\mathrm{DTW}}[tr_1,Rest(tr_2)]\\ d_{\mathrm{DTW}}[Rest(tr_1),tr_2]\\ d_{\mathrm{DTW}}[Rest(tr_1),Rest(tr_2)]\end{cases},\text{其他}\end{cases} \tag{2-3}$$

式中：$Head(tr)$ 为轨迹 tr 的第一个点；$Rest(tr)$ 为 tr 轨迹除第一个点之外的所有点组成的子序列。轨迹 tr_1 和 tr_2 之间的相似度通过式（2 - 3）计算。$d_{\mathrm{DTW}}(tr_1,\ tr_2)$ 为轨迹 tr_1 和 tr_2 之间的距离；n，m 分别为轨迹 tr_1 和 tr_2 的轨迹点的数目。

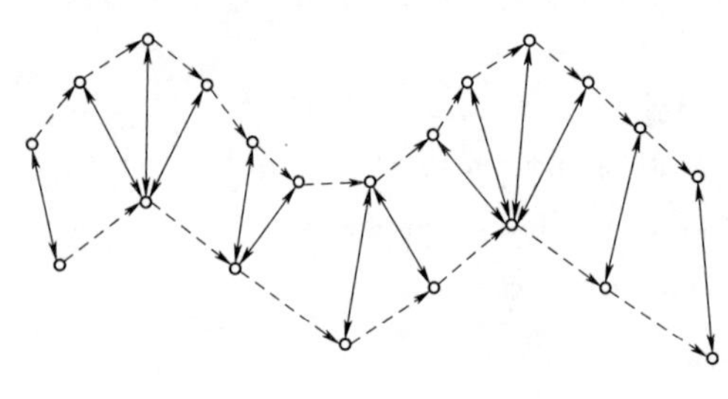

图 2 - 9　DTW 示意图

动态时间归整算法对两条轨迹各自的轨迹点数目并无限制，且匹配效果良好，但是缺乏对噪声点的处理，离群点会对结果造成较大影响。

3. 最长公共子串

最长公共子串[6] 即是求解两个字符串序列的最长公共子序列，最长公共子串不要求公共子序列中的两个相邻的轨迹点在原序列中连续，例如 BDCABA 和 ABCBDAB 的最长公共子序列为 BCBA。因此在字符串的匹配基础上，提出了基于最长公共子串的轨迹相似性度量方法，其关键在于两个轨迹点之间的匹配。字符串里必定是相同字符才能匹配，而轨迹中的匹配因为测量误差的原因是模糊匹配，这就要求算法设置点位误差范围 ε，当两个轨迹点的距离小于 ε，则视作同一个点，其余的则和字符串匹配的 LCSS 算法相同。LCSS 的值就是两条轨迹中满足最小距离阈值限制的轨迹点的匹配对数。其基于动态规划的算法为

$$d_{\mathrm{LCSS}}(tr_1,tr_2)=\begin{cases}0,(n=0\ \text{或}\ m=0)\\ 1+d_{\mathrm{LCSS}}[Rest(tr_1),(Rest(tr_2)],\{d_{\mathrm{LCSS}}[Head(tr_1),Head(tr_2)]\leqslant\varepsilon\}\\ \max\{d_{\mathrm{LCSS}}[Rest(tr_1),tr_2],d_{\mathrm{LCSS}}[tr_1 Rest(tr_2)]\},\text{其他}\end{cases} \tag{2-4}$$

上式中除了 ε 用以确定同名轨迹点的误差范围，还有一个参数 δ 可用以匹配轨迹点之间的时间差值，实际中该参数也可以不要。

LCSS 距离示意图如图 2 - 10 所示，有两对点（$P_2^1-P_1^2$ 和 $P_2^3-P_1^4$）的距离小于 ε，则被视为同一点，LCSS 距离值为 2，LCSS 距离对噪声点进行了处理，即因噪声点的偏离

没有与其相近的轨迹点故不会被计算在最终结果内，这一步骤可有效对抗噪声。但与此同时，当算法的最小距离阈值设置不够精准时，也有可能返回并不相似的轨迹。

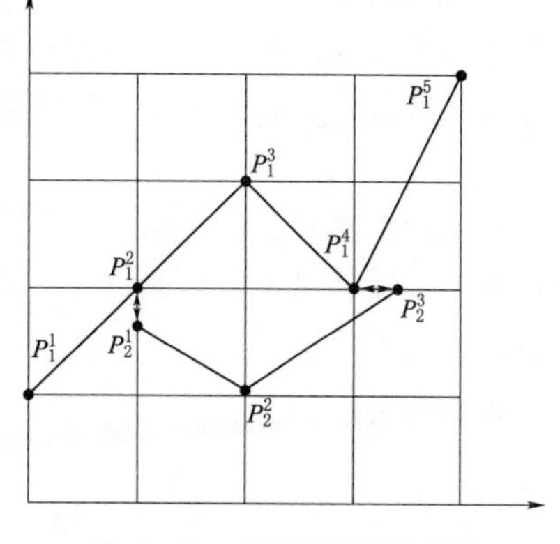

图 2-10　LCSS 距离示意图

4. 编辑距离

EDR 算法是基于编辑距离的一种轨迹相似度的度量算法，编辑距离算法和前面最长公共子序列一样，原本都是用于字符串的相似匹配，用于轨迹匹配时，需要进行轨迹点的模糊匹配，该算法也需要给定一个容许误差范围 ε，在此误差范围内即认为两个轨迹点相互匹配。匹配时按照经典的编辑距离进行度量，其他则不变。给定两个轨迹点数目分别为 n 和 m 的轨迹 tr_1 和 tr_2，则两条轨迹之间的 EDR 距离[7] 是需要对 tr_1 进行插入、删除或替换使其变为 tr_2 的操作次数，其基于动态规划的算法为

$$d_{\mathrm{EDR}}(tr_1,tr_2)=\begin{cases} n,(m=0) \\ m,(n=0) \\ \min\begin{cases} d_{\mathrm{EDR}}[Rest(tr_1),Rest(tr_2)+subcost] \\ d_{\mathrm{EDR}}[Rest(tr_1),tr_2]+1 \\ d_{\mathrm{EDR}}[tr_1,Rest(tr_2)]+1 \end{cases},\text{其他} \end{cases} \tag{2-5}$$

其中

$$subcost=\begin{cases} 0,\{d_{\mathrm{EDR}}[Head(tr_1),Head(tr_2)]\leqslant\varepsilon\} \\ 1,\text{其他} \end{cases} \tag{2-6}$$

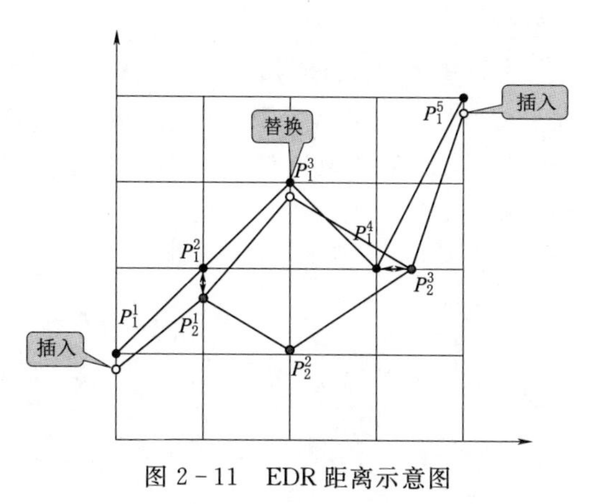

图 2-11　EDR 距离示意图

EDR 距离示意图如图 2-11 所示，在 P_1^1 处“插入”一点、将 P_2^2“替换”为 P_1^3、在 P_1^5 处“插入”一点，共计 3 个操作可使轨迹 tr_2 与轨迹 tr_1 相互匹配（即对应点距离均小于阈值），故其 EDR 值为 3。轨迹的编辑距离对噪声点也较为敏感。

5. 豪斯多夫距离

简单来说，豪斯多夫距离[8] 就是两条轨迹最近点距离的最大值，即

$$d_H(tr_1,tr_2)=\max\{h(tr_1,tr_2),h(tr_2,tr_1)\} \tag{2-7}$$

其中

$$h(tr_1,tr_2)=\max_{p\in tr_1}\{\min_{q\in tr_2}d(p,q)\} \tag{2-8}$$

$$h(tr_2,tr_1)=\max_{q\in tr_2}\{\min_{p\in tr_1}d(p,q)\} \tag{2-9}$$

式中：$h(tr_1, tr_2)$ 为 tr_1 到 tr_2 的单向豪斯多夫距离。

豪斯多夫距离示意图如图 2-12 所示，每个深色点都有一个最近的浅色点，豪斯多夫距离就是其中的最大值。

6. 弗雷歇距离

直观的理解，假设主人牵着狗沿着两条不同的路径向前行进，即主人走路径 A，狗走路径 B，不允许倒退，那么弗雷歇距离[9] 就是各自走完两条路径过程中所需要的最短狗绳长度。

弗雷歇距离示意图如图 2－13 所示，虚线表示主人和狗在同一时刻所处位置的对应，弗雷歇距离即为最长虚线的长度，那也是所需要的狗绳的长度。弗雷歇距离基于动态规划思想的算法为

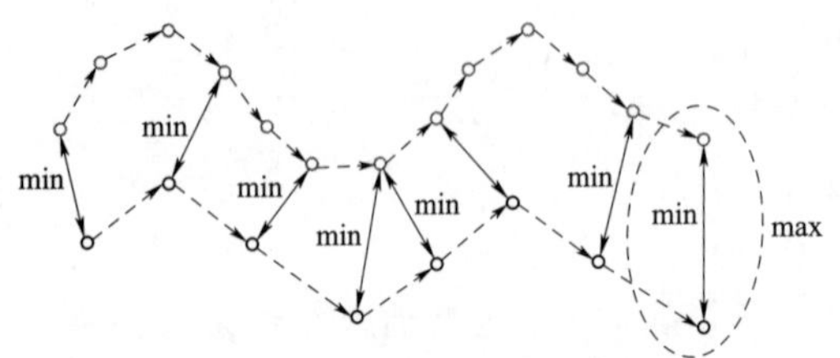

图 2－12　豪斯多夫距离示意图

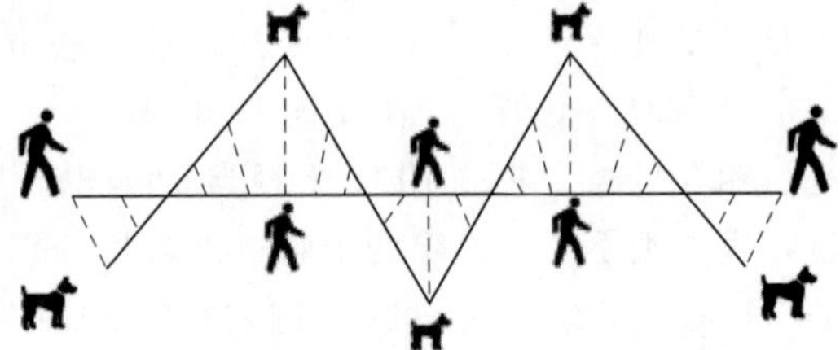

图 2－13　弗雷歇距离示意图

$$
d_F(tr_1,tr_2)=\begin{cases}\max\limits_{1\leqslant i\leqslant n} d(p_1^i,p_2^1)\,(m=1)\\ \max\limits_{1\leqslant j\leqslant m} d(p_1^1,p_2^j)\,(n=1)\\ \max\begin{cases} d(p_1^n,p_2^m)\\ \min\begin{cases} d_F(tr_1^{n-1},tr_2)\\ d_F(tr_1,tr_2^{m-1})\\ d_F(tr_1^{n-1},tr_2^{m-1})\end{cases}\end{cases},\text{其他}\end{cases} \tag{2-10}
$$

式中：$d(p, q)$ 为两个轨迹点的欧式距离；tr^{n-1} 为轨迹 tr 的长度为 $n-1$ 的子轨迹。

弗雷歇距离为我们提供了一种简单直观的度量相似性的方式，并且也能达到较好的效果；但可惜的是其并没有对噪声点进行处理，例如若狗的某个轨迹点因为噪声偏离的很远，那么弗雷歇距离也会随之增大，这显然是不合理的。

7. 单向距离

单向距离[10] 的定义为

$$
OWD(tr_1,tr_2)=\frac{1}{|tr_1|}\int_{p\in tr_1} d(p,tr_2)dp \tag{2-11}
$$

式中：$|tr_1|$为轨迹 tr_1 的长度；$d(p, tr_2)$ 为轨迹点 p 到 tr_2 的距离。

为了对称，简单修改上述公式，即

$$
d_{OWD}(tr_1,tr_2)=\frac{1}{2}[OWD(tr_1,tr_2)+OWD(tr_2,tr_1)] \tag{2-12}
$$

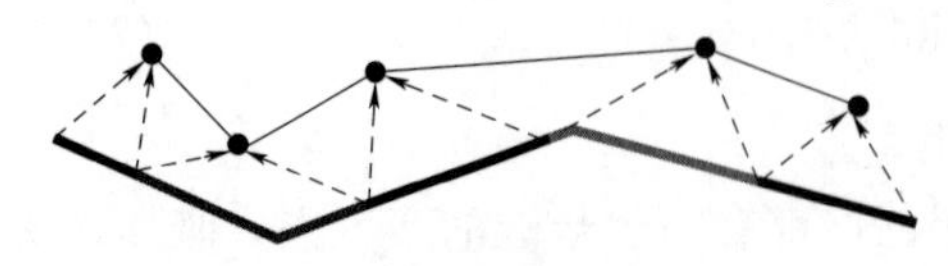

图 2－14　单向距离示意图

单向距离示意图如图 2－14 所示，该距离即为各多边形的面积之和与折线长度的比值。

OWD 距离的基本思想是基于两条轨迹围成的面积，当面积大时，说明轨迹之间距离较远，

相似度就低；相反，若围成的面积为 0，则说明两条轨迹重合，相似度最高。

8. 多线位置距离

多线位置距离[11] LIP 定义为

$$d_{LIP}(tr_1,tr_2)=\sum_{\forall polygon_i} Area_i \times w_i \tag{2-13}$$

其中

$$w_i=\frac{Length_{tr_1}(I_i,I_{i+1})+Length_{tr_2}(I_i,I_{i+1})}{Length_{tr_1}+Length_{tr_2}} \tag{2-14}$$

式中：I_i 为两条轨迹的第 i 个交点。

LIP 距离计算示意图如图 2-15 所示，该距离为每个区域面积与其权重乘积之和。LIP 方法易于理解，当某区域面积的周长占总长比重大时权重就大；当 $Area$ 均为 0 时，说明两条轨迹重合没有缝隙，LIP 距离为 0；当 $Area$ 的值比较大时，则说明两条轨迹之间缝隙较大，LIP 距离也就大。此外，权重由区域周长占总长比重大决定，也一定程度对抗了噪声点的干扰。

9. 子轨迹距离

子轨迹距离[12] 计算示意如图 2-16 所示，Tr_1 和 Tr_2 分别为参与距离计算的两条子轨迹，点 $P_1^{1\prime}$ 与点 $P_1^{2\prime}$ 分别是点 P_1^1 和点 P_1^2 在子轨迹 Tr_2 上的投影点，θ 是两条子轨迹之间的夹角。

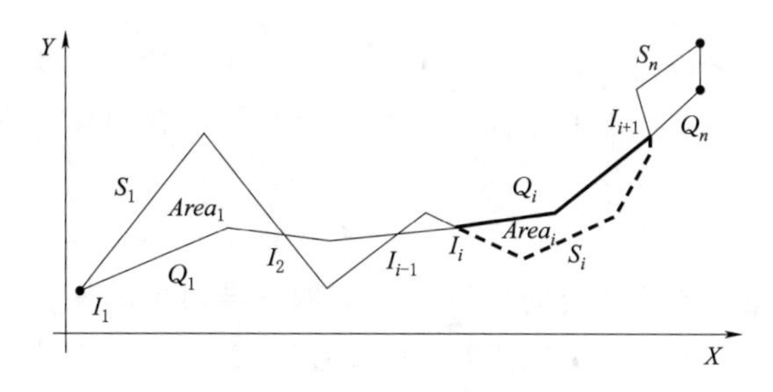

图 2-15　LIP 距离计算示意图

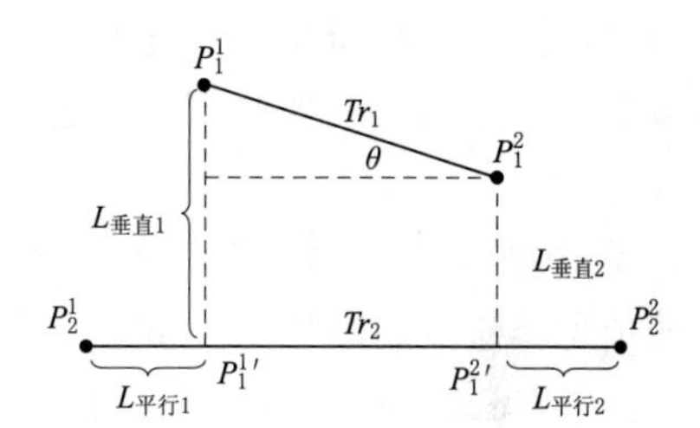

图 2-16　子轨迹距离计算示意图

子轨迹 Tr_1 和 Tr_2 之间的轨迹距离为 $d(Tr_1,Tr_2)=d_{水平}+d_{垂直}+d_{角度}$。其中水平距离、垂直距离、角度距离的定义如下：

(1) 水平距离是指 P_2^1 和 P_2^2 分别到点 P_1^1 和点 P_1^2 在子轨迹 Tr_2 上的投影点的距离的平均值。

$$d_{水平}(Tr_1,Tr_2)=\frac{L_{水平1}+L_{水平2}}{2} \tag{2-15}$$

(2) 垂直距离是指点 P_1^1 和点 P_1^2 分别到子轨迹 Tr_2 的垂直距离的平均值。

$$d_{垂直}(Tr_1,Tr_2)=\frac{L_{垂直1}+L_{垂直2}}{2} \tag{2-16}$$

(3) 角度距离 θ 为子轨迹 Tr_1 和 Tr_2 之间的夹角，$|Tr_1|$ 为子轨迹 Tr_1 的长度。当角度大于 0°小于 90°时，角度距离为较短子轨迹长度乘以夹角的正弦值。当角度大于 90°小于 180°时，角度距离即为较长子轨迹的长度。

$$d_\theta(Tr_1,Tr_2)=\begin{cases}\min(|Tr_1|,|Tr_2|)\sin\theta,(0°<\theta\leqslant 90°)\\ \max(|Tr_1|,|Tr_2|),(90°<\theta\leqslant 180°)\end{cases} \tag{2-17}$$

2.4　轨迹数据地图匹配

地图匹配是指将车辆的轨迹点匹配到道路网中所行驶道路上的过程，是轨迹预处理的一部分。由于移动定位设备所在场景的环境噪声、设备本身的可靠性以及定位技术自身局限性会影响移动对象的定位精度。移动对象的定位位置会出现偏离道路网中所行驶道路的情况。所以，即使采集到了移动对象的轨迹点，也必须首先将行车轨迹准确地匹配到其所在路段上，修正有偏差的位置数据。由于轨迹数据在采集过程中其采样时间间隔不同，可根据轨迹点的采样频率分为短采样间隔下的地图匹配算法和长采样间隔下的地图匹配算法。我们一般把采样时间间隔在 1～30s 之间称为短采样间隔，更长时间的就是长采样间隔。

2.4.1　轨迹地图匹配的时空特征

地图匹配算法一般都是借助各种几何特征、拓扑特征和时间特征来实现轨迹点向所在道路的地图匹配，几何特征主要包括距离特征、方向特征、形状特征、拓扑特征和时间特征。

1. 距离特征

距离特征主要是指轨迹点到候选匹配路段的垂直投影距离，根据轨迹点的采样精度和误差范围，一般而言，那些距离较近的路段要比那些距离较远的路段是匹配路段的概率值要更大。

2. 方向特征

若干个轨迹点的总体行驶方向应与道路的前进方向相一致，例如，城市中的一些主干道路，由于车道数目众多，在地图上通常以上下行方向平行道路的方式表示，如果轨迹点的行驶方向与道路的前进方向明显相悖，则不可能匹配到该条道路上。

3. 形状特征

考察历史轨迹与候选匹配路段在形状上的相似程度，也就是利用上节中的各种轨迹相似性度量方法例如 Fréchet 距离、Hausdorff 距离等找到在形状上最为相似、位置上最为靠近的候选路段作为地图匹配的结果。形状特征实际上综合考虑了距离、角度、方向等多方面的几何指标，故而形状特征的稳健性较强，但计算复杂，对轨迹点采样频率要求高。

4. 拓扑特征

单纯依靠几何特征进行地图匹配的最大缺点是无法保证轨迹点匹配路段的连续性，地图匹配结果可能发生跳跃现象，这显然与车辆的实际运动情况不相符。拓扑特征就是确保当前轨迹点的匹配路段应与前一个轨迹点的匹配路段具有拓扑连通性，这种方法明显降低了候选路段的个数，同时提高了匹配结果的准确性，但是它也存在不足，即一次匹配错误可能会导致后续一连串的错误匹配的发生。

5. 时间特征

时间特征主要是指候选路段上的平均行驶速度，如果当前轨迹点的行驶速度与候选路段的平均行驶速度差异过大，则该轨迹点不太可能匹配到该条道路。例如，如果车辆的行驶速度很快，而候选路段上的其他车辆行驶速度都相当慢，则车辆匹配到该条道路可能性较低。

2.4.2 短采样间隔下的地图匹配算法

短采样间隔下轨迹点数目众多，这就为轨迹点的准确匹配提供了重要的数据保障，短采样间隔的地图匹配算法主要采用局部匹配法以加快计算效率，增强实时性[13]，局部匹配法综合使用多方面的几何特征和拓扑特征。

1. 距离相似度

距离相似度 α 公式定义为

$$\alpha=\frac{1}{1+\left(\frac{d}{\delta}\right)^{2}} \tag{2-18}$$

式中：d 为当前轨迹点到候选路段的距离；δ 为车辆上 GPS 设备的测量中误差，一般设定为 20m。

2. 方向相似度

方向相似度 β 表示车辆行驶方向与候选路段通行方向的相近程度，其计算公式为

$$\beta=1-\frac{\theta}{180^{\circ}} \tag{2-19}$$

设二者方向之间的转角为 θ，其值域为 $[0^{\circ},180^{\circ}]$ 之间。

3. 拓扑可达度

设车辆当前轨迹点为 P_i，有 n 个候选匹配点 $M_i^j(j=1,\cdots,n)$。车辆上一个轨迹点为 P_{i-1}，匹配点为 M_{i-1}。分别计算 M_{i-1} 到达这 n 个候选匹配点 $M_i^j(j=1,\cdots,n)$ 所经过的最短路径长度 $S_{i-1}^j(j=1,\cdots,n)$，假设 M_{i-1} 到达这 n 个候选匹配点 M_i^j 的直线距离为 $L_{i-1}^j(j=1,\cdots,n)$，那么拓扑可达度定义为

$$\gamma=\frac{L_{i-1}^{j}}{S_{i-1}^{j}},(j=1,\cdots,n) \tag{2-20}$$

由于拓扑可达度可知，若从 M_{i-1} 不可能到达某一个候选匹配点 M_i^j，也就是拓扑不连通，那么其最短路径长度势必无穷大，则拓扑可达度为 0，反之最短路径长度和直线距离相同，则拓扑可达度最大为 1。

4. 形状相似度

假设车辆的一段历史行驶轨迹 P 由 p 个采样点组成，候选路段 Q 由 q 个采样点组成。可利用动态规划算法采用上节提到的 Fréchet 或者 DTW 距离来衡量历史轨迹与候选路段之间的形状相似度。其中点对之间的匹配相似度可直接使用欧式距离，亦可将轨迹点所在处的切线方向（可简单认为就是前后轨迹点的连线方向），及轨迹点所在处的局部夹角考虑在内，构造顾及多因素的点对之间的匹配相似度，从而更为综合地衡量一段历史轨迹与候选路段之间的形状相似度。

局部匹配法将上述的若干个特征加以综合考虑，并根据实际情况，分配以不同权重。考虑到轨迹数据的地图匹配在不少情况下是离线完成的，因此还可以采用延迟匹配的方

式，进一步确保匹配结果的准确性。如图 2－17（a）所示，P_1、P_2、P_3 为 3 个相邻且连续采样的轨迹点，当前时刻的轨迹点为 P_2，P_1 已经匹配到了路段 AD 上，由于 AD 与路段 BD 连通且 P_2 距离路段 BD 的距离很短，因此，P_2 匹配到 BD 路段上的可能性很大。但是根据 P_3 的位置，可以判断出车辆应该是先进入右转车道然后再转到 P_3 的路段上，故而 P_2 应该匹配到 BC 路段。在地图匹配的过程中，如果 P_2 点的匹配对象难以权衡，可待 P_3 点到来后再做决断，为了避免匹配错误，还可以将 P_2 直接匹配到路段 BD 与 BC 共同的上游节点 B 上。如图 2－17（b）所示，若轨迹点 P_2 的所有候选路段都共享一个相同的道路节点 T，轨迹点到该道路节点的距离又在规定误差范围之内，则可令轨迹点 P_2 直接匹配到该节点 T。这样车辆无论下一步行驶到哪个路段上，均不会出现轨迹错误。

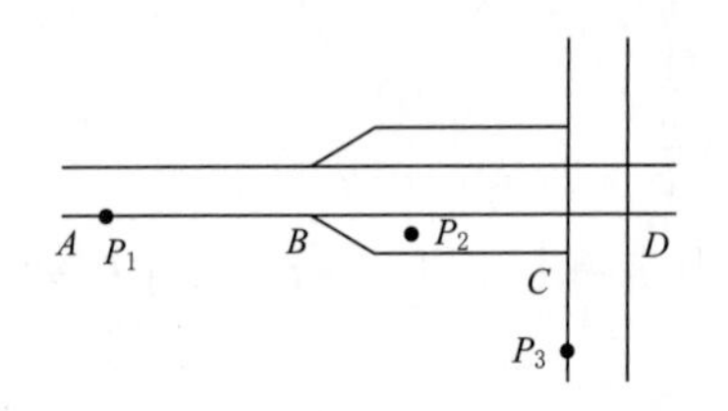

（a）浮动车匹配到上游道路节点

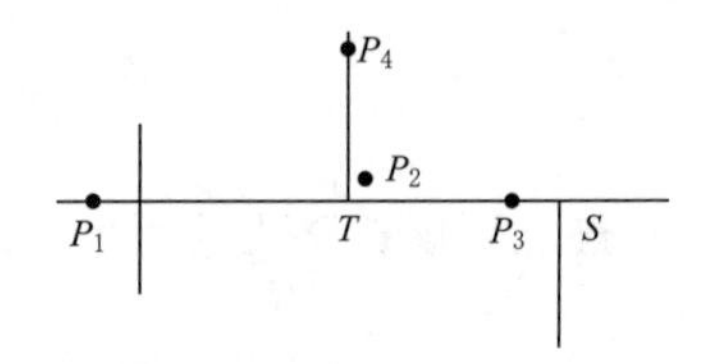

（b）浮动车匹配到唯一候选道路节点

图 2－17　局部地图匹配法匹配到道路节点

2.4.3　长采样间隔下的地图匹配算法

如果相邻轨迹点的采样时间间隔较长，假设至少在 1min 以上。在城市道路网中，假设车辆以 60km/h 的速度行驶，那么相邻采样点的直线距离就为 1km，由于城市路网比较复杂，所以在长采样间隔下，前后两个轨迹点很有可能已经不在同一个路段上，甚至可能已经跨越了多个路段，这就增加了地图匹配的不确定和难度。

如图 2－18 所示，有三个连续的黑色轨迹点 P_1、P_2、P_3。他们各自都有若干个候选匹配路段，由于采样间隔时间较长，如果只是简单地将轨迹点匹配到最近路段上，就会发现匹配结果中道路之间的拓扑连通性较差，与真正的实际路径相差太大。

为了解决这个问题，最常采用的解决方法是 HMM 算法[14]（Hidden Markov Model, HMM）。该算法是一种全局匹配算法，基于拓扑约束获取最佳的道路序列。地图匹配算法准确率相对较高，但数学计算复杂，计算量较大。HMM 算法不但考虑轨迹点与候选匹配路段之间的匹配概率（即观测概率），同时考虑匹配路段之间的拓扑连通关系（即状态转移概率），继而再从各种可能的匹配组合中选出能够从整体上最好地平衡观测概率和状态转移概率的最优匹配路径（维特比算法输出最优路径）。如图 2－19 所示，z_1，z_2 和 z_3 是分别处于 t_1，t_2 和 t_3 时刻的三个连续的轨迹点，z_1 的候选路段为 r_1，r_2 和 r_3（即图中的黑色圆点），同理，z_2 和 z_3 各有两个候选路段分别

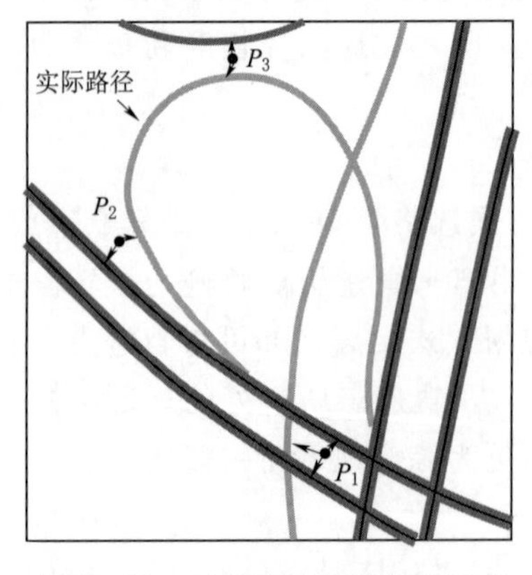

图 2－18　三个连续的黑色轨迹点候选匹配结果

为 r_1 和 r_2。相邻列黑色圆点之间的连线表征候选路段之间的拓扑连通性，HMM 算法的目的就是从全局求取一条最佳匹配路径，使得对路段之间的拓扑连通关系和对各个候选路段的匹配概率均能较好地兼顾。以下给出 HMM 算法主要过程和计算公式。

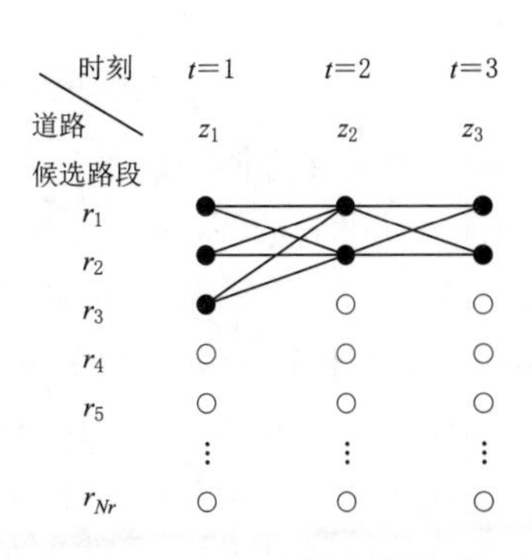

图 2-19 HMM 算法主要过程

1. 匹配概率

在地图匹配中，给定一个轨迹点 z_t，它的每个候选匹配路段 r_i 都有一个匹配概率，记为 $(z_t \mid r_i)$。这表示车辆在 z_t 位置上时，该轨迹点应匹配到 r_i 路段的可能性。一般而言，轨迹点距离候选匹配路段越近，则匹配概率较高，反之则较低。对于给定的 z_t 和 r_i，用 $X_{t,i}$ 来表示 z_t 在候选匹配路段上的投影点。

图 2-20 表示有三个路段 r_1，r_2 和 r_3，以及两个轨迹点 z_t 和 z_{t+1}。第一个轨迹点 z_t 有 r_1 和 r_3 两个候选匹配路段，在路段 r_1 和 r_3 上的投影点分别是 $X_{t,1}$ 和 $X_{t,3}$。每个投影点都会产生一条通往 $X_{t+1,2}$ 的路线，这条路线有第二个轨迹点 z_{t+1} 的投影点，这两条路线有各自的路线距离。两个轨迹点之间的大圆距离就是这两个轨迹点在地球球面上最短的距离。一般对于正确的匹配，路线距离和大圆距离比错误的匹配更接近。轨迹点 z_t 和其在候选匹配路段上的投影点 $X_{t,i}$ 之间的大圆距离是 $\| z_t - \boldsymbol{x}_{t,i} \|_{\text{great circle}}$。观测概率的公式为

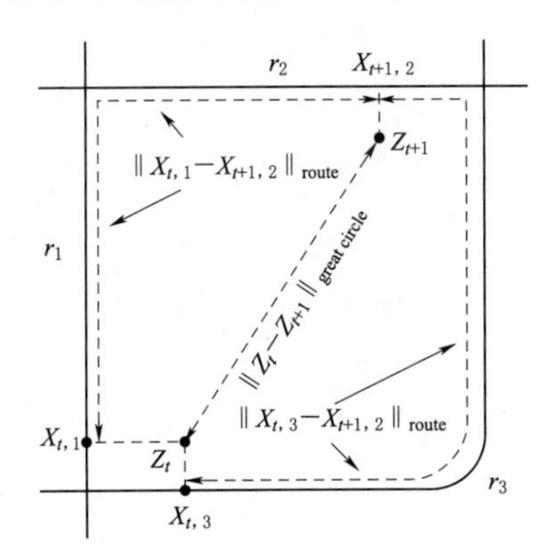

图 2-20 匹配概率说明图

$$p(z_t \mid r_i) = \frac{1}{\sqrt{2\pi}\sigma_z} e^{-0.5\left(\frac{\| z_t - x_{t,i} \|_{\text{great circle}}}{\sigma_z}\right)^2} \tag{2-21}$$

其中 $$\sigma_z = 1.486 median_t(\| z_t - x_{t,i^*} \|_{\text{great circle}}) \tag{2-22}$$

从公式中可以看出 t 时刻的投影点 r_i 到轨迹点 z_t 越近，参数 σ_z 就越小，投影点是实际点的概率就越大，x_{t,i^*} 表示正确匹配的投影点。在实际中一般将距离 z_t 超过 200m 的路段的匹配概率设置为零。

2. 状态转移概率

每个轨迹点都有一个可能的道路匹配列表。状态转移概率就是车辆在 t 和 $t+1$ 时间段内，在候选匹配道路上移动的概率。具体来说，一个轨迹点 z_t 在候选匹配路段 r_i 上的投影点是 $x_{t,i}$。那么下一个轨迹点 z_{t+1} 在候选匹配路段 r_i 上的投影点就是 $x_{t+1,j}$。我们使用路线规划找到轨迹点 z_t 和 z_{t+1} 之间距离最短的路线。把车辆在这个路线上的行驶距离称为“路线距离”，记为 $\| x_{t,i} - x_{t+1,j} \|_{\text{route}}$。把轨迹点之间的大圆距离记为 $\| z_t - z_{t+1} \|_{\text{great circle}}$，对于正确的匹配这两个距离的差值是很小的，而且这两个差值的绝对值服从指数分布。状态转移概率的公式为

$$p(d_t) = \frac{1}{\beta} e^{-d_t/\beta} \tag{2-23}$$

其中 $$dt = \left| \| z_t - z_{t+1} \|_{\text{great circle}} - \| x_{t,i^*} - x_{t+1,j^*} \|_{\text{route}} \right| \tag{2-24}$$

$$\beta=\frac{1}{\ln(2)}median_t(|\ \| z_t-z_{t+1}\|_{\text{great circle}}-\| x_{t,i^*}-x_{t+1,j^*}\|_{\text{route}}|)\tag{2-25}$$

式中：参数 β 为两个轨迹点点对绕路、非直线到达的容忍度，容忍度越高参数 β 越大；i^*、j^* 为轨迹点 z_t 和 z_{t+1} 需要匹配的真实路段。

有了公式（2-21）的匹配概率和公式（2-23）的状态转移概率，使用维特比（Viterbi）算法来求解最优路径。如在图 2-19 的格网中，Viterbi 算法就是利用动态规划快速找到使观测概率和状态转移概率乘积最大的路径。其中，一条路径对应一个状态序列。

其原理为：如果最优路径在时刻 t 通过节点 i_t，那么这一路径从节点 z_{t+1} 到终点 i_T 的部分路径，对于从 i_t 到 i_T 的所有可能的部分路径来说，必须是最优的。据此，只需从 $t=1$ 开始，递推计算时刻 t 状态为 i 的各条路径中的最大概率，直到时刻 $t=T$ 状态为 i 的各条路径中的最大概率，此时 $t=T$ 的最大概率即为最优路径概率，同步得到最优路径终节点 i_T^*，再逐步回溯得到最优路径 $I^*=(i_1^*,\cdots,i_T^*)$。用 δ 表示路径的概率最大值，Ψ 表示递推时选中的概率最大路径的来源节点。具体公式如下：

在时刻 t 状态为 i 的所有单个路径（$i_1,i_2,\cdots,i_t$）中概率最大值为

$$\delta_t(i)=\max_{i_1,i_2,\cdots,i_{t-1}} P(i_t=i,i_{t-1},\cdots,i_1,o_t,\cdots,o_1|\lambda),(i=1,2,\cdots,N)\tag{2-26}$$

δ 的递推公式为

$$\begin{aligned}\delta_{t+1}(i)&=\max\nolimits_{i_1,i_2,\cdots,i_t}P(i_{t+1}=i,i_t,\cdots,o_{t+1}\cdots,o_1|\lambda)\\&=\max_{1\leqslant j\leqslant N}[\delta_t(j)a_{ji}]b_i(o_{t+1}),(i=1,2,\cdots,N;\ t=1,2,\cdots,T-1)\end{aligned}\tag{2-27}$$

其中在时刻 t 状态为 i 的所有单个路径（$i_1,i_2,\cdots,i_t$）中概率最大的路径的第 $t-1$ 个节点为

$$\Psi_t(i)=\arg\max_{1\leqslant j\leqslant N}[\delta_{t-1}(j)a_{ji}],(i=1,2,\cdots,N)\tag{2-28}$$

最优路径回溯公式为

$$i_t^*=\Psi_{t+1}(i_{t+1}^*),(t=T-1,T-2,\cdots,1)\tag{2-29}$$

参考文献

[1] Wu W, Dasgupta S, Ramirez E, Peterson C, Norman G J. Classification Accuracies of Physical Activities Using Smartphone Motion Sensors [J]. Journal of Medical Internet Research, 2012, 14 (5).

[2] Kwapisz J R, Weiss G M, Moore S A. Activity recognition using cell phone accelerometers [J]. ACM SIGKDD Explorations Newsletter, 2011, 12 (2): 74-82.

[3] Catal C, Tufekci S, Pirmit E, Kocabag G. On the use of ensemble of classifiers for accelerometer-based activity recognition [J]. Applied Soft Computing, 2015, 37: 1018-1022.

[4] 王吉武. 基于 IOS 的车辆行驶行为识别方法研究与实现 [D]. 西安：长安大学，2017.

[5] D. Sankoff, J. B. Kruskal. Time Warps, String Edits, and Macromolecules: The Theory and Practice of Sequence Comparisons [J]. Addison-Wesley, 1983.

[6] Schberg D S. Algorithms for the longest common subsequence problem [J]. Journal of the ACM, 1977, 24 (4): 604-675.

[7] Levenshtein V I. Binary Code Capable of Correcting deletions, insertions and reversals [J]. Doklady

Akademii NaukSSSR, 1966, 163 (4): 708-710.

[8] HUTTENLOCHER D P, KLANDERMAN G A, RUCKLIDGE W J. Comparing images using the Hausdorff distance [J]. IEEE Transactions on Pattern Analysis and Machine Intelligence, 1993, 15 (9): 850-863.

[9] Eiter T, Mannila H. Computing discrete Fréchet distance [R]. Technical Report CD-TR 94/64, Christian Doppler Laboratory for Expert Systems, TU Vienna, Austria, 1994.

[10] Lin B, Su J. One way distance: For shape based similarity search of moving object trajectories [J]. GeoInformatica, 2008, 12 (2): 117-142.

[11] Pelekis N, Kopanakis I, Marketos G, et al. Similarity search in trajectory databases [C]//14th International Symposium on Temporal Representation and Reasoning (TIME' 07). IEEE, 2007: 129-140.

[12] 杨树亮，毕硕本. 一种出租车载客轨迹空间聚类方法 [J]. 计算机工程与应用，2018，54 (14): 249-255.

[13] 赵东保，刘雪梅. 网格索引支持下的大规模浮动车实时地图匹配方法 [J]. 计算机辅助设计与图形学学报，2014，26 (9): 1550-1556.

[14] Paul Newson, John Krumm. Hidden Markov map matching through noise and sparseness [P]. Advances in Geographic Information Systems, 2009.

第 3 章　轨 迹 数 据 压 缩

近年来，随着移动设备的普及和定位服务的发展，在这些应用中产生了大量的轨迹数据。车载 GPS 设备记录车辆每时每刻的位置；在微博、百度地图等移动社交网络上，用户的签到序列可以看作是该用户的旅游轨迹；公交卡、地铁卡的刷卡记录显示了人们何时何地上车或下车，组成了人们的出行轨迹。

基于位置服务需要处理大量的轨迹数据，比如路线规划、路况预测等。但是海量轨迹数据为基于位置服务带来了许多新的挑战。数据规模的爆炸性增长导致数据存储面临巨大压力；基于海量轨迹数据的查询和数据分析性能降低；数据的收集和传输会带来误差和冗余，从而影响服务器的响应速度。为了解决以上问题需要开展轨迹压缩研究工作。常见的轨迹压缩方法主要有基于特征点提取的轨迹压缩、基于道路网约束的轨迹压缩、基于相似性的轨迹压缩和基于语义的轨迹压缩四类。以下首先介绍衡量轨迹压缩精度的相关指标，继而再分门别类介绍四类算法。

3.1　轨迹压缩精度衡量指标

轨迹压缩的主要目的在不损失数据精度的情况下尽可能多地减小数据量，这对应压缩算法压缩率和误差两个性能指标。压缩率是指近似轨迹点个数与原始轨迹点个数之比；误差是近似轨迹和原始轨迹之间的偏差。因此，压缩算法通常是比较这两个指标来比较算法的性能。压缩率的定义是很直接的，因此研究空间不大。而误差度量的方法很多，在不同的压缩场景下，有不同的误差度量方式的选择，因此具有更大的研究价值。本节主要介绍衡量误差的几种常见指标。为了评定轨迹压缩的精度，本章节将结合已有轨迹压缩算法中所常用的几种误差度量方式进行阐述。

(1) 垂直欧式距离 (Perpendicular Euclidean Distance，PED)。垂直欧式距离是评定原始轨迹与压缩轨迹之间空间距离偏差的指标，指原始轨迹上的轨迹点 $P_i=\{x_i,y_i,t_i\}$ 与该轨迹点以垂直投影方式映射在压缩轨迹上的位置点 $P'_i=\{x'_i,y'_i,t'_i\}$ 之间的距离。

以图 3 - 1 为例，假设 $T=\{p_1,p_2,\cdots,p_n\}$ 为按固定间隔采集的原始轨迹，P_i 的垂直投影点为 $P'_i(1<i<n)$。根据垂直欧式距离概念，则 $PED(P_i)$ 表示两点之间的垂直欧式距离，即

$$PED(P_i)=\frac{|(y_n-y_1)x_i-(x_n-x_1)y_i+x_ny_1-y_nx_1|}{\sqrt{(y_n-y_1)^2+(x_n-x_1)^2}} \tag{3-1}$$

则原始轨迹和近似轨迹的垂直欧氏距离等于原始轨迹中的每个点到近似轨迹的垂直欧氏距离的平均值。即空间距离平均偏差 δ_{PED} 为

$$\delta_{PED}=\frac{\sum_{i=1}^{n} PED(P_i)}{n} \tag{3-2}$$

（2）时间同步欧式距离（Synchronized Euclidean Distance，SED）。时间同步欧式距离是评定原始轨迹与压缩轨迹之间时空距离偏差的指标。垂直欧氏距离的缺陷在于没有考虑轨迹的时间属性，时间同步欧氏距离同时考虑了时间因素和空间因素，把时间同步作为计算距离的前提。首先假设在原始轨迹中任意两个轨迹点之间是均速行驶的，而原始轨迹和近似轨迹之间起点和终点肯定是时间同步的。因此，对于原始轨迹中的任意一个点，都能在近似轨迹中找到对应时刻的位置点。轨迹点 p_i 与其利用线性函数关系在压缩轨迹上按照时间比映射得到的位置点 $p_i'=\{x_i',y_i',t_i'\}$ 之间的距离。

结合图 3-2，假如 p_i 根据线性关系的映射点为 $p_i'(1<i<n)$，则 $SED(p_i)$ 表示两点之间的同步欧式距离，即

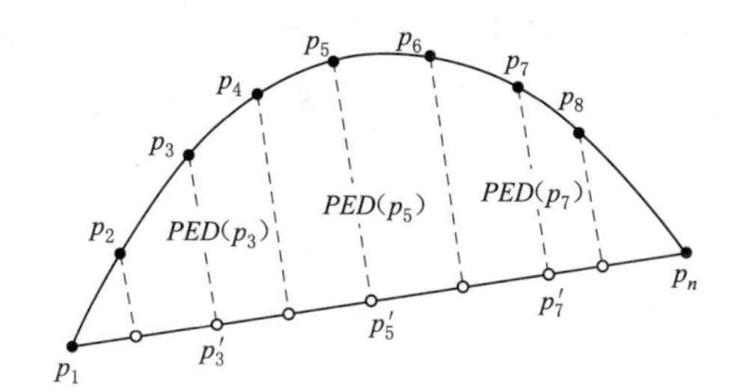

图 3-1　垂直欧式距离

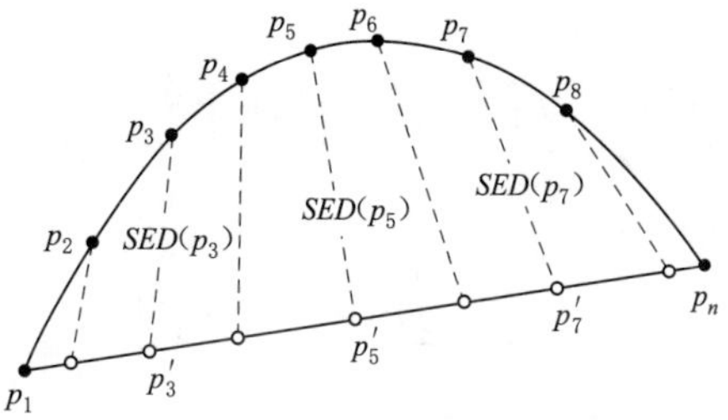

图 3-2　时间同步欧式距离

$$SED(p_i)=\sqrt{(x_i-x_i')^2+(y_i-y_i')^2} \tag{3-3}$$

其中

$$x_i'=x_1+\frac{x_n-x_1}{t_n-t_1}(t_i-t_1)$$

$$y_i'=y_1+\frac{y_n-y_1}{t_n-t_1}(t_i-t_1)$$

同样原始轨迹和近似轨迹的同步欧氏距离等于原始轨迹中的每个点到近似轨迹的同步欧氏距离的平均值即为时空距离平均偏差 δ_{SED}，其计算公式为

$$\delta_{SED}=\frac{\sum_{i=1}^{n} SED(p_i)}{n} \tag{3-4}$$

（3）速度误差（Speed Error）。速度误差采用 $Speed_{p_i}$ 表示原始轨迹点 p_i 的速度，点 p_i 的速度用 p_i 到 p_{i+1} 的平均速度来表示，同理 p_i 对应于压缩轨迹段上的时间同步轨迹点 p_i' 的速度 $Speed'_{p_i}$ 用 p_i' 到 p_{i+1}' 的平均速度来表示，$D(p_i', p_{i+1}')$ 表示两点间的直线距离，那么速度误差及速度平均误差的计算公式为

$$SpeedError(p_i)=|Speed(p_i)-Speed(p_i')| \tag{3-5}$$

$$\delta_{Speed}=\frac{\sum_{i=1}^{n} SpeedError(p_i)}{n} \tag{3-6}$$

其中
$$\begin{cases} Speed(p_i)=\dfrac{D(p_i,p_{i+1})}{t_{i+1}-t_i} \\ Speed(p'_i)=\dfrac{D(p'_i,p'_{i+1})}{t_{i+1}-t_i} \end{cases}$$

如图 3-3 所示，p_2，p_3 是被删除的点，p_1，p_4 是保留下来的点，$\overrightarrow{p_1p_4}$ 是 p_2，p_3 所在的简化轨迹段，那么 p_2 的速度误差 $SpeedError(p_2)=\left|\dfrac{d(p_3,p_2)}{t_3-t_2}-\dfrac{d(p'_3,p'_2)}{t_3-t_2}\right|$。

（4）方向感知距离（Direction-Aware Distance，DAD）。将 $\overrightarrow{p_sp_e}$（s 为起点，e 为终点）和 $\overrightarrow{p_mp_{m+1}}$（$m$ 和 $m+1$ 为中间节点）的方向分别表示为 $\theta(\overrightarrow{p_sp_e})$ 和 $\theta(\overrightarrow{p_mp_{m+1}})$，则这两个方向之间的最大角差即为方向感知距离，其计算公式为

$$DAD(\overrightarrow{p_sp_e})=\max_{s\leqslant m<e}\triangle(\theta(\overrightarrow{p_sp_e}),\theta(\overrightarrow{p_mp_{m+1}})) \tag{3-7}$$

其中
$$\triangle(\theta(\overrightarrow{p_sp_e}),\theta(\overrightarrow{p_mp_{m+1}}))=\min\{|\theta(\overrightarrow{p_sp_e})-\theta(\overrightarrow{p_mp_{m+1}})|,\ 2\pi-|\theta(\overrightarrow{p_sp_e})-\theta(\overrightarrow{p_mp_{m+1}})|\}$$

如图 3-4 所示，方向感知距离 $DAD(\overrightarrow{p_1p_3})$ 定义为 $\overrightarrow{p_1p_2}$ 和 $\overrightarrow{p_1p_3}$ 之间的夹角。

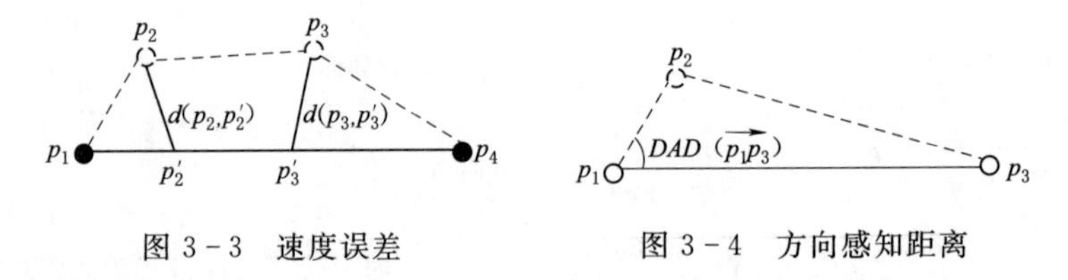

图 3-3 速度误差　　　图 3-4 方向感知距离

（5）累积同步欧式距离（Accumulated Synchronous Euclidean Distance，ASED）为同步欧氏距离的累加值。若某一轨迹点的 ASED 值越小，则该轨迹点越有可能成为特征点。如图 3-5 所示，p_4 点的 ASED 值可表示为 $d_1+d_2+d_3+d_5+d_6$。

（6）积分平方同步欧式距离（Integral Square Synchronous Euclidean Distance，ISSD）为同步欧氏距离平方后的累加值。如图 3-6 所示，若保留 p_4 点作为特征点，则轨迹的 $ISSD$ 值可表示为 $d_1'^2+d_2'^2+d_3'^2$。

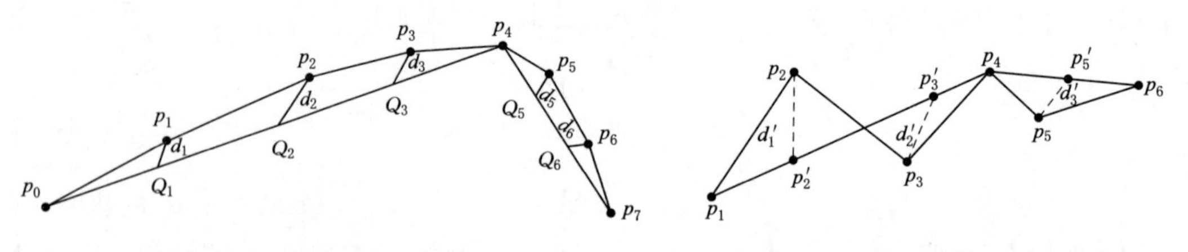

图 3-5 累积同步欧式距离　　　图 3-6 积分平方同步欧式距离

3.2 基于特征点提取的轨迹压缩方法

轨迹数据压缩的基本目标是提取轨迹特征点，其可以分为离线压缩和在线压缩两类。离线压缩算法意味着仅在收集了所有轨迹点之后才压缩整个轨迹，通常使用轨迹数据的全

局特征进行静态压缩处理。在线压缩算法通常基于轨迹数据的部分特征进行动态处理，以实现轨迹数据的实时压缩，这有利于轨迹数据的网络传输。

3.2.1 轨迹离线压缩算法

轨迹离线压缩算法中最具有代表性的为 Doulgas - Peucker 算法和 TD - TR 算法、MRPA 算法、DPTS 算法等，以下分别予以介绍。

3.2.1.1 Douglas - Peucker 算法

David Douglas 和 Thomas Peucker 提出的道格拉斯-普克算法[1]，自问世以来就得到了广泛的应用，是一种经典的线段简化离线算法。该算法常用于具有线性特征的轨迹数据压缩中，使用时需要事先明确轨迹数据的起止点才能对轨迹进行压缩，其核心思想是递归地选取欧式距离大于给定阈值的轨迹点。接下来通过一个例子详细介绍算法的主要步骤。

轨迹 $T=\{p_1,p_2,\cdots,p_8\}$，设定原始轨迹点到轨迹起止点连线的垂直距离不能超过给定阈值 ε（图 3-7）。首先将轨迹起点 p_1 和终点 p_8 进行连线，计算其余各轨迹点 p_i 到线段 p_1p_8 的垂直欧式距离，选择最大距离与阈值 ε 相比较，发现轨迹点 p_3 距离最远且超出阈值，则保留 p_3 并将其作为分割点将轨迹 T 分为 $T_1=\{p_1,p_2,p_3\}$ 和 $T_2=\{p_4,p_5,\cdots,p_8\}$ 两个子轨迹。对于子轨迹 T_1，计算点 p_2 到直线 p_1p_3 的垂直欧式距离，发现小于阈值，则不保留特征点，该子轨迹压缩完成。对于子轨迹 T_2，计算轨迹中间点 p_i 到直线 p_3p_8 的垂直欧式距离，发现轨迹点 p_5 距离最远且超出阈值，则保留 p_5 为轨迹特征点并作为分割点将 T_2 继续分割为 $T_3=\{p_3,p_4,p_5\}$ 和 $T_4=\{p_5,p_6,p_7,p_8\}$ 两个子轨迹。并用同样方法提取特征点，最终得到压缩轨迹为 $T'=\{p_1,p_3,p_5,p_8\}$。

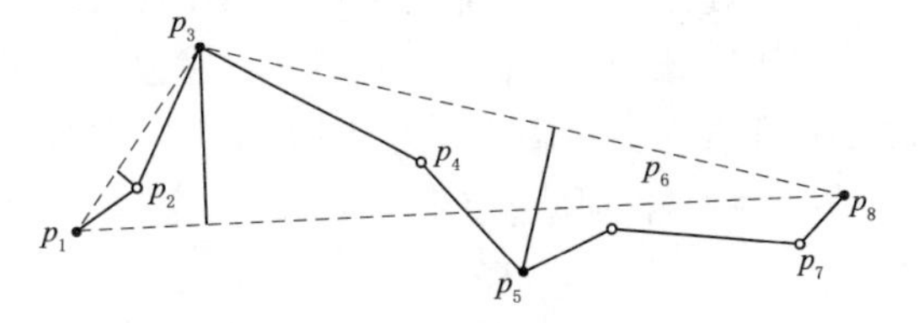

图 3-7 Douglas - Peucker 算法

3.2.1.2 TD - TR 算法

轨迹数据作为典型的时空数据，不仅具有明显的空间信息，而且具有明显的时间信息。为了考虑轨迹数据的时空特点，Meratnia 等提出了一种自上而下的时间比算法（Top - Down Time - Ratio，TD - TR）[2]。TD - TR 算法是 DP 算法的扩展，是一种离线算法，其不同之处在于 TD - TR 算法用时间同步欧式距离 SED 代替 DP 算法的垂直欧式距离 PED 作为距离测量，然后通过选取大于给定距离阈值的轨迹点实现轨迹数据的压缩。

以下通过图 3-8 介绍算法的具体步骤，假定原始轨迹 $T=\{p_1,p_2,\cdots,p_8\}$，距离阈值仍为 ε。首先将轨迹起点 p_1 和终点 p_8 进行连线，计算其余各轨迹点 p_i 到线段 p_1p_8 的同步欧式距离，选择最大距离与阈值 ε 相比较，发现轨迹点 p_3 距离最远且超出阈值，则保留 p_3 并将其作为分割点将轨迹 T 分为 $T_1=\{p_1,p_2,p_3\}$ 和 $T_2=\{p_4,$

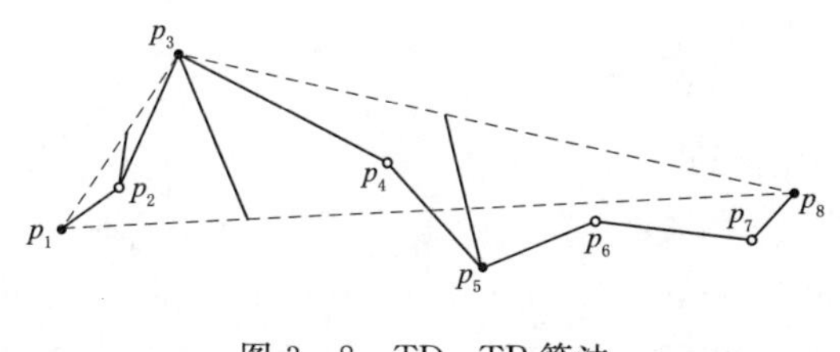

图 3-8 TD - TR 算法

$p_5,\cdots,p_8\}$ 两个子轨迹。然后以同样方式处理子轨迹段 T_1、T_2，发现 T_1 轨迹段的最大同步欧式距离没有大于给定距离阈值 ε，则 T_1 轨迹段压缩完毕，T_2 轨迹段中轨迹点 p_5 到线段 p_3p_8 的 SED 值最大且超过阈值 ε，则保留 p_5 并继续以该点对 T_2 轨迹段进行分割，最终得到压缩轨迹 $T'=\{p_1,p_3,p_5,p_8\}$。

TD-TR 算法与 DP 算法都是离线算法，不同之处是 TD-TR 算法采用时间同步欧式距离代替了 DP 算法的垂直欧式距离，本质上对数据的处理过程是相同的。

3.2.1.3 MRPA 算法

Le Buhan Jordan 等在 MRPA 算法（Multi-resolution Polygonal Approximation Algorithm）[3] 里首次提出使用积分平方同步欧式距离（LISE）和积分平方垂直欧式距离（ISSD）作为误差的度量方式，解决轨迹压缩中的 min-ϵ 问题。Imai 和 Iri 提出了基于图的 min-ϵ 问题解决方法[4]，包括构造有向无环图和宽度优先遍历搜索最短路径两个基本步骤。MRPA 算法针对上述两个步骤进行了改进，其一是减少判断轨迹中两个点是否存在有向边的次数，其二是在最短路径搜索中应用停止准则，很大程度上降低了时间复杂度。

MRPA 算法的主要步骤如下：①判断轨迹 T 中的起点 p_s 与其他轨迹点是否存在路径，构建有向无环图 G；②借助式（3-8）求解 G 中从起点 p_s 到 p_e 的最短路径 $L(p_e)$，$L(p_e)$ 中包含的轨迹点即为 MRPA 算法满足给定阈值 ϵ 的简化轨迹 T'。

$$L(p_i)=\min[L(p_k)]+1,\text{s.t.}\ \delta(P_k^i)<\varepsilon,1\leqslant k<i \tag{3-8}$$

式中：$L(p_i)$ 为 p_1 到 p_i 最短路径，初始化 $L(p_1)$ 为 0。

原始轨迹 $T=\{p_1,p_2,p_3,p_4,p_5,p_6,p_8\}$，给定的 $ISSD$ 误差阈值为 ϵ_1（图 3-9）。首先判断起点 p_1 与 p_2,p_3,p_4,p_5,p_6,p_8 是否存在边，求 $ISSD(\overrightarrow{p_1p_i})$ 是否大于给定的误差阈值 ϵ_1，其中 $1<i\leqslant 8$，$ISSD(\overrightarrow{p_1p_2})<\epsilon_1$，$ISSD(\overrightarrow{p_1p_3})<\epsilon_1$，$ISSD(\overrightarrow{p_1p_4})<\epsilon_1$，那么点 p_2，p_3,p_4 与点 p_1 存在边；若 $ISSD(\overrightarrow{p_1p_5})>\epsilon_1$，则 p_1 与 p_5 不存在边；若 $ISSD(\overrightarrow{p_1p_6})>2\epsilon_1$，则提前终止判断 p_7，p_8 与点 p_1 是否存在边。接下来判断剩余点 p_5,p_6,p_7,p_8 与 p_2,p_3,p_4 是否存在边，最后建立的图 G（图 3-10），p_8 到 p_1 的最短路径为 $\{p_8,p_4,p_1\}$，那么 MRPA 算法满足给定误差阈值 ϵ_1 对原始轨迹 Trj，压缩之后的轨迹 $T'=\{p_1,p_4,p_8\}$。

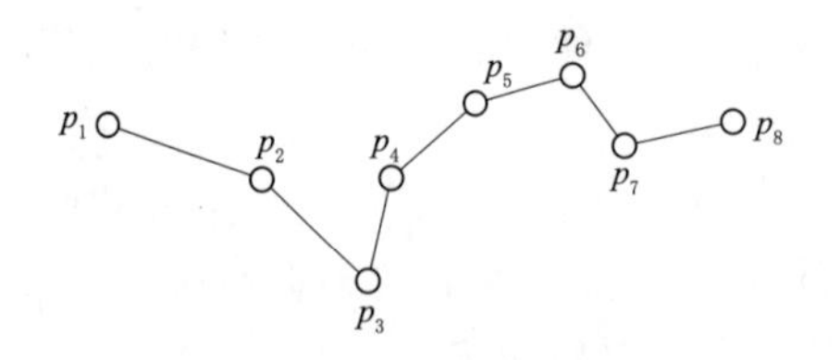

图 3-9 原始轨迹

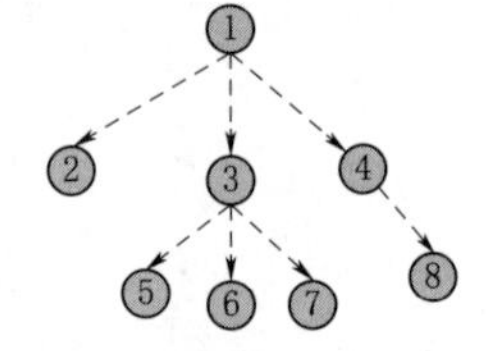

图 3-10 MRPA 算法建立的有向无环图

3.2.1.4 DPTS 算法

在一般应用场景下，保持方向信息的轨迹化简可以保存位置信息，但保持位置信息的轨迹压缩方法在方向保持上可能不再具有优越性。因此，Long Cheng 等基于方向感知距离提出了保持方向的轨迹压缩策略（Direction-Preserving Trajectory Simplification，DPTS）[5]，该策略提出了解决 DPTS 问题一般性方法——SP 算法和压缩质量下降的近似方法——Intersect 算法[5]。该策略已在多种轨迹数据集中验证了其在保持方向和位置信息上的有效性，DPTS 问题定义和 SP 算法的具体思路如下。

1. DPTS 问题定义

DPTS 问题：给定一条轨迹 T 和最大容忍方向误差 ϵ_t（$\epsilon_t<\pi$），得到一条简化后的轨迹 T'，使其满足 $\epsilon(T')<\epsilon_t$。

如图 3-11 所示，原始轨迹 $T=\{p_1,p_2,p_3,p_4,p_5,p_6,p_7,p_8\}$，根据方向感知距离定义，$\theta(\overrightarrow{p_1p_2})=0.785$，$\theta(\overrightarrow{p_6p_7})=5.498$，其余各轨迹段的方向见表 3-1，由此不难求得 $\theta(\overrightarrow{p_1p_5})$ 和 $\theta(\overrightarrow{p_5p_8})$。根据式（3-7），可得 $\Delta[\theta(\overrightarrow{p_1p_5}),\theta(\overrightarrow{p_1p_2})]=0.463$、$[\theta(\overrightarrow{p_1p_5}),\theta(\overrightarrow{p_2p_3})]=0.785$、$[\theta(\overrightarrow{p_1p_5}),\theta(\overrightarrow{p_3p_4})]=0.785$、$[\theta(\overrightarrow{p_1p_5}),\theta(\overrightarrow{p_4p_5})]=0.322$，进而求得 $\epsilon(\overrightarrow{p_1p_5})=\max\{0.463,0.785,0.785,0.322\}=0.785$，进而可以求得 $\epsilon(T')=\max\{\epsilon(\overrightarrow{p_1p_5}),\epsilon(\overrightarrow{p_5p_8})\}=\max\{0.785,0.742\}=0.785$。最终，在最大容忍误差 ϵ_t 下，可得压缩后的轨迹 $T'=\{p_1,p_5,p_8\}$。

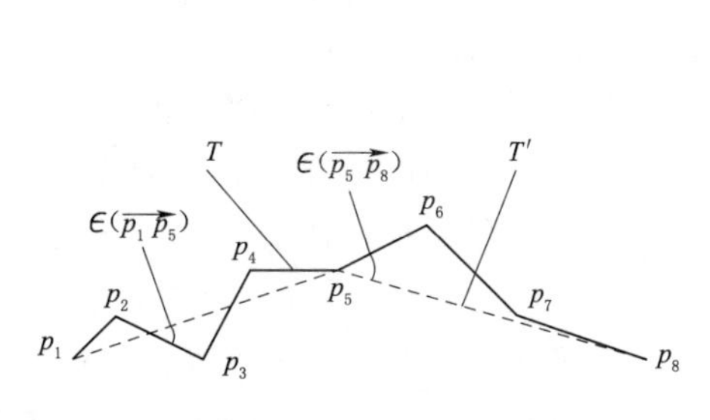

图 3-11　原始轨迹

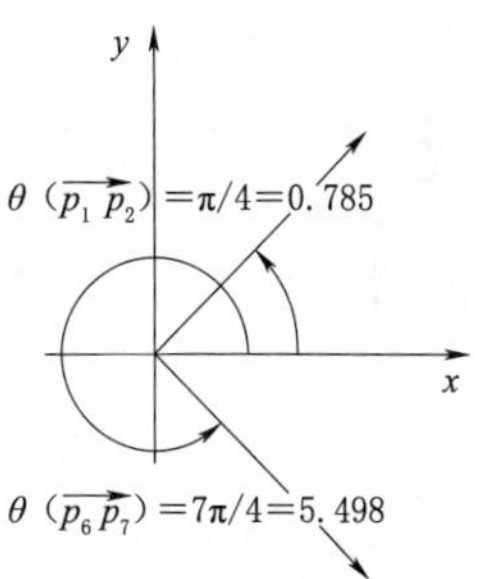

图 3-12　轨迹段的方向

表 3-1　　**各轨迹段方向**

轨迹段	$\overrightarrow{p_1p_2}$	$\overrightarrow{p_2p_3}$	$\overrightarrow{p_3p_4}$	$\overrightarrow{p_4p_5}$	$\overrightarrow{p_5p_6}$	$\overrightarrow{p_6p_7}$	$\overrightarrow{p_7p_8}$
方向	0.785	5.82	1.107	0	0.464	5.498	5.961

对于 DPTS 问题，相关学者基于动态规划和二分法的思想给出满足指定容许误差或指定特征点数的简化后轨迹，由此产生了两种不同的算法，时间复杂度分别为 $O(WN^3)$ 和 $O(CN^2\log N)$（W 为压缩后的轨迹数、C 为较小的常数、N 为原始轨迹长度），较高的时间复杂度，使得以上两类算法在实际应用中存在一定的局限。

2. SP 算法步骤

Long Cheng 等[5] 提出的 DPTS 问题的 SP 算法相对于基于动态规划和二分法的思想的算法具有较高的时间效率，并具有较强的可扩展性。其具体步骤如下：

步骤 1：构建关于 ϵ_t 的图 $G_{\epsilon_t}(V,E)$，原始轨迹 T 中 p_i 转化为 V 中顶点，若轨迹点 p_i 和 $p_j(i<j)$ 之间构造为 E 中一条边，且满足 $\epsilon(\overrightarrow{p_ip_j})\leqslant\epsilon_t$。当 ϵ_t 被设置为 $\pi/4$ 时，根据原始轨迹构建的图结构如图 3-13 所示。

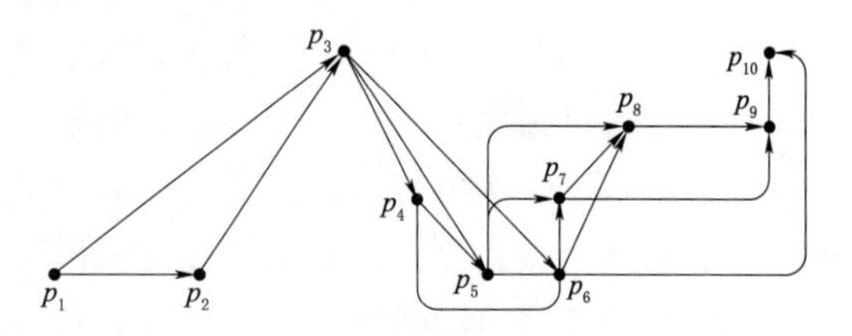

图 3-13　SP 算法构建的图结构

步骤 2：根据最短路径算法查找图

$G_{\epsilon_t}(V, E)$ 中 p_1 至 p_n 的最短路径。这里，路径的长度被定义为沿着路径所涉及的边的数目。图 3-13 中从 p_1 至 p_{10} 共有多条路径，其中路径 $p_1—p_3—p_6—p_{10}$ 为最短路径。

步骤 3：根据最短路径返回 DPTS 的解为（p_1, p_3, p_6, p_{10}），即为压缩后的轨迹。

SP 算法旨在保留轨迹的方向信息，同时还保留位置信息，但是算法时间复杂度太高，因此 SP 算法的作者 Long Cheng 又提出了一种近似算法 Intersect 算法。Intersect 算法缩小了轨迹段的可行方向范围，降低建立整个图 G 的时间复杂度。Intersect 算法的时间复杂度为 $O(n)$，空间复杂度为 $O(N)$。

3.2.2 轨迹在线压缩算法

轨迹在线压缩算法中最具有代表性的有标准开窗算法、Sliding Window 算法、Normal Opening Window 算法、Dead Reckoning 算法、STTrace 算法、SQUISH 算法等。

3.2.2.1 Sliding Window 算法

Sliding Window 算法[6] 相较于侧重轨迹全局性的 Douglas-Peucker 算法更倾向于局部轨迹数据的优化压缩，该算法不需要明确轨迹的起止点，而是通过给定一个初始大小已知的滑动窗口，以数据流的形式逐步向窗口内输入新的轨迹点，并对窗口内的轨迹数据进行压缩，应用逐步压缩的思想实现在线数据压缩。通过图 3-14 详细介绍算法的主要步骤。

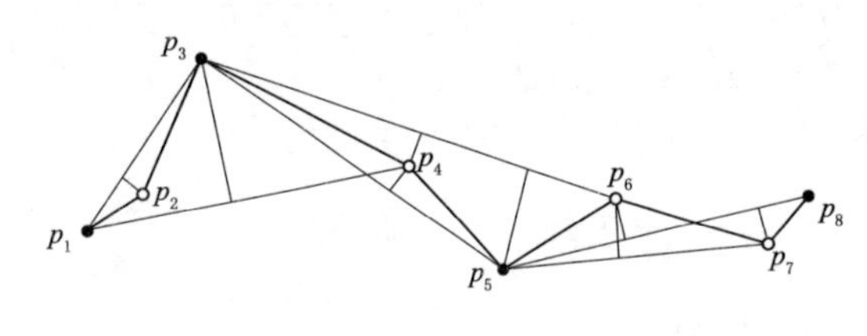

图 3-14 Sliding Window 算法

给定距离阈值 ε 和一条轨迹 $T=\{p_1, p_2, p_3, p_4, p_5, p_6, p_8\}$。首先将 p_1，p_2 和 p_3 依次加入滑动窗口，将窗口起点 p_1 和窗口末点 p_3 进行连线，计算中间轨迹点 p_2 到直线 p_1p_3 的垂直欧式距离，发现小于阈值 ε，则将下一点 p_4 加入窗口，继续计算中间轨迹点 p_2、p_3 到直线 p_1p_4 的垂直欧式距离，发现存在 p_3 点距离直线 p_1p_4 的垂直距离大于阈值 ε，则保留窗口末点 p_4 的前一个点 p_3，并将其作为新的滑动窗口起始点，并继续读入轨迹点 p_4、p_5，重复之前的步骤，再次发现存在 p_5 点距离直线 p_3p_6 的垂直距离大于阈值 ε，则继续保留窗口末点 p_6 的前一个点 p_5 并将其作为新的滑动窗口起始点，重复之前步骤，直到轨迹终点，最终得到压缩轨迹为 $T'=\{p_1, p_3, p_5, p_8\}$。

3.2.2.2 Normal Opening Window 算法

标准开放窗口（Normal Opening Window，NOPW）算法[2] 是一种经典的在线轨迹简化算法，其基本思想是选取数据系列中的第一个点作为锚点，第三个点作为浮点，然后计算位于锚点和浮点之间所有数据点到与锚点和浮点连线的垂直欧式距离，选择最大垂直距离与给定阈值相比较，若小于阈值，则锚点不动浮点向后移动一位，若大于阈值，则保留离该直线垂直距离最大的轨迹点，并将该点设为新的锚点，其后的第三个点设为浮点，重复以上步骤，直到数据系列全部完成分段线性化。

NOPW 轨迹数据压缩算法是对滑动窗口轨迹数据压缩算法的改进，不同的是其将偏移距离最大的轨迹点作为窗口新的起始点。具体步骤如图 3-15 所示，给定距离阈值 ε 和

一条轨迹 $T=\{p_1,p_2,\cdots,p_8\}$。初始时将 p_1 点作为锚点，p_3 点作为浮动点，将锚点 p_1 和浮动点 p_3 进行连线，计算中间轨迹点 p_2 到直线 p_1p_3 的垂直欧式距离，发现小于阈值 ε，则将浮动点 p_3 移动到下一点 p_4，继续计算中间轨迹点 p_2、p_3 到直线 p_1p_4 的垂直欧式距离，发现 p_3 点距离直线 p_1p_4 最远且距离大于阈值 ε，则保留 p_3 并将该点作为新的数据锚点，浮动点则移动到锚点的后两个点，即点 p_5，当浮动点每次沿数据序列向后移动一位时，都需要重新计算锚点与浮动点间的轨迹点（不包锚点和浮动点）到锚点与浮动点连线的最大垂直欧式距离，当浮动点移动到 p_8 轨迹点时，得到 p_5 点距离直线 p_3p_8 最远且距离大于阈值 ε，因此 p_5 点被保留。最终得到的压缩轨迹为 $T'=\{p_1,p_3,p_5,p_8\}$。

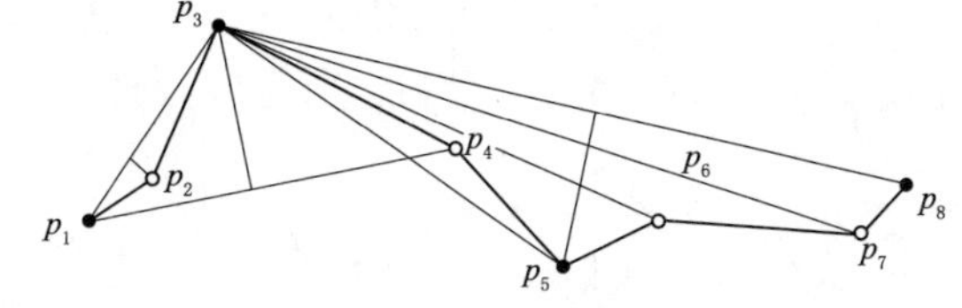

图 3-15　Normal Opening Window 算法

复杂度分析：NOPW 算法每往窗口中读入新的轨迹点，都需要重新计算窗口中轨迹点到窗口锚点和浮动点连线的垂直欧式距离，因此该算法的时间复杂度较高，为 $O(N^2)$，在考虑最坏情况下，如轨迹为一条直线，则锚点与浮动点之间数据可包含整个轨迹点数据，故空间复杂度为 $O(N)$。

3.2.2.3 Dead Reckoning 算法

Dead Reckoning 算法[7] 是一种轨迹点的预测算法，其核心思想是利用当前轨迹点 p_i 的属性信息（位置、方位和速度）来预测下一个轨迹点 p_k 将要到达的位置 p'_k，然后判断预测点位置 p'_k 与实测点位置 p_k 的距离 D_{ik} 是否超过所设定的误差阈值 ε，若超过误差阈值则保留前一个轨迹点 p_{k-1}，然后用该点来预测下一个轨迹点的位置，否则继续用 p_i 预测未来轨迹点位置。

Dead Reckoning 算法如图 3-16 所示，给定距离阈值 ε 和一条轨迹 $T=\{p_1,p_2,\cdots,p_8\}$，起始点 p_1 和终止点 p_8 均保留到压缩轨迹 T' 中，$T'=\{p_1,p_8\}$，然后根据 p_1 的方位、位置和速度预测轨迹点 p_2、p_3、p_4 的位置，直到 p_4 的距离误差 D_4 超过给定误差阈值 ε，那么将保留 p_4 的前一个点 p_3，然后再用轨迹点 p_3 的属性信息预测 p_5、p_6 的位置，计算得 $D_6>\varepsilon$，则将 p_5 轨迹点保留，同理计算得 $D_8>\varepsilon$ 则也保留 p_7 轨迹点，最后得到压缩轨迹 $T'=\{p_1,p_3,p_5,p_7,p_8\}$。

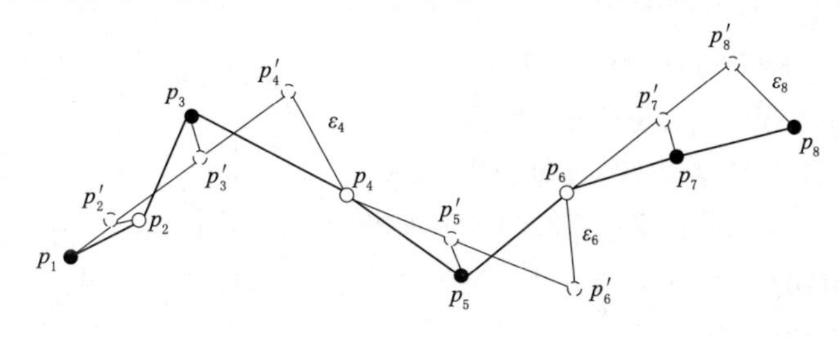

图 3-16　Dead Reckoning 算法

复杂度分析：Dead Reckoning 算法需要线性处理每个轨迹点，连续地将每个点与预测位置进行比较，故时间复杂度为 $O(N)$（N 代表轨迹点总数），空间复杂度为 $O(1)$。

3.2.2.4 STTrace 算法

STTrace 算法[8] 是使用 SED 误差度量的在线轨迹压缩算法。STTrace 算法的输入需要制定缓存区的大小 β。最初，所有传入轨迹点都只是简单的放在缓冲区当中，直到缓冲区中的轨迹点数等于缓冲区的大小 β。当缓冲区被轨迹点占满时，任何正在传入的轨迹点都需要删除缓冲区中的其他轨迹点。因此 STTrace 算法的目标就是删除不重要的轨迹点，STTrace 考虑到轨迹点的 SED 误差，也就是删除缓存区中 SED 误差最小的轨迹点。值得注意的是，计算缓冲区的轨迹点 p_i 的 SED 误差，对应的简化轨迹段为 p_i 在缓存区中前后两个点。如图 3－17 所示，计算 $SED(p_2)$，需要用 $\overrightarrow{p_1p_3}$ 作为 p_2 所在的简化轨迹段。STTrace 算法的时间复杂度为 $O(N\log\beta)$，空间复杂度为 $O(\beta)$（其中 N 表示轨迹点数，β 表示缓冲区的大小）。

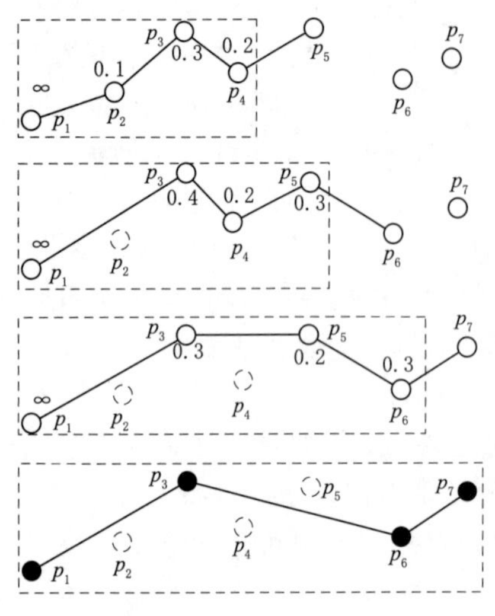

图 3－17 STTrace 算法

如图 3－17 所示，原始轨迹 $T=\{p_1,p_2,p_3,p_4,p_5,p_6,p_7\}$，缓存区的大小为 4。当缓存区未满时，轨迹点 p_1,p_2,p_3,p_4 依次加入缓存区，$B=\{p_1,p_2,p_3,p_4\}$。p_5 添加缓存区，则删除 p_2，因为 $SED(p_2)=0.1$ 最小，然后更新 p_1，p_3 的 SED 误差，缓存区 $B=\{p_1,p_3,p_4,p_5\}$。依次类推，直到处理完最后一个轨迹点 p_7。压缩之后的轨迹 $T'=\{p_1,p_3,p_6,p_7\}$。

3.2.2.5 SQUISH 算法

SQUISH 算法[9] 与 STTrace 算法比较相似，都是删除缓冲区中不重要的轨迹点，但是 SQUISH 算法与 STTrace 算法不同之处在于，STTrace 算法删除 p_i 之后需要重新计算 p_i 在缓冲区 B 中的前后两个点的 SED 误差，而 SQUISH 算法更新轨迹点的优先级，是直接将删除的点 p_i 的优先级添加到相邻的轨迹点的优先级，旨在保护 p_i 相邻的轨迹点的信息。STTrace 算法需用重新计算删除点的邻居点的 SED 误差，SQUISH 算法是优先级相加更新，因此 SQUISH 算法在实际的轨迹简化比 STTrace 算法更快。SQUISH 算法的时间复杂度为 $O(N\log\beta)$，空间复杂度为 $O(\beta)$（其中 N 表示轨迹点数，β 表示缓冲区的大小）。

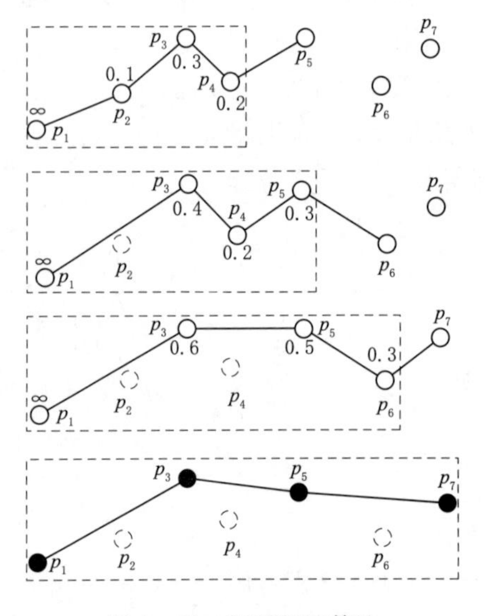

图 3－18 SQUISH 算法

如图 3－18 所示，原始轨迹 $T=\{p_1,p_2,p_3,p_4,p_5,p_6,p_7\}$，缓存区的大小为 4。当缓存区未满时，轨迹点 p_1,p_2,p_3,p_4 依次加入缓存区，$B=$

$\{p_1, p_2, p_3, p_4\}$。p_5 添加缓存区，则删除 p_2，因为 $Q(p_2)=0.1$ 最小，然后更新 p_1，p_3 的优先级，如 $Q(p_3)=0.3+Q(p_2)=0.3+0.1=0.4$，缓冲区 $B=\{p_1, p_3, p_4, p_5\}$。依次类推，直到处理完最后一个轨迹点 p_7。压缩之后的轨迹 $T'=\{p_1, p_3, p_5, p_7\}$。

3.2.2.6　SQUISH－E 算法

SQUISH－E 算法[10] 的核心思想是初始化一个固定大小的优先级队列 Q，其中队列中每个点的优先级被定义为通过删除该点引入的 SED 误差的上限值。依次将轨迹点读取到队列 Q 中，当队列已满时，将删除队列 Q 中最低优先级的轨迹点，并更新已删除路径的相邻轨迹点优先级。需要注意的是，当达到一定条件时，队列 Q 的大小会发生动态变化。SQUISH－E 算法可以有效地控制系统可达误差的增加，消除了系统可达误差的最小优先级，保留了系统可达误差的较高优先级。

SQUISH－E 算法需要两个控制参数 λ 和 μ 来进行压缩，压缩过程中尽可能最小化 SED 误差并实现 λ 的压缩比，然后进一步再压缩优先级小于 μ 的轨迹点。若将 μ 设置为 0 则会使该算法最小化 SED 误差值，以此来确保 λ 的压缩比，称之为 SQUISH－E(λ) 算法；若将 λ 设置为 1，则会使该算法压缩比最大化，同时所有轨迹点的 SED 误差将控制在小于 μ 的范围内，称之为 SQUISH－E(μ) 算法。

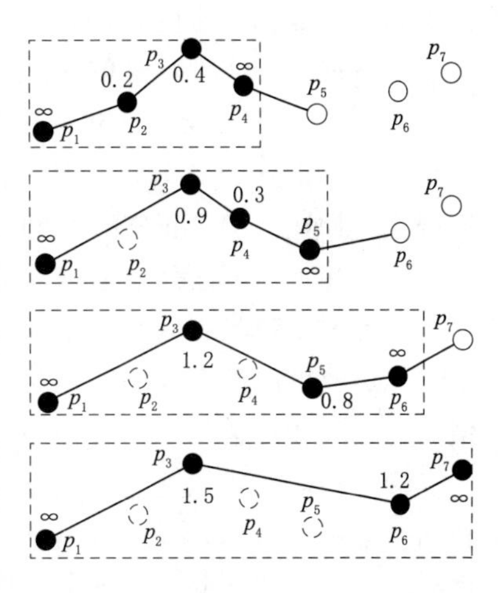

图 3－19　SQUISH－E(λ) 压缩算法

如图 3－19 所示，给定优先级队列 Q 的初始容量 $\beta=4$ 和原始轨迹 $T=\{p_1, p_2, p_3, p_4, p_5, p_6, p_7\}$，设压缩比 λ 为 2。当 $i/\lambda \geqslant \beta$（为已读入轨迹点个数）时，队列 Q 的容量值增 1，否则不变。首先依次读入轨迹点 p_1，p_2，p_3，p_4 并计算 p_2，p_3 轨迹点的优先级大小，队列中的首尾端点优先级均设置为无穷大；当读入 p_5 点时，队列 Q 容量已满，需删除优先级最小的点 p_2，并更新相邻点 p_1、p_3 的优先级大小，此时令尾部端点 p_5 的优先级为无穷大，并计算 p_4 的优先级大小。重复该过程直至最后一个轨迹点，队列 Q 中保留的轨迹点即为压缩轨迹 $T'=\{p_1, p_3, p_6, p_7\}$。

3.2.2.7　基于轨迹运动模式识别的压缩算法

移动对象轨迹不同于常见的线状地理要素，其形状特征与运动状态联系密切，轨迹形状的变化一般是因为移动目标在方向和速度上的变化而产生，运动状态的变化也是引起 SED 误差的关键原因。以车辆轨迹为例，如果能够根据车辆的运动行为模式在轨迹采集过程中就识别出轨迹特征点，即可实现在线轨迹压缩。

以图 3－20 为例，深灰色点、灰色点和黑色点分别代表着本次车辆出行的起止点（①、⑩）、变速点（②、④、⑦、⑨）和转弯点（③、⑤、⑥、⑧），这些点显然都是需要采集的轨迹特征点。图 3－20 显示了车辆具有多种运动行为模式，如直线行驶、左转、右转、掉头、启动、停止、加速和减速。然而，其通常可以概括为转向模式和变速模式两种运动模式。如果从车辆轨迹中识别出这两种运动模式，并获得转弯序列和变速序

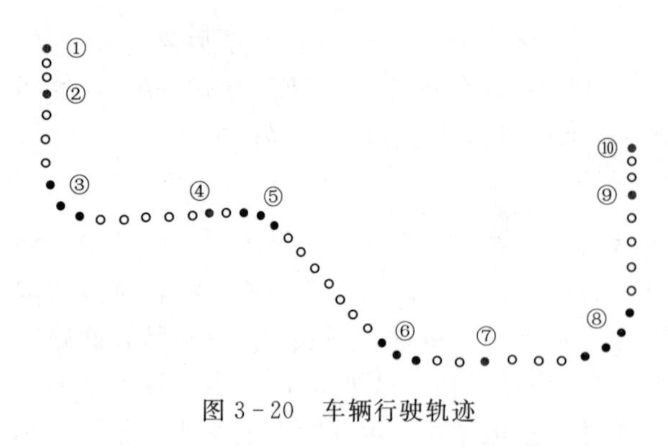

图 3-20 车辆行驶轨迹

列，然后提取转弯特征点和变速特征点，就可以完成整个轨迹的在线压缩。这就是基于轨迹运动模式识别的在线压缩算法的核心思路。

基于运动行为识别的在线轨迹压缩方法有两种策略：①一种是借助车载传感器识别车辆上述运动状态的变化，仅在车辆运动状态改变时采集轨迹点并将其作为特征点保留，实现轨迹的实时在线压缩[11]；②另一种策略是从采集的轨迹中识别车辆运动状态的变化，当车辆的转向或变速行为结束时，即从这些变向或变速序列中提取特征点，实现轨迹的在线压缩[12]。

1. 基于传感器运动行为识别的车辆轨迹实时在线压缩

变速模式识别主要识别车辆的启动制动行为以及车辆行驶过程中的急加减速行为。在车辆静止、加速启动、正常行驶和制动停车过程中，线性加速度的区分明显。车辆的加减速行为反映在加速度序列的增减趋势变化上，那么加速度的时间数据序列就不是围绕某一值上下波动的平稳状态而是值不断上升或下降的非平稳状态，采用 M-K 非参数趋势检验法来识别加速度时间序列的变化趋势，该方法不需要样本数据遵循一定分布且不受少数异常值影响，故在加速度序列的趋势判断上具有较高的准确率。

车辆的转向模式识别主要区分直线行驶和转弯行驶，当判断处于转弯行驶时则需要采集转向点坐标，当判断处于直线行驶时则仅需采集变速点即可。车辆在转向时，方位角会发生剧烈的上升和下降，在车辆右转时，方位角逐渐增大，其变化值与转向幅度大致相同。将车辆转向行为分为左右转弯、掉头等幅度较大的短距离转弯和转向幅度较小的长距离转弯。通常一个左右转弯幅度大概在 80°～120°之间，当转弯幅度在 40°～60°时，车辆大致恰好位于道路的交叉点位置，故本研究中当转向角度累计到 40°时才采集一个转向特征点，以避免冗余采集。但对于小幅度的长距离转弯，若等到转向角度累计到 40°再采集特征点，此时车辆可能已经行驶了较长距离，故通过设置采样时间间隔阈值来控制在累计转向角小于 40°的情况下的转向特征点采集。

2. 基于运动模式识别的轨迹在线压缩

基于车辆运动行为模式识别的在线轨迹压缩算法核心在于直接通过对轨迹点坐标数据的分析，在线识别轨迹在空间上的转弯和在时间上的速度变化，从而分别提取转弯特征点和变速特征点。

将转向类别相同并相邻的轨迹点序列定义为转弯序列。例如，相邻的轨迹点 $\{P_j, P_{j+1}, \cdots, P_{k-1}, P_k\}$ $(0<j<k<n)$ 转向类别全部相同（皆为右转或左转），则认为这些点共同构成了一个转弯序列 $TP=\langle P_j, P_{j+1}, \cdots, P_{k-1}, P_k \rangle$。在获取了完整的转弯序列后，提取上一特征点与该转弯终止点过程中的转弯特征点。其方法是计算当前转弯序列内各点的 ASED，若 ASED 中的最大值超过阈值规定，则具有最大 ASED 者即为转弯特征点。

变速序列由速度持续增大（或减少）的加速段（减速段）和速度持续减少（或增大）

的减速段共同构成。在提取出变速序列后，再从中识别变速特征点。其方法为：将连接变速序列的起点和终点构成一条基线，计算变速序列内各点的 ASED 值，若 ASED 值超过规定限差，则具有最大距离值的轨迹点即为变速特征点。根据前述两个阶段已经可以识别出大多数明显的转向特征点和变速特征点，每当找出一对轨迹特征点后，再对该分段轨迹采用 TDTR 算法进行轨迹压缩，以便找出所有符合阈值条件的轨迹特征点。

基于特征点提取的轨迹压缩方法是一种通用的时空轨迹数据压缩方法，可用于压缩各种轨迹，如汽车、行人或自行车轨迹等。然而，这种通用性的轨迹压缩算法忽视了不同种类轨迹数据的独特特点，故未能充分提升压缩比。例如，对于车辆轨迹，该类方法就没有顾及到车辆轨迹依赖于道路网这个显著特点，从而难以取得高度的压缩比。

基于特征点提取的压缩算法总结见表 3-2。另外，文献[13] 多种数据集对各压缩算法的 PED、SED、DAD 和 Speed 误差已有研究进行了非常全面的对比分析，本文不再赘述。

表 3-2　　基于特征点提取的压缩算法总结

算　法	时间复杂度	空间复杂度	误差度量
DP	$O(N^2)$	$O(N)$	PED
TD-TR	$O(N^2)$	$O(N)$	SED
MRPA	$O\left(\frac{N^2}{M}\right)$	$O(N)$	ISSD
SP	$O(CN^2)$	$O(N)$	DAD
Intersect	$O(N)$	$O(N)$	DAD
SW	$O(N)$	$O(1)$	PED
NOPW	$O(N^2)$	$O(N)$	PED
Dead Reckoning	$O(N)$	$O(1)$	预测误差
STTrace	$O(N\log\beta)$	$O(\beta)$	SED
SQUISH	$O(N\log\beta)$	$O(\beta)$	SED
SQUISH-E(λ)	$O\left(N\log\frac{N}{\lambda}\right)$	$O(\beta)$	SED
SQUISH-E(μ)	$O(N\log N)$	$O(N)$	SED

3.3　基于道路网约束的轨迹压缩方法

基于道路网约束下的轨迹压缩方法首先借助地图匹配算法将车辆轨迹映射到行驶路径中，然后利用道路网络结构对行驶路径进行压缩和存储。该类方法特别适用于压缩车辆轨迹。这是因为车辆轨迹与道路网密切相关，通过地图匹配可以将轨迹点序列转换为车辆途径路段序列。由于路段可以预先存储，他们的数量要比 GPS 轨迹点的数量小得多，因此可以极大幅度地减少存储空间，压缩比高。此外，通过地图匹配，轨迹点被匹配到道路上，这非但没有降低其坐标精度，反而是一种提高，对于轨迹的空间信息而言，这事实上是一种无损压缩。基于道路网约束下的代表性轨迹压缩方法主要有 PRESS 算法、COMPRESS 算法、Stroke 路径压缩编码算法等。

3.3.1　PRESS算法

时空轨迹的空间路径和时间信息具有不同的特征，将空间路径与时间信息分离可以实现时空轨迹的高质量压缩。基于这种策略，PRESS算法[14]提出了混合空间压缩（HSC）方法和误差有界时间压缩（BTC）方法来分别压缩轨迹的空间路径和时间信息。以下重点介绍该算法中混合空间压缩方法和误差有界的时间信息压缩方法的具体思路。

1. 空间路径和时间信息分离

道路网络中轨迹的空间路径可表征为连续边的序列。如图3-21所示，图中轨迹按顺序依次经过边$e_{15}, e_{16}, e_{13}, e_6, e_3$。因此，轨迹的空间路径可以表示为$\langle e_{15}, e_{16}, e_{13}, e_6, e_3 \rangle$。轨迹的时间信息可以由元组（$d_i$，$t_i$）表示，其中$d_i$代表移动对象从开始至$t_i$在网络中行进的距离或边的权重。轨迹可以从边的任意点开始或结束，不一定是端点，如图3-21中轨迹在边e_3中的一点结束，通过时间信息可表示此类情况。

图3-21所示的轨迹存在5个时间戳，分别表示为t_1、t_2、t_3、t_4和t_5。基于新提出的时间序列表示，该轨迹的时间信息将由5个元组表示，分别为$\langle 0, t_1 \rangle$，$\langle w(e_{15})+\Delta_1, t_2 \rangle$，$\langle w(e_{15})+w(e_{16}), t_3 \rangle$，$\langle w(e_{15})+w(e_{16})+w(e_{13})+\Delta_2, t_4 \rangle$和$\langle w(e_{15})+w(e_{16})+w(e_{13})+w(e_6)+\Delta_3, t_5 \rangle$（图3-22），$\langle 0, t_1 \rangle$意味着对象在时间戳$t_1$开始轨迹并且从开始其已经行进的相应距离为零（即$d_1=0$），元组$\langle w(e_{15})+\Delta_1, t_2 \rangle$意味着对象在时间戳$t_2$已经行进$w(e_{15})+\Delta_1$距离，其中$w(e_{15})$表示边$e_{15}$的距离，以此类推。

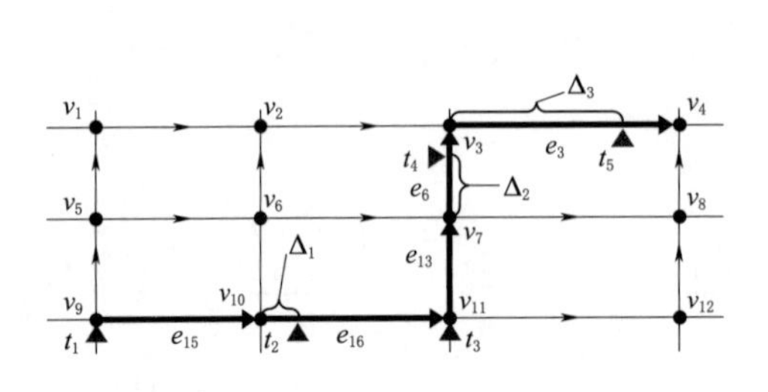

图3-21　轨迹空间路径表征

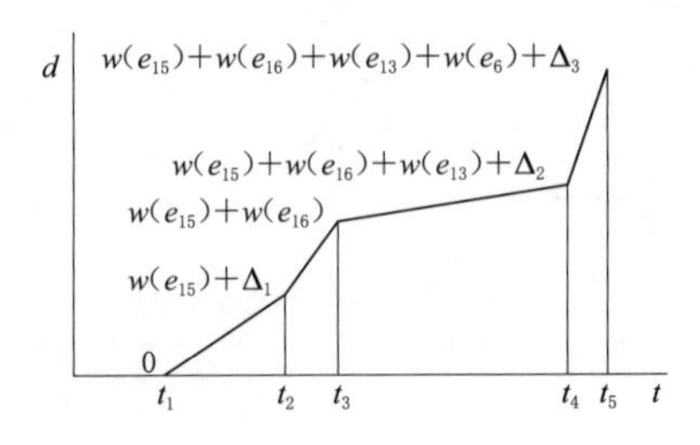

图3-22　轨迹时间信息表征

2. 混合空间压缩（Hybrid Spatial Compression，HSC）

混合空间压缩算法可以在不丢失任何空间信息的情况下使用更少的空间压缩、空间路径，算法可具体分为最短路径压缩和频繁子路径编码两个阶段。

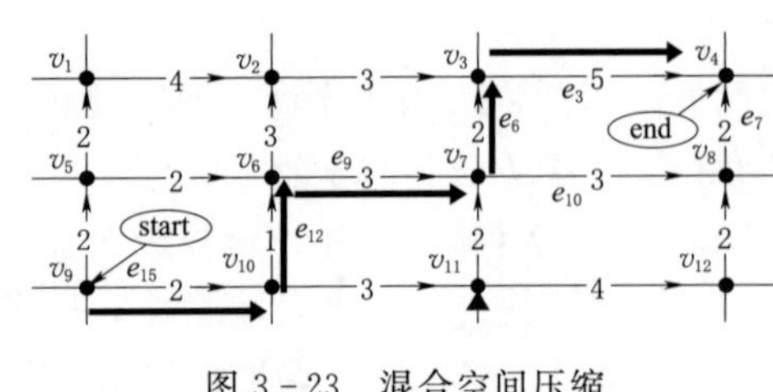

图3-23　混合空间压缩

假设$SP(e_i, e_j)$表示从边e_i到边e_j的最短路径，$SP(e_i, e_j)$的最后一个边（即e_j之前的边）为$SP_{end}(e_i, e_j)$，以图3-23所示的局部路网为例，则$SP(e_{15}, e_7)=\langle e_{15}, e_{12}, e_9, e_6, e_3, e_7 \rangle$，$SP_{end}(e_{15}, e_7)=e_{10}$，$SP_{end}(e_{15}, e_{10})=e_9$。

最短路径压缩的基本思想是：在已获得路网最短路径信息的基础上，若子轨迹与最短路径完全匹配，则使用最短路径的起始边与终点边来替换最短路径，通过不断缩减空间路径表示序列的长度，直至空间路径的表示序列无法继续缩减为止，即实现了对空间轨迹最大限度的压缩。如图 3－23 所示，原始轨迹 $T=\langle e_{15},e_{12},e_{9},e_{6},e_{3}\rangle$。最初，将第一条边 e_{15} 添加到 T' 中，之后通过扫描第三条边来判断第二条边是否保留。由于 $SP_{\text{end}}(e_{15},e_{9})=e_{12}$，因此 e_{12} 可以被去除。对于第四条边 e_{6}，$SP_{\text{end}}(e_{15},e_{6})=e_{9}$，因此 e_{9} 也可以被去除。最终轨迹 T 能够被 $T'=\langle e_{15},e_{3}\rangle$ 替换，因为 T 与最短路径完全匹配，可由最短路径的起始边和终点边替换。

频繁子路径编码阶段首先将轨迹分解为子轨迹集合，之后将子轨迹视为字符串，并使用 Huffman 对其进行压缩。子轨迹越频繁，则对应的轨迹字符串越短，更有利于节省压缩空间。该阶段步骤如下：

(1) 步骤 1：频繁子轨迹挖掘。假设最短路径压缩阶段返回的轨迹集合 TD 共包含三条压缩轨迹，即 T_{s1}、T_{s2} 和 T_{s3}（图 3－24），设定最大子轨迹长度阈值 $\theta=3$，则可得到子轨迹集合，即 *Sub－trajectories*。基于 *Sub－trajectories* 构建一种树结构 *Trie*，对于 *Trie* 中的任何节点 n，从根节点到 n 的路径表示子轨迹 T_{sub}，从父节点至子节点的连线中的数字为该子轨迹的频率，每个节点旁边的数字是该节点的唯一 ID。以节点 18 为例，由沿着从根节点到节点 18 的路径形成的字符串是 $e_{1}e_{4}e_{6}$，即子轨迹 e_{1}、e_{4}、e_{6}。

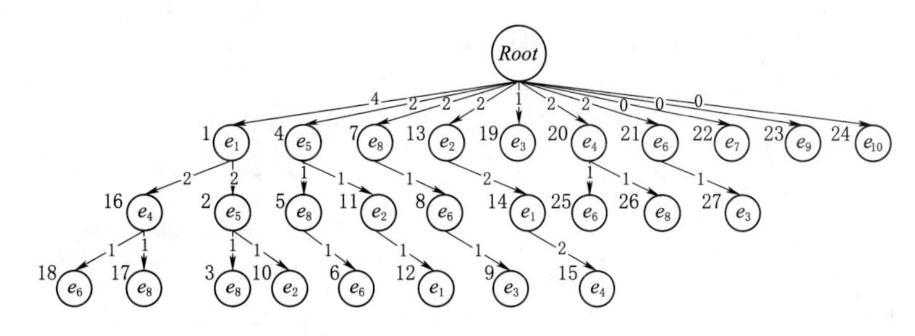

图 3－24　频繁子轨迹挖掘

(2) 步骤 2：轨迹分解。轨迹分解算法构建了有限状态机，在各个内部节点之间构建了额外链接（图 3－25 中节点间虚线）。从一节点 n_{1} 到另一节点 n_{2} 的每个额外链接是对应于 n_{1} 的最长的可能后缀。如图 3－25 所示，对于节点 15$(e_{2}e_{1}e_{4})$，其后缀是 $(e_{1}e_{4})$ 和 (e_{4})，最长的是 $(e_{1}e_{4})$，即节点 16。因此节点 15 的额外链接指向节点 16。

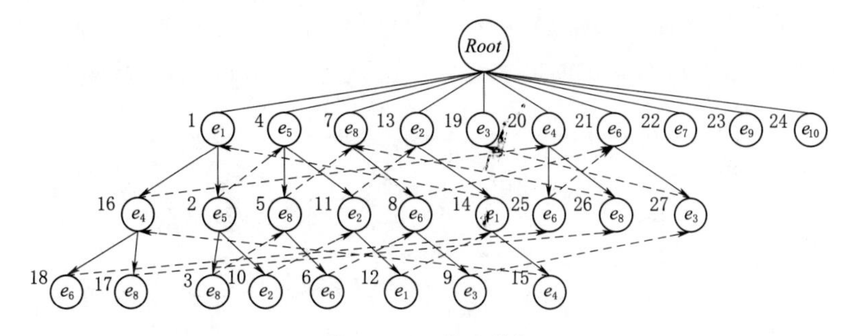

图 3－25　轨迹分解

以 $T'=\langle e_{1},e_{4},e_{7},e_{5},e_{8},e_{6},e_{3},e_{1},e_{5},e_{2},e_{10}\rangle$ 为例，描述轨迹分解的过程。首先，对于 T' 中的第一条边 e_{1}，在节点 1 处匹配，并将节点 1 存入 S，即 $S=\{1\}$。之后，对于 e_{4}，在节点 16 处匹配，将节点 16 推到 S，$S=\{16，1\}$。对于 e_{7}，无法找到与节点 16 匹配的

子节点，也找不到与节点 20（节点 16 的后缀节点）匹配的子节点。因此，回溯到根节点并在节点 22 处匹配，并将 S 更新为 {22，16，1}。重复该过程，最终 $S=\{24,10,2,1,9,6,5,4,22,16,1\}$。接下来，从 S 依次取出节点来恢复子轨迹。首先，取出节点 24，并且将 $T_{\text{sub}}(24)=\langle e_{10}\rangle$ 添加到结果集。由于 $|T_{\text{sub}}(24)|=1$，则不跳过 S 中的任何节点。之后取出节点 10，$T_{\text{sub}}(10)=\langle e_1,e_5,e_2\rangle$，将 $\langle e_1, e_5, e_2\rangle$ 添加到结果集，由于其长度为 3，跳过从 S 弹出的接下来的两个节点，即节点 2 和 1。最终，$Res=\{\langle e_1,e_4\rangle,\langle e_7\rangle,\langle e_5\rangle,\langle e_8,e_6,e_3\rangle,\langle e_1,e_5,e_2\rangle,\langle e_{10}\rangle\}$。因此，$T'$ 被分解成六个子轨迹，分别对应于节点 16、22、4、9、10 和 24。

（3）步骤 3：压缩编码。压缩编码的主要思想在 Trie 中对每个节点进行编码，节点越频繁，则期望编码越短。根据节点频率基于除根节点之外的所有节点来构造 Huffman 树。Huffman 树是一个二叉树，节点可以是叶节点或内部节点。一个内部节点包含一个权重，该权重是其子节点权重的总和，以及指向两个子节点的两个链接。“0”表示跟随左子节点，而“1”表示跟随右子节点，Huffman 树构造如图 3－26 所示。

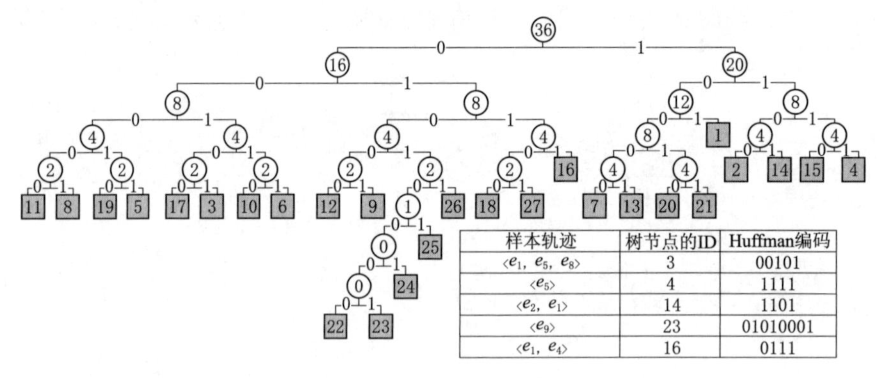

样本轨迹	树节点的ID	Huffman编码
$\langle e_1, e_5, e_8\rangle$	3	00101
$\langle e_5\rangle$	4	1111
$\langle e_2, e_1\rangle$	14	1101
$\langle e_9\rangle$	23	01010001
$\langle e_1, e_4\rangle$	16	0111

图 3－26　Huffman 树构造

3. *误差有界的信息压缩*（Bounded Temporal Compression，BTC）

PRESS 算法以（d_i，t_i）的形式来表示轨迹的时间信息，这种表示方法会导致某些信息的损失。因此，使用时间同步网络距离（TSND）和网络同步时间差（NSTD）两个指标来约束时间压缩可能造成的不准确性。TSND 测量 T 和 T' 之间沿着 d 维的最大差异，NSTD 测量 T 和 T' 之间沿时间维的最大差异，TSND 和 NSTD 的示意如图 3－27 所示。

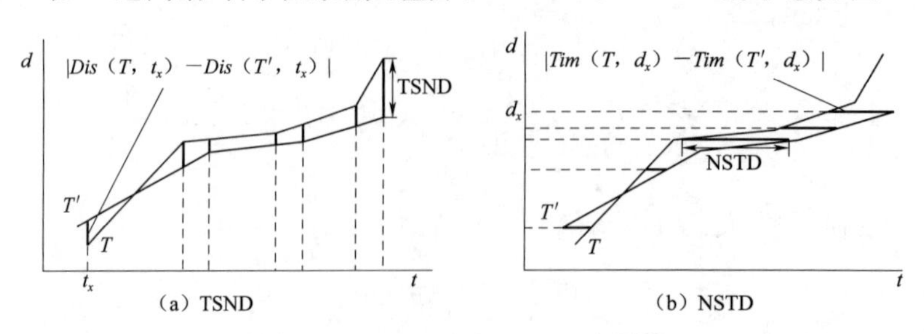

图 3－27　TSND 和 NSTD 示意图

BTC 算法主要思想与前置开窗算法（Before Opening Window，BOPW）相似，并且同时考虑 TSND 和 NSTD。具体思路如下：对于一个给定的轨迹 T 和 TSND 值 τ 和

NSTD 值 η，如果用 $T_i' = [(d_i, t_i), (d_{i+2}, t_{i+2})]$ 替换初始子轨迹 $T_i = [(d_i, t_i), (d_{i+1}, t_{i+1}), (d_{i+2}, t_{i+2})]$，需要计算 T_i 和 T_i' 之间的 NSTD 和 TSND 值，判断上述轨迹替换是否有效。如果 TSND(T_i，T_i')$\leqslant \tau$ 且 NSTD(T_i，T_i')$\leqslant \eta$，则可以替换，继而判断（d_i，t_i）和（d_{i+3}，t_{i+3}）是否可以舍弃（d_{i+2}，t_{i+2}）。遍历所有子轨迹，得到时间压缩轨迹。

HSC 和 BTC 的压缩时间复杂度都是 $O(N)$，因此，PRESS 的压缩时间复杂度是 $O(N)$。由于压缩后的时间序列与原始序列具有相同的格式，BTC 不需要任何解压过程，即 PRESS 的解压时间复杂度与 HSC 相同，即 $O(N)$。

3.3.2　COMPRESS 算法

COMPRESS 轨迹压缩算法[15] 是在 PRESS 算法的基础上进行了改进，而且同样是对轨迹的空间信息和时间信息分别进行压缩。但在空间信息压缩方面，COMPRESS 框架实现了两种不同强度的空间路径压缩算法，即混合字典压缩（Hybrid Dictionary Compression，HDC）算法和标签和编码算法（Labeling and Coding，L&C）算法，其性能均优于 PRESS 中提出的算法。在时间信息压缩方面，实现了一种新的压缩算法，即 TSLC 算法，在压缩比方面具有较高的优越性。

COMPRESS 算法中轨迹的空间信息与时间信息表示方法与 PRESS 算法一致，此处不再赘述，以下重点介绍 COMPRESS 算法的实现空间压缩和时间压缩的具体思路。

1. HDC 算法

混合字典压缩（HDC）算法与 PRESS 算法中的无损空间压缩算法（HSC）的核心思想基本相同。HDC 算法在压缩后也能保留原始空间路径的关键属性，即经过 HDC 算法压缩的空间路径仍然可以支持搜索和查询功能。

HDC 算法采用空间路径 $SP_T = (e_1, e_2, \cdots, e_{m-1}, e_m)$ 作为输入并执行无损压缩。Lempel-Ziv-Welch（LZW）算法是最常用的字典编码算法之一，但是该算法存储的字母表很大，在压缩空间路径时效率不高。为此，HDC 算法引入了频繁路径启动法（FPP）和最短路径启动法（SPP）两种启动方法来构建启动字典对空间路径进行压缩。该算法提取频繁路径和最短路径的方法与 PRESS 算法相同，此处重点介绍 LZW 词典编码的具体过程。

假设输入字符串 $S_{in} = ababababa$，初始化字典 $\varphi = \{a, b\}$ 和包含三个分支的树形结构（图 3-28）。其中，“\0”代表字符串结束，‘a’使用十进制可表示为 1，二进制可表示为 01，‘b’使用十进制可表示为 2，二进制可表示为 10。首先，令 P、Q 为空，读入新字符 C=‘a’，与 Q 合并后，发现 $a \in \varphi$，则记录为 01。继续读入新字符 C=‘b’，发现 $ab \notin \varphi$，则使用十进制表示为 3，二进制记录为 011，同时添加至 φ 中。不断循环，最终输出字符串二进制的表示结果。

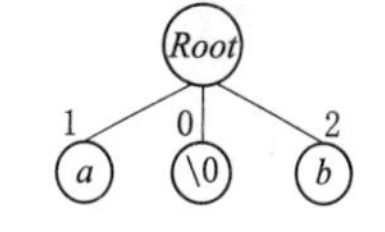

图 3-28　树形结构

2. L&C 算法

L&C 算法包括标注阶段和编码阶段，核心思想为：在标注阶段，标注道路网络 G 中的每条路段，可以将每条空间路径转换为标注序列；在编码阶段，采用熵编码的方式来压缩编码每一个道路节点的拓扑关联路段。

道路路段标注示例如图 3-29 所示，假设空间路径 $Tr = \{e_{15}, e_{12}, e_9, e_{10}\}$。首先，根

据每个道路节点的出度来标注路段。如 v_6 标注为 2，表示 v_6 有两个后续路段，e_9 标注为 1，e_5 标注为 2。$Tr_L=\{e_8，2\}$ 表示从 e_8 到 e_5 的路径。根据上述方法将道路网络标注后，空间路径可转化标注序列。空间路径 $Tr=\{e_{15},e_{12},e_9,e_{10}\}$，可转化为 $Tr_L=\{e_{15}，2，1，1\}$。在编码阶段，根据每条路段的频繁访问程度编号，如假设 40 条空间路径通过 e_{15}，30 条空间路径通过 e_{12}，20 条空间路径通过 e_9，10 条空间路径通过 e_{10}。根据他们的频率将 e_{15}、e_{12}、e_9、e_{10} 分别标记为 1、2、3、4。

然后，利用哈夫曼树代替标注（图 3 - 30），$code(1)=0$，$code(2)=01$，$code(3)=000$ 和 $code(4)=001$。由于样本道路网络中共有 17 条路段，每条路段都由 5 位二进制代码表示。换句话说，e_{15} 代码变为 01111，那么 $\{e_{15}，2，1，1\}$ 就可以转化为 $\underline{01111}\ \underline{01}\ \underline{1}\ \underline{1}$。熵编码的方式实现了更好的压缩率，但压缩后的数据无法支持任何搜索，除非对压缩后的数据进行解压缩。

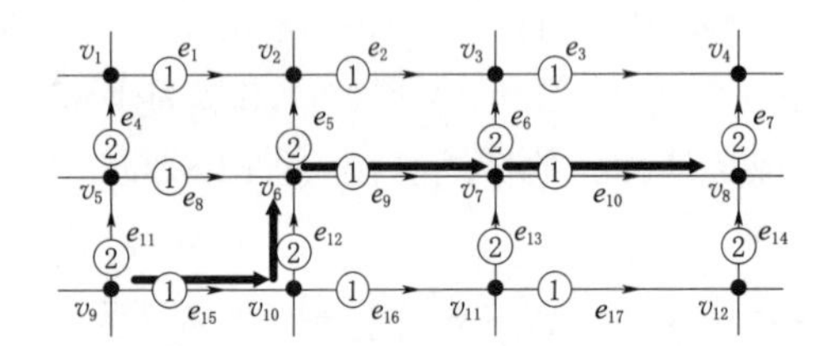

图 3 - 29 道路路段标注示例

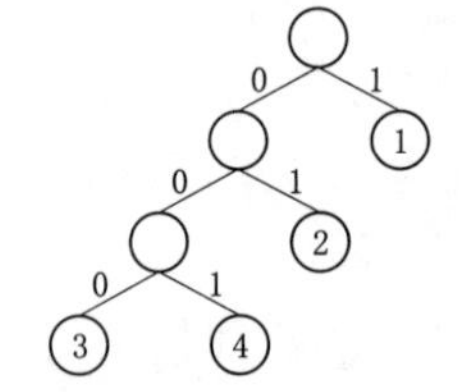

标签	频率	编码
1	40	1
2	30	01
3	20	000
4	10	001

图 3 - 30 哈夫曼树和标注示例

3. TSLC 算法

假如，用户指定的 TSND 距离阈值为 τ，那么 TSLC 算法的主要思想是首先在时间—距离空间中以折线的形式绘制原始时间序列。再绘制以每个顶点为中心，长度为 2τ 的垂直线段。然后，将所有连续的垂直线段的上端点和下端点分别连接起来，就构建了一个以原折线为中心的简单多边形，即 TSND 管道 P_d。同理再根据用户指定的 NSTD 时间距离阈值 η 构建管道 P_t，之后使用 WP 算法对 P_d 和 P_t 的交集图形进行分割，最后对分割后的图形进行连接以生成能够代表图形的最小多段线。

图 3 - 31 为构建合成管道的具体过程，给定一个容许距离误差 τ，根据多段线可以得到一个简单的多边形，称为 TSND 管道 P_d［图 3 - 31（a）］；给定一个容许时间误差 η，同样得到 NSTD 管道 P_t［图 3 - 31（b）］，取两图形的交集构成一个合成管道 $P=P_d\cap P_t$［图 3 - 31（c）］。

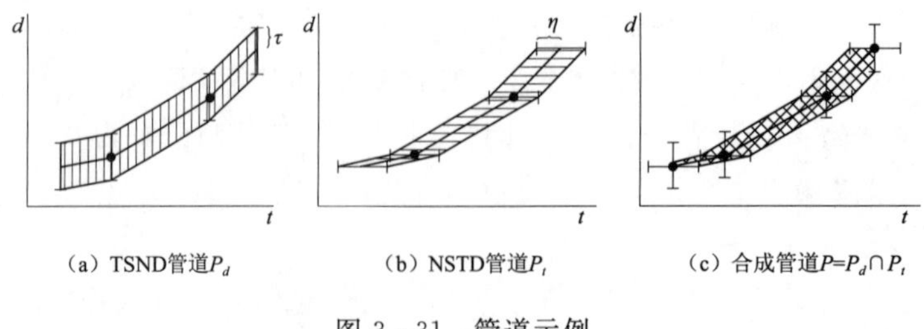

（a）TSND管道P_d　（b）NSTD管道P_t　（c）合成管道$P=P_d\cap P_t$

图 3 - 31 管道示例

图 3 - 32 为生成最小多段线的具体过程。首先，将 P_d 按其重叠边划分为 S_1 和 S_2 两个简单多边形。之后计算每个简单多边形中的最小链接路径，S_1 中的路径为 $(d_1，t_1)$

至边 e_{ab}，S_2 中的路径为边 e_{cd} 至（d_n，t_n），最后生成最小的穿透多段线（d_1，t_1），（d_x，t_x），（d_i，t_y），（d_i，t_z），（d_n，t_n）。

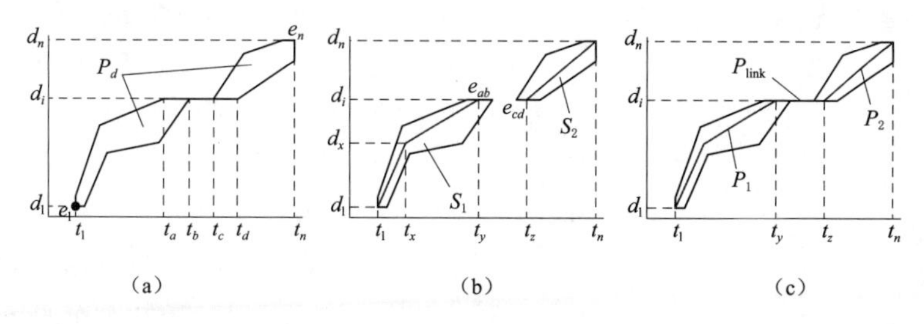

图 3-32　图形分割与多段线表示

3.3.3　Stroke 路径压缩编码算法

道路网具有典型的层次结构，那些越是高等级的道路车辆访问越频繁，反之则车辆较少通过。因此，借助道路网的层次结构有助于对道路进行不同码长的编码，从而压缩车辆轨迹。正是基于这种思想，赵东保提出了基于 Stroke 道路网层次结构的轨迹压缩算法[16]，以下重点介绍该算法中 Stroke 路径压缩编码方法（Stroke Path Compression Coding）的具体思路。

1. 道路网 Stroke 层次结构的构建

Stroke 道路是根据格式塔心理学中的连续一致性原则，将一系列平滑连贯的路段相结合的结果。如图 3-33 所示，从 L_1 到 L_7 共有 7 个 Stroke 道路，所有 Stroke 道路连接在一起就形成 Stroke 道路网络。在道路网络中，一条边被称为 Stroke 路段。Stroke 道路 L_1 共有 5 个 Stroke 路段。而连续的 Stroke 路段的组合称为 Stroke 路径，例如 $a_2a_3a_4a_5$ 就是一段 Stroke 路径。不同 Stroke 道路的交叉点称为 Stroke 交叉口，所以 b_2，a_2，b_4 等都是 Stroke 交叉口。

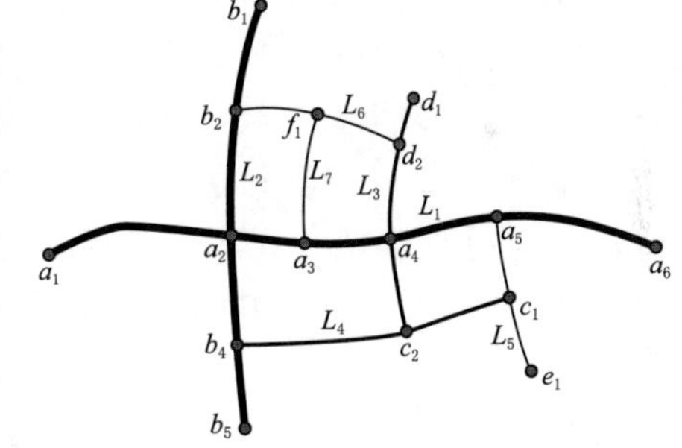

图 3-33　Stroke 道路网络

构建 Stroke 道路的关键在于确定连接规则和生成策略。连接规则主要是几何规则和专题规则。几何规则是从格式塔心理学中的良好连续性原则出发，一般指两条道路路段的夹角应小于规定阈值。专题规则一般指两条道路路段应具有相同的道路名称或等级等专题信息。生成策略包括“双向最佳匹配策略”“单向最佳匹配策略”和“自适应匹配策略”等。

在 Stroke 道路网络中，不同的 Stroke 道路具有不同的长度，对应着不同的层级。如图 3-33 中，层级越高，相对较长的 Stroke 道路，越是用较粗的实心线来表示。事实上，不同层次的 Stroke 道路本身对应着不同长度和不同程度的频繁子路径。经过地图匹配后，车辆轨迹可以通过相应的 Stroke 道路来重新予以描述。而不同等级的 Stroke 道路将被赋予不同的编码长度，有助于实现更好的压缩率。

2. Stroke 道路的哈夫曼编码

根据 Stroke 道路的长度或者历史轨迹中车辆的访问情况给出其重要性函数，再将

Stroke 道路的重要性函数值作为权重，就可以构建 Stroke 道路的哈夫曼树。不同重要程度的 Stroke 道路对应着变长的哈夫曼编码。重要程度越高，就意味着其越频繁地被车辆访问，其哈夫曼编码也越短。假设图 3－33 中 7 个 Stroke 道路的重要性函数值分别为 $I(L_1)=75$，$I(L_2)=70$，$I(L_3)=45$，$I(L_4)=40$，$I(L_5)=5$，$I(L_6)=15$，$I(L_7)=4$，则所构建的哈夫曼树如图 3－34 所示，他们相应的哈夫曼编码分别是 11，10，00，111，11011，1100，11010。

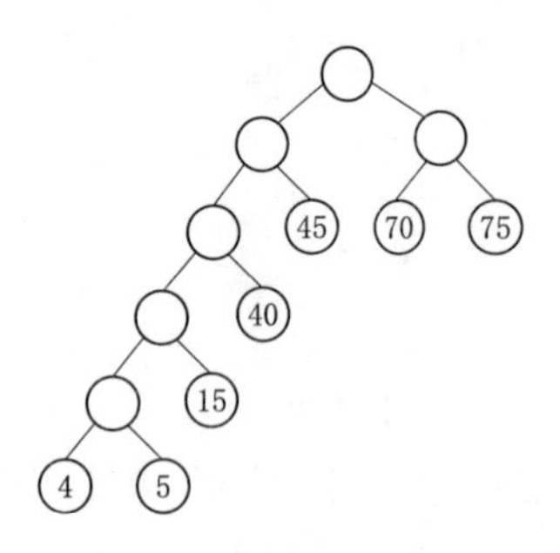

图 3－34 Stroke 道路的哈夫曼树

3. Stroke 路径的压缩编码方案

对于一条车辆行驶路径的第一个 Stroke 路段而言，其哈夫曼编码包括两个部分：该 Stroke 路段所属的 Stroke 道路的哈夫曼编码和该 Stroke 路段在所在 Stroke 道路中的序列号二进制编码。例如，假设存在一条行驶路径 $d_2-a_4-c_2-b_4-a_2-b_2$，该路径的第一条 Stroke 路段为 d_2-a_4，其属于 Stroke 道路 L_3，而 L_3 的编码为 00。由于 L_3 中有三条 Stroke 路段，而按照从上到下的顺序，d_2-a_4 为其中的第二条 Stroke 路段，因此其二进制编码可以为 01，也即 d_2-a_4 最终可被编码为 0001。

将行驶路径表述为所途经的 Stroke 子路径序列。仍以图 3－33 为例，行驶路径 $d_2-a_4-c_2-b_4-a_2-b_2$ 可以重新表达为三个 Stroke 子路径（d_2c_2）－（c_2b_4）－（b_4a_2）的组合，而后采用哈夫曼编码基于 Stroke 子路径的频繁访问程度对 Stroke 子路径进行编码，从而可将原始行驶路径转换为二进制串。在图 3－33 中，d_2 是两个 Stroke 道路 L_6 和 L_3 的交叉口。假设根据对一段时间历史车辆轨迹数据集进行统计，在 Stroke 道路 L_3 中，有 50 条车辆轨迹从 d_2 行驶到 a_4 然后在此转弯，有 60 条车辆轨迹从 d_2 行驶到 c_2 然后在此转弯，有 10 条车辆轨迹从 d_2 行驶到 d_1。而在 Stroke 道路 L_6 中，假设有 15 条车辆轨迹从 d_2 行驶到 f_1 然后在此转弯，有 40 条车辆轨迹从 d_2 行驶到 b_2。这就表明频繁访问程度函数 Frequency$(d_2,a_4)=50$，Frequency$(d_2,c_2)=60$，Frequency$(d_2,d_1)=10$，Frequency$(d_2,f_1)=15$ 和 Frequency$(d_2,b_2)=40$。此时，如果将这些从 d_2 出发的各条 Stroke 子路径的频繁访问程度值作为权重函数，那么就可以构建相应的哈夫曼树，从而获得这些从 d_2 出发的各条 Stroke 子路径的二进制编码，他们应该是 10，0，1100，1101，111。同样地，如果假设频繁访问程度函数 Frequency$(c_2,b_c)=80$，Frequency$(c_2,b_1)=30$，Frequency$(c_2,a_4)=60$，Frequency$(c_2,d_2)=35$ 和 Frequency$(c_2,d_1)=10$，那么就可以同样获取这些从 c_2 出发的各条 Stroke 子路径二进制编码，他们应该分别是 0，1111，10，110，1110。如此这般，行驶路径 $d_2-a_4-c_2-b_4$ 就最终被编码为 0001 0 0。

4. Stroke 路径压缩编码冲突探测和消除

在所有 Stroke 子路径被压缩为哈夫曼编码后，其编码长度可能会出现相互冲突的现象。例如，在图 3－35 中，假设 Stroke 子路径 $n_3-n_4-n_5$ 的编码长度为 4 位，而 Stroke 路段 n_3-n_4 的编码长度为 2 位，Stroke 路段 n_4-n_5 的编码长度为 1 位，由于 Stroke 子路径 $n_3-n_4-n_5$ 的编码长度大于 Stroke 路段 n_3-n_4 和 Stroke 路段 n_4-n_5 的编码长度之和。因此，Stroke 子路径 $n_3-n_4-n_5$ 的编码应该被 Stroke 路段 n_3-n_4 和 Stroke 路段

n_4-n_5 的编码组合所替代。

设 Stroke 道路 L 中的一段 Stroke 子路径 S 被记为 C_s，其编码长度为 BL_s。按照从右向左的顺序，依次对从某 Stroke 交叉口到其右侧 Stroke 交叉口的 Stroke 子路径之间编码长度是否相互冲突进行探测并消除之。

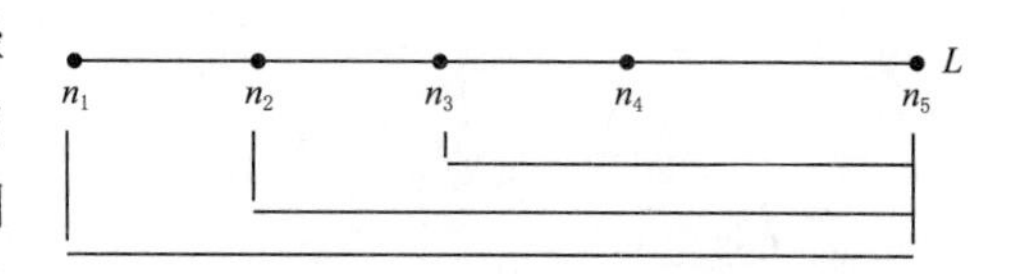

图 3-35　Stroke 路径压缩编码冲突探测

首先，对于从 n_3 出发的到其右侧各个 Stroke 交叉口的各条 Stroke 子路径，判断他们之间的哈夫曼编码长度是否相互冲突，如果有 $BL_{35}>BL_{34}+BL_{45}$，那么 C_{35} 就应被 C_{34} 和 C_{45} 的组合所取代。

然后，对从 n_2 出发的到其右侧各个 Stroke 交叉口的各条 Stroke 子路径进行哈夫曼编码长度冲突探测。首先，如果有 $BL_{24}>BL_{23}+BL_{34}$，那么 C_{24} 就应被 C_{23} 和 C_{34} 的组合所取代；其次，如果 $L_{25}>L_{23}+L_{35}$，那么 C_{25} 就应被 C_{23} 和 C_{35} 的组合所取代；再次，如果 $L_{25}>L_{24}+L_{45}$，那么 C_{25} 就应被 C_{24} 和 C_{45} 的组合所取代。

最后，则是对从 n_1 出发的到其右侧各个 Stroke 交叉口的各条 Stroke 子路径进行哈夫曼编码长度冲突探测，对于从任意一个 Stroke 交叉口到其右侧 Stroke 交叉口所组成的 Stroke 子路径而言，如果对他们的哈夫曼编码长度全部进行了冲突探测并解决了冲突，那么则仍然按照上述相同的步骤，按照从左向右的顺序，依次对从某 Stroke 交叉口到其左侧 Stroke 交叉口的 Stroke 子路径之间编码长度是否相互冲突进行探测并消除之。

3.3.4　TrajCompressor 算法

基于道路网约束的轨迹压缩方法需要先将轨迹点匹配至道路网上，之后再进行压缩。而在道路交叉口处，仅基于空间概率值进行地图匹配易得到错误的匹配结果。路网匹配如图 3-36 所示，按照空间概率，则点 p_2 将匹配至边 e_1，然而按照轨迹的方向，这种匹配结果显然是不正确的，p_2 应匹配至边 e_3。针对这个问题，Chen 等[17] 提出了 TrajCompressor 轨迹压缩框架，该框架包括两个阶段，即 SD-Matching 匹配算法和基于方向变化的轨迹压缩算法（Heading Changes Compression，HCC）。以下重点介绍 SD-Matching 匹配算法的主要思想。

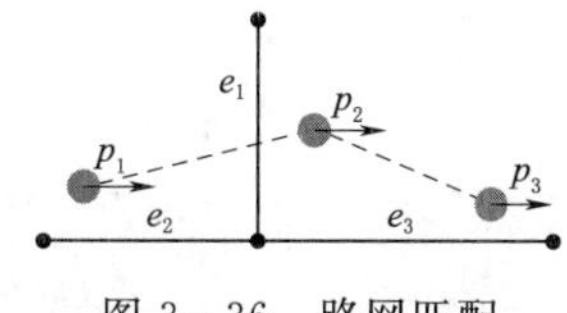

图 3-36　路网匹配

SD-Matching 匹配算法可分为以下三个阶段：

1. 候选边识别

为确保给定的轨迹点所匹配的路段均包含于候选路段集合中，可选择稍大的半径值作为搜索范围。同时应该注意，较为密集的道路网络中，为了找到轨迹点正确的匹配路段，则应该减少匹配路段的数量。针对这个问题，该算法综合考虑空间概率和方向概率来度量轨迹点的正确匹配的概率，然后识别 top-k 个候选路段用于进一步处理。空间概率和方向概率的计算公式分别为公式（3-9）和式（3-10），综合概率 G 定义为空间概率和方向概率的几何平均值，即为式（3-11）。

$$G_1(H_{e_j}^{p_i}) = \frac{1}{\sqrt{2\pi}\sigma_1} e^{-\frac{(H_{e_j}^{p_i})^2}{2\sigma_1^2}} \tag{3-9}$$

$$G_2(A_{e_j}^{p_i}) = \frac{1}{\sqrt{2\pi}\sigma_2} e^{-\frac{(A_{e_j}^{p_i})^2}{2\sigma_2^2}} \tag{3-10}$$

$$G = \sqrt{G_1(H_{e_j}^{p_i}) \times G_2(A_{e_j}^{p_i})} \tag{3-11}$$

式中：$H_{e_j}^{p_i}$ 为从 p_i 值 e_j 的最小距离差；$A_{e_j}^{p_i}$ 为从 p_i 值 e_j 的最小方向差；σ_1 为位置测量误差的标准差；σ_2 为方向测量误差的标准差。

2. 潜在路径识别

两个连续轨迹点之间的候选路段在道路网络中通常是不连接的，因为他们之间的距离可能很远。对于每个轨迹点，均具有 k 个候选路段。容易理解的是，一对轨迹点，总共有 k^2 条可能路径。在以往的工作中，这类路径通常是通过 A^* 或 Dijkstra 算法来获得的，耗时较长。为了解决这个问题，该算法充分利用轨迹方向来缩小搜索区域和寻找匹配路径。该过程包括潜在搜索区域确定和区域内匹配路径发现两个步骤。

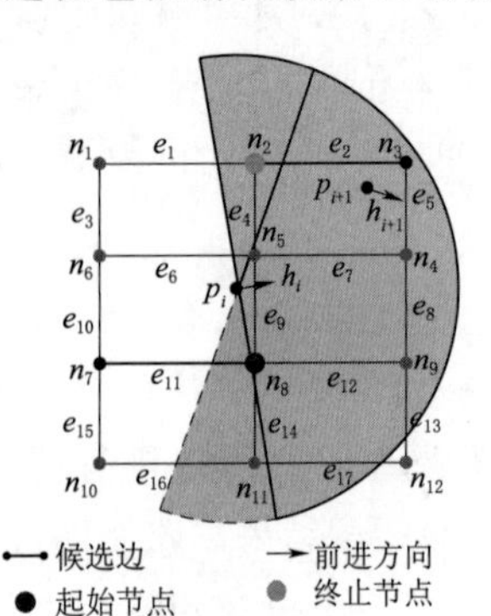

图 3-37 潜在搜索区域

潜在搜索区域是扇形区域（即图 3-37 中的灰色区域），其可通过以下方式确定：

（1）该扇形区域的顶点是点 p_i。

（2）扇形区域的半径 $r_{\max} = \max(v_{p_i}, v_{p_{i+1}}) \times \Delta t + c$，其中 v_{p_i} 和 $v_{p_{i+1}}$ 分别是车辆在点 p_i 和 p_{i+1} 处的速度值；c 是常数（设置为 $c = 50\text{m}$），并且 Δt 是采样时间间隔。

（3）扇形由两个半圆组成。其中实线半圆的直径与点 p_i 处车辆的前进方向 h_i 垂直，虚线半圆的直径与点 p_{i+1} 处车辆的前进方向 h_{i+1} 垂直。

对于点 p_i 和 p_{i+1}，总共有 k^2 条可能路径，根据点 p_i 和 p_{i+1} 处的方向，可以确定路径的起始节点和终止节点，例如对于候选边 e_{11} 和 e_2，n_8 和 n_2 分别为起始节点和终止节点。这样，一对候选边的寻路问题就简化为从起始节点到终止节点的寻路问题。为此，Chen 等提出了一种前进方向引导算法，利用轨迹点的前进方向作为引导器来提高起始节点到终止节点的寻路效率。

3. 路径优化

在两个连续的轨迹点之间，可以获得最多 k^2 条可能路径。然而，由于不同连续轨迹点的路径可能不连通，实际数目往往远小于 k^2。在所有可能的路径中，每一条路径具有不同的概率，可以通过轨迹点被映射到候选边的概率相加求得，各路径的概率计算方式为

$$P = \sum_{i=1}^{l} G(p_i, e_j^{p_i}) \tag{3-12}$$

式中：$G(p_i, e_j^{p_i})$ 为 p_i 匹配至边 e_j 的概率；l 为轨迹点数目。

基于道路网约束下的轨迹压缩方法通常都具有很高的压缩比。然而，其不足之处在于

轨迹数据都被限制在道路网中，且需要预先对轨迹数据执行复杂且耗时的地图匹配过程。更为重要的是，一旦轨迹偏离了道路网或者道路网数据不够详细和及时，就会对压缩算法产生较大的挑战。

3.4 基于相似性的轨迹压缩方法

许多移动对象在真实地理世界中遵循相同的路线和规则。基于相似性的轨迹压缩就是通过挖掘相似轨迹的共同性，实现群组相似轨迹的统一压缩。例如，同一路公交车的轨迹数据就都对应相同的行驶路线。如果能够挖掘相似轨迹之间的共同性，就可以更好地提高群组相似轨迹的总体压缩率。代表性的算法有 TrajStore 算法和特征点映射轨迹压缩算法。

3.4.1 TrajStore 算法

Birnbaum 等[18] 在 2013 年提出的一种具有代表性的基于相似性轨迹压缩方法。其思路是首先将轨迹数据所在的区域按照四叉树结构划分，形成多级格网（图 3-38），之后对单一网格内的子轨迹进行聚类，再从一组相似轨迹中选择其中一个中心轨迹作为参考轨迹，并用参考轨迹表示该组中的其他轨迹，以实现对相似轨迹的高度压缩。以下重点介绍该算法中相似轨迹压缩的具体思路。

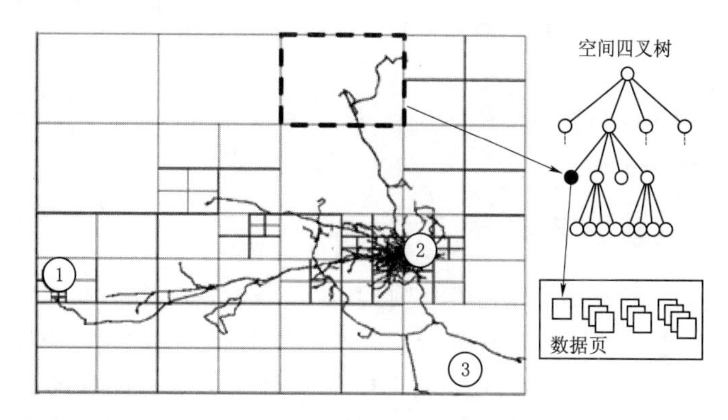

图 3-38 四叉树结构划分

1. 单条轨迹增量压缩

常规轨迹数据一般按照如下方式表达：(x_1, y_1, t_1)，(x_2, y_2, t_2)，…，(x_n, y_n, t_n)，而该算法将轨迹数据表示为起始轨迹点和一连串的增量，例如：(x_1, y_1, t_1)，$(\Delta x_2, \Delta y_2, \Delta t_2)$，…，$(\Delta x_n, \Delta y_n, \Delta t_n)$，其中 $\Delta(x|y|t)_i=(x|y|t)_{i-1}-(x|y|t)_i$。

这些增量都可以使用比原始坐标更少的空间来编码。对于大多数轨迹点，可以将每个增量存储在单个字节中，一些变化较大的增量则需要 2 或 3 个字节。总的来说，增量编码可节省 1/4 的存储空间。

2. 基于聚类的相似轨迹压缩

结合上述的单条轨迹增量编码，TrajStore 算法[19] 提出了一种基于聚类的有损压缩算法将多个相似子轨迹统一编码。总体思想是将每个单元中的相似子轨迹聚为一类，并且每类中仅存储一条轨迹。由于该算法依赖于每类子轨迹中的中心轨迹，省略了类中其余轨迹的坐标点，因此该算法是有损的。

轨迹间的相似性度量方式如下，给定两条轨迹 $Traj_1$ 和 $Traj_2$，即

$$Traj_1=[(x_{11},y_{11}),(x_{12},y_{12}),\cdots,(x_{1n},y_{1n})]$$

$$Traj_2=[(x_{21},y_{21}),(x_{22},y_{22}),\cdots,(x_{2n},y_{2n})]$$

计算 $Traj_1$ 中每个轨迹点与 $Traj_2$ 中对应点的距离来确定 $Traj_1$ 和 $Traj_2$ 之间的距离。首先计算点 p_{1i} 沿着 $Traj_1$ 到 p_{11} 的直线距离，然后沿 $Traj_2$ 移动相同的距离，找到 $Traj_2$ 中的对应点 p_{2i}。然后测量两点 p_{1i} 和 p_{2i} 之间的欧式距离 d。计算两个轨迹之间的距离公式为

$$traj\_dist(Traj_1,Traj_2)=\max(d(p_{1i},p_{2i})) \tag{3-13}$$

注意到 $traj\_dist(Traj_1,Traj_2)$ 可能不等于 $traj\_dist(Traj_2,Traj_1)$，因此，最终距离定义为两者的最大值，即

$$dist=\max[traj_{dist}(Traj_1,Traj_2),traj\_dist(Traj_2,Traj_1)] \tag{3-14}$$

相似子轨迹聚类的步骤如下：

步骤1：指定组内第一条轨迹作为中心轨迹 $traj$，并将 $traj$ 添加至 G 中。

步骤2：依次计算组内其余轨迹与中心轨迹 $traj$ 的距离，若小于设定阈值则加入 G，否则不加入。

步骤3：与中心轨迹 $traj$ 相似的轨迹均加入 G 中，未加入的轨迹继续执行上述步骤1和步骤2。

至此，单一格网内的子轨迹将被划分为一个或多个类簇，在指定阈值下，其余轨迹均可由类簇中的中心轨迹表示。

3.4.2　特征点映射轨迹压缩算法

对于一组轨迹，TrajStore 算法试图选择其中一条轨迹作为参考轨迹来描述其他轨迹时，首先这条轨迹的参考性可能不够充分，其次，当该组轨迹的相似程度不够高时，可能不仅不能有效压缩轨迹数据，反而还会导致更多的冗余数据。针对这一问题，赵东保[20]提出了一种特征点映射轨迹压缩算法，给定一组相似性轨迹（例如，某条公交车路线所对应的一组轨迹），该算法首先提取每条轨迹的特征点，再将这些特征点进行融合以形成初始参考轨迹。通过定义和求解最优压缩比目标函数，初始参考轨迹被进一步过滤为优化参考轨迹。获得待压缩轨迹的关键特征点与优化参考轨迹的公共特征点之间的映射关系，利用特征点映射关系对每个轨迹进行压缩。

1. 轨迹特征点融合生成初始参考轨迹

对于任意一个轨迹，其轨迹点 $p_i(i\in 1,\cdots,n)$ 可以描述为一个三元组（x_i，y_i，t_i），它代表在时刻 t_i 处该轨迹点的平面坐标，如果将该轨迹经过地图匹配转换为所对应的路径，则可将轨迹点进一步压缩为二元组（d_i，t_i），此处 d_i 是指移动物体在时刻 t_i 处沿着相应路径所行进的累积长度。由于一组相似轨迹一般都对应于同一条路线，故可采用二元组（d_i，t_i）来标识每一个轨迹点。

假设有 n 个相似的轨迹 $T_1,T_2,\cdots,T_n$，轨迹特征点的提取过程实际上正是该轨迹的

压缩过程。利用上文所给出的 TD-TR 方法来对轨迹进行特征点提取。根据给定 SED 阈值可以提取出每个轨迹的特征点，对他们进行融合以形成初始参考轨迹。首先，对所有轨迹上特征点的累积长度值进行排序，然后根据累计长度值将这些特征点融合成一个新的轨迹，即初始参考轨迹。如图 3-39 所示，T_1、T_2、T_3 分别具有 5、6、6 个特征点，凡是累积长度值之差小于 SED 阈值的特征点被求均值并融合为一个特征点。例如，a_2，b_2，c_3 被融合为一个特征点。由此，这三个相似轨迹融合为一个初始参考轨迹 R。

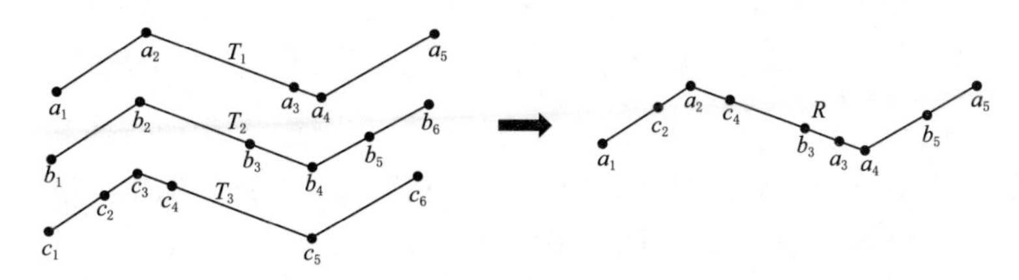

图 3-39 相似轨迹特征点的融合-生成初始参考轨迹

2. 利用参考轨迹压缩其他相似轨迹

如果 T 上一个特征点与 R 上最近特征点之间的距离小于用户设置的 SED 压缩阈值，则称他们满足映射关系。T 的特征点与 R 的特征点之间存在三种映射关系：①T 的特征点与 R 的特征点存在 1∶1 映射关系；②T 上的特征点缺少在 R 上的映射对象；③R 上的特征点缺少在 T 上的映射对象。对于第一种类型，由于 R 上的特征点的累积长度数据已经预先存储，因此 T 上相应特征点的累积长度数据不再需要记录，这意味着只需顺序记录 T 上这些特征点的时间数据即可。对于第二种类型，这些特征点的累积长度和时间值都需要保留。对于第三种类型，需要记录 R 上该特征点的序列号。

以图 3-40 为例，参考轨迹 R 有 11 个特征点，轨迹 T 有 7 个特征点，其时间—累计长度值记为 $(t_i,\ d_i)$。假设 T 上的 q_1，q_2-q_5，q_7 和 R 上的 p_1，p_5-p_8，p_{11} 互为映射关系，那么，只需存储 T 上这些特征点的时间值即可。点 q_6 缺少 R 上的映射对象，因此需要存储累积长度 d_6 和时间 t_6。R 上有两组特征点缺少 T 上的映射对象。一组是 p_2-p_4，另一组是 p_9-p_{10}。点 p_2-p_4 可以压缩为 {3}，其中数字“3”表示有三个特征点缺少映射对象。同理，p_9-p_{10} 可以压缩为 {2}。因此，如果使用 R 重新描述 T，则 T 表示为 $\{t_1,3,t_2,t_3,t_4,t_5,d_6,t_6,2,t_7\}$。与原始的数据表达和存储方式相比，$T$ 显然被压缩编码了。

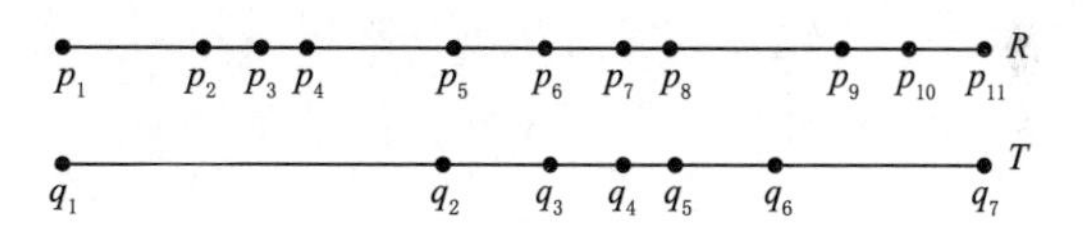

图 3-40 待压缩轨迹与参考轨迹特征点映射关系说明图

3. 初始参考轨迹的优化

设第 i 条轨迹 T_i 上的特征点的数量表示为 N_i，最终的最优参考轨迹被表示为 R_{opt}。假设 T_i 上满足第一类映射关系的特征点的数量表示为 α_i，则有

$$\alpha_i = Quantity_{T_i \cap R_{opt}} \tag{3-15}$$

式 (3-14) 含义指 α_i 可以认为是两个集合 T_i 和 R_{opt} 的交集。

假设 T_i 上满足第二类映射关系的特征点的数量表示为 β_i，则 β_i 应该为

$$\beta_i = Quantity_{T_i - T_i \cap R_{opt}} \tag{3-16}$$

假设 R 上满足第三类型映射关系的特征点组的数量表示为 γ_i，则 γ_i 应该为

$$\gamma_i = Group_{R_{opt} - T_i \cap R_{opt}} \tag{3-17}$$

假设存储累积长度值的空间大小是 B_L，存储时间值的空间大小是 B_T。γ_i 个组中特征点的平均数量假设表示为 Ave，设存储数字 Ave 的空间大小被表示为 B_A。由此，我们定义一个压缩比目标函数 F 为

$$F = \sum_{i=1}^{n}(N_i(B_L + B_T)) / \sum_{i=1}^{n}(\alpha_i B_T + \beta_i(B_L + B_T) + \gamma_i B_A) \tag{3-18}$$

根据该压缩比目标函数可对初始参考轨迹进行优化，筛选其中的特征点，并再根据上述内容利用优化后的参考轨迹压缩其他相似轨迹。初始参考轨迹的优化步骤如下：

步骤 1：对于初始参考轨迹 R 上的每个特征点 p_i，统计与 p_i 存在一对一映射关系的各个相似轨迹上特征点的总数量，并根据计数量以降序对 R 的各个特征点进行排序。

步骤 2：对于 R 上的每个特征点 p_i，如果有超过一半的轨迹具有与此点相映射的特征点，则应该保留该特征点，因为根据等式（3 - 15）或等式（3 - 16）可知，保留该特征点要比删除这个特征点更能使得压缩比目标函数变大。

步骤 3：从 R 的排序特征点中依次选择每个特征点，并计算 F 值。如果保留此特征点使新的 F 值大于当前的 F 值，则保留此特征点；否则，删除这个特征点。

步骤 4：对上一步中被删除的那些特征点再次根据新旧 F 值判断该特征点是否应该被保留或者删除。如果经过依次判断没有任何特征点需要保留，则意味着整个过程完成。否则，重复步骤 4 直到终止。

基于相似性的轨迹压缩方法主要适用于压缩群组相似轨迹。但是，对于大规模车辆轨迹而言，其轨迹数据通常也是随机分布的，不同车辆轨迹的相似性并不明显。在这种情况下，基于相似性的轨迹压缩方法就不够适用。

3.5　基于语义的轨迹压缩方法

原始轨迹点和路网的轨迹虽然能够很好地跟踪运动物体的运动，但人们在读取轨迹时无法知道坐标集的表示含义。为了方便人们对轨迹的理解，语义轨迹压缩算法（Semantic Trajectory Compression，STC）应运而生。基于语义的轨迹压缩融合了道路交通网络信息，将轨迹点重构为一段以描述轨迹途径路段、拐弯等路况的文本信息，让人们可以较容易理解移动对象的行为模式。把一条轨迹拆分为多段轨迹，并记录车辆进入和离开每个路段的时间信息，再按照地图导航的模式来描述不同分段轨迹之间的路径切换方式，较大幅度地减少了压缩后轨迹数据的存储量。

3.5.1　STMaker 算法

对于一组由坐标点和时间戳组合而成的轨迹序列，STMaker 算法[21] 旨在通过自动生成的简短文本来描述个体轨迹，以方便人们对轨迹的认知。STMaker 算法主要包括轨迹分割和特征选择两个部分。

在轨迹分割部分，首先为每个轨迹段定义一组特征，算法中考虑的轨迹特征主要分为两类：路线特征（描述移动对象行进到哪里）和移动特征（描述移动对象如何行进）。其中，路线特征包括道路等级、道路宽度和道路通行方向；移动特征包括轨迹速度、停留点速度和调头个数。

1. 轨迹分割

以往轨迹分割算法通常是根据时间间隔、停留点等将轨迹划分为多段子轨迹，ST-Maker算法则是基于轨迹中的行为特征，利用条件随机场（CRF）方法对轨迹进行划分。CRF是计算机视觉中用于图像分割的模型，图像中的像素根据彼此的相似性被划分到若干区域中。受此启发，STMaker算法采用CRF方法来标记子轨迹段进而解决轨迹分割问题。

算法主要思想为：首先使用地标（兴趣点或道路转折点）将整条轨迹划分为若干子轨迹 $\overline{TS_i}$，并使用地标和这些子轨迹生成符号化的轨迹 $|\overline{T}|$。将子轨迹构造为无向图 $G(V,E)$，V 为子轨迹 $\overline{TS_i}$，E 为子轨迹段 $\overline{TS_i}$ 和 $\overline{TS_{i+1}}$ 之间的连线。每个 $\overline{TS_i}\in V$ 都与一个随机变量 $\mathbb{X}_i$ 相关联，$\mathbb{X}_i$ 的公共状态空间为 $\mathfrak{X}=\{1,\cdots,|\overline{T}|-1\}$。标签序列 $\mathbb{X}$ 的概率如式（3-19），在 G 上定义一个集团系统 $\mathfrak{C}=\{C_i,i=1,\cdots,|\overline{T}|\}$，其中 C_i 包含两个节点 $\overline{TS_i}$ 和 $\overline{TS_{i+1}}$，其提供了一个概率框架来计算全局条件为 T 的标签序列 $\mathbb{X}$ 的概率。最佳标签序列 $\mathbb{X}_{opt}$ 的最大化概率为 $Pr(\mathbb{X}|\overline{T})$。

$$Pr(\mathbb{X}|\ \overline{T})=\frac{1}{Z}\exp\{-\sum_{C\in\mathfrak{C}}\Phi_C(\mathbb{X})\}=\frac{1}{Z}\exp\left\{-\sum_{i=1}^{|\overline{T}|-1}\Phi(\mathbb{X}_i,\mathbb{X}_{i+1},\overline{TS_i},\overline{TS_{i+1}})\right\} \tag{3-19}$$

其中 Z 是使所有标签状态序列的概率和为1的归一化常数，即

$$Z=\sum_{\mathbb{X}_i\in\mathfrak{X}}\exp\left\{-\sum_{i=1}^{|\overline{T}|-1}\Phi(\mathbb{X}_i,\mathbb{X}_{i+1},\overline{TS_i},\overline{TS_{i+1}})\right\} \tag{3-20}$$

2. 特征选择

轨迹的文本描述应该是对各轨迹段路径和移动特征的高度概括。概括文本最好简明扼要，以便于人们理解，因此文本描述不能涵盖所有的路径和移动特征。例如，大多数道路都是双向的，人们通常会默认一条未知道路为双向，无需在轨迹摘要中强调路线具有“双向”特征。因此，只有当特征值与正常值不同时，才应该记录该特征。通过这种策略生成的轨迹摘要简洁、有代表性，并能很容易地将给定轨迹与其他轨迹区分开。

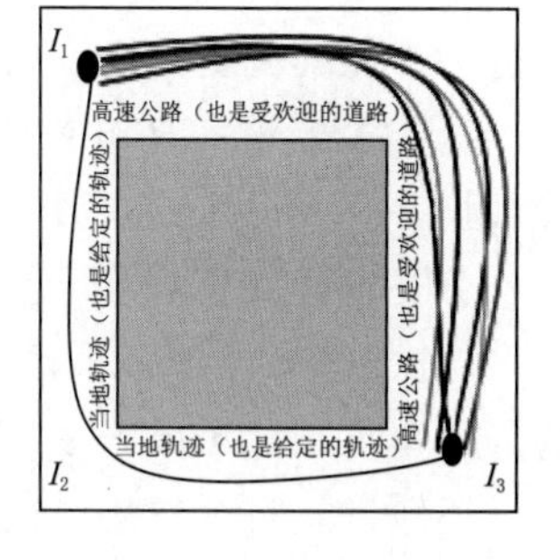

图3-41 路网内的轨迹示例

例如，在图3-41中，从 I_1 到 I_3 的给定的轨迹划分由黑线表示，而 I_1 到 I_3 之间的流行路线由灰色线表示。就“道路等级”这一特征而言，受欢迎的路线是高速公路，而非给定的轨迹。显然，对于给定的轨迹，“道路等级”这一特征应该被描述。

3.5.2 CascadeSync 算法

CascadeSync算法[22] 通过引入一种同步的多分辨率聚类模型，以分层方式生成感兴趣的语义区域（ROI），以产生具有语义丰富性的多分辨率抽象轨迹，并在交互模型中对

具有语义信息的点施加约束，具有相似语义的所有相邻点将自动分组在一起，达到了轨迹数据压缩的目的。

CascadeSync 是一种旨在找到允许表示所有原始轨迹点（即全局结构信息）的重要区域的模型。这些感兴趣的区域（Region of Interest，ROI）是通过基于同步的聚类模型聚合周围的数据点而形成的。在动态的同步聚类算法下，轨迹数据中的这些 GPS 点可以从细粒度级别到粗粒度级别聚类。利用导出的 ROI，轨迹数据可以表示为一组基于 ROI 的多分辨率网络。

另外，如果某些领域的知识可以利用，则算法可以将其集成到基于同步的聚类过程中。例如，假设有一堆具有语义信息的点，例如地标建筑、道路交叉点或发生重大事件的地方。这些重要点或区域的位置将在基于同步的聚类过程中被固定，并且他们吸引相邻点或区域组合在一起以形成语义聚类，其被称为语义 ROI（Semantic ROI）。通过这种方式，GPS 点的全局结构信息和语义信息都将被很好地集成到压缩结果中。

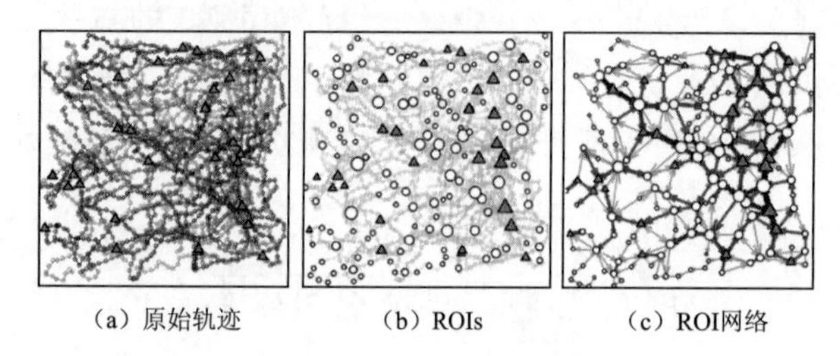
（a）原始轨迹　（b）ROIs　（c）ROI网络

图 3-42　轨迹与 ROI 网络

图 3-42 展示了 80 条示例轨迹，对于这些轨迹，假设有 30 个语义 ROI，在图 3-42（a）中表示为三角形。在压缩的聚类过程期间，具有语义信息的点是固定的，并且所有点（包括固定点）相互交互，直到最终相似的点倾向于聚到一起（同步完成）。由于具有语义信息的点是固定的，因此在同步过程之后，他们将吸引其相邻的 GPS 点组合在一起，从而形成感兴趣的语义区域。对于其他 GPS 点，如果相邻点没有具有语义信息的固定点，则他们自然地组合在一起以形成普通 ROI［图 3-42（b）］。然后，利用这些 ROI，每个轨迹可以表示为 ROI 序列，并且整个轨迹数据被进一步压缩为 ROI 网络［图 3-42（c）］。通过 ROI 网络，可以很好地保留全局的轨迹移动模式。此外，由于基于同步的聚类的特性，这些 ROI 可以进一步压缩到更高级别并且产生更紧凑的轨迹表示。

基于多分辨率 ROI 网络，可以提取轨迹数据的全局统计数据并且可以促进后续的轨迹挖掘任务（例如轨迹聚类、分类、模式挖掘和异常值检测）。图 3-43 给出了一个多层次 ROI 网络的示意图，其中 ROI 网络被不同粒度的分辨率可视化了出来。ROI 网络提供了一个紧凑的表示来描述轨迹，每个轨迹可以表示为给定 ROI 网络上的带有时间的 ROI 序列。此外，由于每个 ROI 上记录通过该区域的所有轨迹。因此，ROI 节点上将总结着过该区域的各种统计信息，例如物体访问该区域的时间分布，停留的时间分布和移动方向。另外，与传统的基于语义的压缩不同，CascadeSync 在没有语义点或者语义点稀疏或缺失的地方仍然能进行良好的聚类。

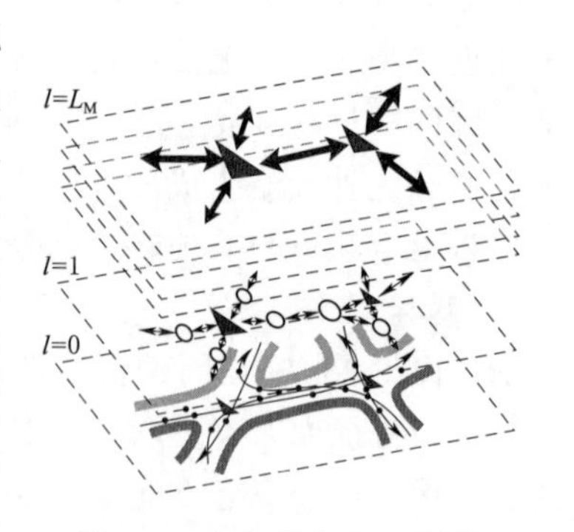

图 3-43　多层次 ROI 网络

基于语义的轨迹压缩方法既压缩了轨迹，又增强了轨迹的语义信息，便于人们对轨迹的理解。但是其压缩和解压缩时间长，且完全丢失了原始的经纬度信息，只留下了部分移动对象的运行状态。因此，也很难支持全面和复杂的轨迹查询功能。

参考文献

[1] Douglas D H, Peucker T K. Algorithms for the Reduction of the Number of Points Required to Represent a Digitized Line or Its Caricature [J]. Cartographica, 1973, 10 (2): 112-122.

[2] Meratnia N, Rolf A, Spatiotemporal Compression Techniques for Moving Point Objects [J]. Advances in Database Technology - EDBT 2004 Volume 2992 of the series Lecture Notes in Computer Science Springer Berlin Heidelberg, 2004 (2992): 765-782.

[3] Chen Minjie, Xu Mantao, Fränti Pasi. A fast O (N) multiresolution polygonal approximation algorithm for GPS trajectory simplification [J]. IEEE transactions on image processing: a publication of the IEEE Signal Processing Society, 2012, 21 (5): 2770-2785.

[4] Hiroshi I, Masao I R I. Polygonal approximations of a curve—formulations and algorithms [C]// Machine Intelligence and Pattern Recognition. North-Holland, 1988 (6): 71-86.

[5] Long C, Wong R C W, Jagadish H V. Direction-preserving Trajectory Simplification [J]. Proceedings of the VLDB Endowment, 2013, 6 (10): 949-960.

[6] Cao X, Cong G, Jensen C S. Mining significant semantic locations from GPS data [J]. Proceedings of the VLDB Endowment, 2010, 3 (1-2): 1009-1020.

[7] Trajcevski G, Cao H, Scheuermanny P, et al. On-line data reduction and the quality of history in moving objects databases [C]//Proceedings of the 5th ACM international workshop on Data engineering for wireless and mobile access. 2006: 19-26.

[8] Potamias M, Patroumpas K, Sellis T. Sampling trajectory streams with spatiotemporal criteria [C]//18th International Conference on Scientific and Statistical Database Management (SSDBM'06). IEEE, 2006: 275-284.

[9] Muckell J, Hwang J H, Patil V, et al. SQUISH: an online approach for GPS trajectory compression [C]//In Proceedings of the 2nd international conference on computing for geospatial research & applications. 2011: 1-8.

[10] Muckell J, Olsen P W, Hwang J H, et al. Compression of trajectory data: acomprehensive evaluation and new approach [J]. GeoInformatica, 2014, 18 (3): 435-460.

[11] 赵东保，冯林林，邓悦，等. 基于手机传感器的车辆轨迹实时在线压缩方法 [J]. 西南交通大学学报，2022，57 (1)：1-10.

[12] Zhang K, Zhao D, Liu W. Online vehicle trajectory compression algorithm based on motion pattern recognition [J]. IET Intelligent Transport Systems, 2022, 16 (8): 998-1010.

[13] Zhang D, Ding M, Yang D, et al. Trajectory simplification: an experimental study and quality analysis [J]. Proceedings of the VLDB Endowment, 2018, 11 (9): 934-946.

[14] Song R, Sun W, Zheng B, et al. PRESS: A novel framework of trajectory compression in road networks [J]. arXiv preprint arXiv: 1402.1546, 2014.

[15] Han Y, Sun W, Zheng B. COMPRESS: A comprehensive framework of trajectory compression in road networks [J]. ACM Transactions on Database Systems (TODS), 2017, 42 (2): 1-49.

[16] 赵东保，邓悦. 顾及轨迹压缩的车辆路径查询算法 [J]. 测绘学报，2023，52 (3)：501-514.

[17] Chen C, Ding Y, Xie X, et al. TrajCompressor: An online map-matching-based trajectory compression framework leveraging vehicle heading direction and change [J]. IEEE Transactions on Intelligent Transportation Systems, 2019, 21 (5): 2012-2028.

[18] Birnbaum J, Meng H C, Hwang J H, et al. Similarity-based compression of GPS trajectory data

[C] // 2013 Fourth International Conference on Computing for Geospatial Research and Application. IEEE，2013：92 - 95.

[19] Cudre - Mauroux P，Wu E，Madden S. Trajstore：An adaptive storage system for very large trajectory data sets [C]//2010 IEEE 26th International Conference on Data Engineering (ICDE 2010). IEEE，2010：109 - 120.

[20] 赵东保，孟俊贞，刘文玉. 群组相似轨迹的特征点映射数据压缩方法 [J]. 测绘科学，2020，45 (3)：143 - 149.

[21] Su H，Zheng K，Zeng K，et al. Making sense of trajectory data：A partition - and - summarization approach [C] // 2015 IEEE 31st International Conference on Data Engineering. IEEE，2015：963 - 974.

[22] Gao C，Zhao Y，Wu R，et al. Semantic trajectory compression via multi - resolution synchronization - based clustering [J]. Knowledge - Based Systems，2019 (174)：177 - 193.

第4章　大规模移动对象的时空数据查询

移动对象时空数据查询是移动对象数据库数据管理的最重要的基础性功能需求和手段。随着相关技术的发展，在不同的条件下，对移动对象查询的要求可能会复杂多样，但大多数情况下都是几种常见查询类型及方法的组合。本章对移动对象的时空查询方法进行归纳和分类，主要从移动对象的查询类型、轨迹的时空查询类型以及移动对象的最近邻查询等方面做介绍。

4.1　时空数据模型

移动对象数据库是一种典型的时空数据库，时空数据库中通常管理着两类空间对象，一类是静态对象，另一类则是移动对象。根据数据类型的不同，可以分为点和区域两种类型。对应两类空间对象，分别为静态点和静态区域；移动点和移动区域。移动对象是指对象的属性随时间不断地发生改变，如各种交通工具、天气变化等。按照对象的运动速率，可分为连续变化的移动对象和离散变化的移动对象。高速率的移动对象，如火车，称为连续变化的移动对象。低速率的移动对象，如教室里的学生，称为离散变化的移动对象。管理时空数据首先需要从模型角度进行刻画和描述，他们对动态移动对象的数据管理起到基础性作用。时空数据模型主要有序列快照模型、基态修正模型、时空复合模型、时空对象模型等。根据不同的侧重点可以将他们分为三类。

1. 简单模型

简单模型主要包括序列快照模型（Sequential - Snapshot Model）及其扩展的基态修正模型（Base - State with Amendments Model），他们是模拟时间的简单模型。序列快照模型是目前时态GIS中被广泛采用的时空数据模型之一，也是GIS中最简单的一种情况。在Langran[1] 的快照模型中，其通过时间切片方法对连续变化的地理现象进行采样，转换成离散部分，各个切片分别对应不同时刻的状态。时间信息通过数据层时间戳的方式引入空间数据模型。每层是某一主题的时间上相同单元的集合，层与层之间没有显式的时间关系。序列快照模型最大的弊端是重复存储没有变化的数据，导致了大量的数据冗余。为了减少数据冗余，Langran在时间切片模型上进行改进，提出了基态修正模型。其采用起始状态底图和相邻切片之间的变化来对变化的时空数据进行表示和存储。这种方式对变化进行了显式存储，因而很容易获得切片之间的状态，同时减少了数据冗余，节省了存储空间。

2. 时空联合模型

时空联合模型是空间与时间组成的联合体作为建模的基本单元。该类模型主要考虑的是空间对象随时间在空间上的变化，时间值往往作为空间对象的属性。主要模型有时空复合模型（Space - Time Composite Model）和时空对象模型（ST - Object Model）。时空复合模型是由 Chrisman 于 1983 年针对矢量模型提出的，后来又与 Langran 一起对模型进行了进一步完善[2]。该模型把世界表示成在三维空间（层）内具有空间同质、时间统一的对象，即时空复合单元的集合。每一个时空复合单元在属性上的变化有唯一的时间过程，在概念上描述了一个空间对象在一段时间内的变化。该模型将空间变化和属性变化都映射为空间的变化，导致新实体的产生；对 STC 数据库的更新需要对 STC 单元进行重构；STC 单元之间的几何和拓扑关系以及整个数据库的空间对象表和属性表也都要重新进行组织。该模型是序列快照和基图修正的折中模型。

时空对象模型或双时间时空对象模型通过引入与二维空间正交的时间维把世界表达成由时空原子组成的离散对象集合。时空原子是同时在空间和时间上具有特定属性的最大同质单元。尽管单个时空原子不能发生变化，由时空原子构成的时空对象可以在空间和时间上发生变化。因此，该模型可以通过把时空原子投影到空间和/或时间空间上对时空对象发生在时间维和/或空间维上的变化进行记录。

3. 时空属性三域模型

上述的模型要么只考虑了对象的属性数据随时间的变化，要么只考虑了对象的空间特征随时间的变化，而不能对对象的空间特征和属性特征随时间的变化同时进行建模。而集成时间、空间和属性的模型则可以避免这方面的不足。Peuquet[3] 认为由于时间和空间性质的不同而把时间作为新的一维结合空间三维形成的 4D 模型在表达上是不足够的，故提出了从基于位置、基于时间和基于对象的三种相关视图角度组织的 what/when/where 的三元时空数据模型框架来表达动态世界，这种方案符合人们感知动态世界的方式。Yuan[4] 在对森林火灾的时空信息研究分析时也提出把时间域作为一个单独的概念与属性（语义）域和空间域并列，并在各自的域中定义了对象。这三个域中的数据分别存储在三个表中，这些表连同对象版本用一个被称为域连接表的表进行关联。该模型能够从以位置为中心、实体为中心和时间为中心的角度对现实的属性变化、静态空间分布、静态空间变化、动态空间变化、过程变异和实体运动 6 种变化进行表达。

4.2　移动对象的时空数据查询

移动对象的时空数据查询主要包括范围查询、邻近查询、聚集查询、连续查询和密度查询等。

（1）范围查询。范围查询是指找出在 t_1 到 t_2 的时间间隔内，位置在某一个给定空间区域内的所有移动对象。例如，查找上午 8：00 到 10：00 经过哈尔滨理工大学门口的车辆。在设定查询区域为矩形窗口。范围查询表示为：$\{O \in DB \mid O(t) \in W\}$。这里 W 是一个矩形窗口的范围查询，$t_1 \leqslant t \leqslant t_2$。对象 O 在时间的位置为 $O(t)$。当 $t_1 < t_2$ 时，该查询为时间段范围查询，查找区间是一个时空立方体（Vq）。当 $t_1 = t_2$ 时，该查询是时间片范围查询，查寻区间压缩为一个平面。他们的查询过程是统一的。

（2）邻近查询。邻近查询是指某一时刻（时间段）哪些对象距离给定点最近。邻近查询中最通常的类型是 K 最邻近查询（KNN）[5]，即查找最靠近查询点的 K 个对象。邻近查询中的另一种查询为逆最近邻查询（RNN）[6]。这种查询查找其最近邻是查询点的移动对象，即对于查询结果中的每一个点，距其最近的点是查询点。例如：一个行人可能想知道距自己最近的出租车，而对于出租车，他想知道对于哪些行人，自己是距其最近的出租车，这些行人就是出租车的逆最近邻查询结果。

（3）聚集查询。聚集查询是指在某一时刻（或时间段内），汇总统计共有多少个移动对象通过了区域 R。还有聚集最近邻查询（ANN）[7]，ANN 查询检索的是到多个查询点距离的聚集函数值最小的目标对象，其查询结果依赖于确定的聚集函数。这是一类有着多个查询点、多个对象的查询类型。这种查询的目的是找出综合评估最优的位置。例如：利用一个求和函数，可以查找出饭店的最优位置，这个位置距离所有居民区的距离和最小。或者给定左右函数，确定聚会的最佳地点，使得最后一个人到达的时间最短等。Papadias 等[8] 于 2005 年首次提出聚集最近邻查询问题。此后，聚集最近邻查询被众多国内外学者们所关注和研究，同时也取得了许多研究成果。其形式化定义如下：

给定目标对象集合 P、查询点集合 Q 和聚集函数 f，聚集最近邻（ANN）查询就是在集合 P 中找出一个目标对象 p，使函数满足

$$f\{dist(p,q_i),\forall q_i\in Q\}=\min \tag{4-1}$$

其中，聚集函数 f 可以是求和（sum），求最大值（max），求最小值（min）等函数。如图 4-1 所示，若聚集函数 f 是 sum 函数，则 ANN 查询结果应该为 $\{p_1\}$；若聚集函数 f 是 max 函数，则 ANN 查询结果应该为 $\{p_2\}$；若聚集函数 f 是 min 函数，则 ANN 查询结果应该为 $\{p_3\}$。

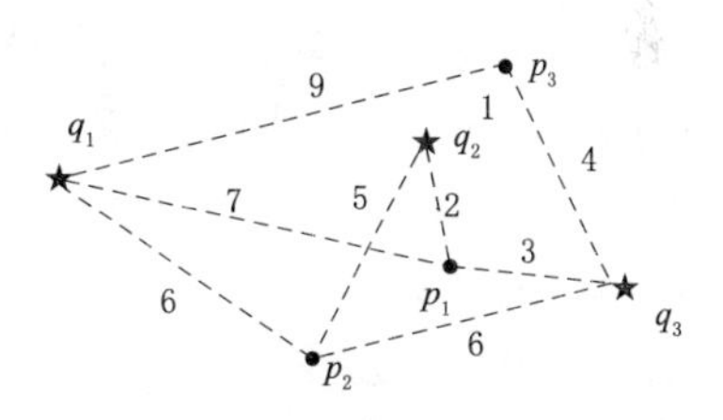

图 4-1 聚集最近邻查询示意图

（4）连续查询。连续查询是指在某个时间区域内连续有效的查询。在该时间区域内，由于移动对象位置的改变，查询结果随着数据的不断更新也要不断地改变，直到满足某种条件[9]。例如：加油站了解在连续的某段时间内离他最近的 10 辆汽车。交通控制中心连续地监控城市某个区域内车辆的数目。连续查询与一般查询最重要的区别是对象的动态性或者查询本身的动态性（例如，查询窗口在持续改变中），使得查询结果与时间属性相关。对于数据的每一次更新或者查询点的连续变化，所有连续查询的结果都要重新考虑。

（5）密度查询。密度查询是指查找在某段时间范围内移动对象密集的空间区域，即区域中移动对象的密度超过了某个密度阀值。Hadjieleftheriou 等[10] 首先提出了时空域内移动对象的密度查询问题，即在线的发现时空域中密度大于某个给定阈值的区域。他们首先定义时空密集区域 $density(R,\Delta t)=\min\Delta tN/area(R)$，其中 $\min\Delta tN$ 表示在 Δt 内的任意时刻区域 R 内包含的移动对象总数的最小值，$area(R)$ 表示空间区域 R 的总面积。基于这个定义，他们提出了两种类型的密度查询，即快照密度查询（Snapshot Density Queries，SDQ）和间隔密度查询（Period Density Queries，PDQ）。对于快照密集查询，用户感兴趣的是查找某个指定时刻的所有密集区域，例如：“给定一个二维的空间区域，查找在下午 3 点整每平方公里车辆的总数超过 100 的所有区域”；对于间隔密度查询，用户感兴趣的是查找某个时间间隔内所有的密集区域，因此查询结果不仅要返回所有的密集区域，而且还要指明这些密集区域有效的时间间隔。例如：“查找从现在开始到 10 分钟后所

有满足下列条件的区域：区域内的移动对象的总数总是超过 500 个”。然而，从实际的应用来看，找到某个时期内密集区域并不比简单地找到某个时刻的密集区域更有意义。例如，一旦某个区域发生交通拥堵，所有在那个区域附近的移动对象都可能受到影响，他们的速度可能会发生很大的改变。这样按照先前的速度预测计算当前的密度查询的结果就可能不准确。Jensen 等[11] 正是认识到这一点，他们提出的密度查询的目标是找到移动对象在某个时刻点的密集区域。同 Hadjieleftheriou 等[10] 一样，他们也是假设有大量的移动对象在一个欧几何空间内连续运动，将移动对象的运动建模为一个线性方程，不同的是他们解决了查询结果丢失的问题。以上两个工作都是针对欧几何空间来处理的，都是把空间划分为几个固定大小的单元，判断每个单元大小的区域是否满足一定的密度条件，如果满足，作为查询结果返回。

4.3　轨迹数据的时空查询

轨迹数据是移动对象最为重要的一种时空数据，是对移动对象整个运动状态的刻画和描述。对移动对象轨迹数据的时空查询有其独特之处，文献［12］提出了移动对象轨迹数据的查询主要分为点查询、范围查询和轨迹查询等。

1. 点查询

轨迹点查询是对满足预期时空关系的轨迹点或轨迹段中的兴趣点（POI）信息的查询。对于单个轨迹而言，点查询可以包括 Where(Tr，t）查询和 When(Tr，x，y）查询，其中，Where(Tr，t）是给定时刻 t，用于查找移动对象在 t 时刻轨迹中的位置；When(Tr，x，y）是给定位置坐标，求移动对象到该位置处所对应时刻 t。在 Where(Tr，t）查询和 When(Tr，x，y）查询的基础上，显然还可以获得移动对象沿着轨迹从 t_1 到 t_2 时间段所行进的长度，移动对象沿着轨迹从 $P_1(x_1，y_1)$ 移动到 $P_2(x_2，y_2)$ 所花费的时间。

点查询还可以用于查询移动对象的满足查询条件的所有邻近点。最为典型的是 KNN(nearest neighbor）查询算法。例如，KNN($Trset$；x；y；t_1；t_2）查询是指从候选轨迹库 $Trset$ 中返回在 t_1 到 t_2 时间段内距离点 $P(x，y)$ 最近的 k 个轨迹。当然这里也可以是从所有候选移动对象中返回在 t_1 到 t_2 时间段内距离点 $P(x，y)$ 最近的 k 个移动对象。

2. 范围查询

范围查询包括空间范围查询、时间范围查询和时空范围查询。

(1) 空间范围查询。空间范围查询是指在给定的空间范围内，找到跨越指定空间范围的所有轨迹。其形式化定义如下：

给定一个轨迹集 Trj 和一个空间范围 $S=\langle lat_{\min},lng_{\min},lat_{\max},lng_{\max}\rangle$，空间范围查询返回所有满足以下条件的轨迹 $tr_i \in Trj$：tr_i 中至少存在一个 GPS 点 p_i 在空间范围 S 中，即

$$SR-query(Trj,S)=\{tr_i \in Trj \mid \exists p_i \in tr_i, lat_{\min} \leqslant p_i.lat \leqslant lat_{\max} \wedge lng_{\min} \leqslant p_i.lng \leqslant lng_{\max}\} \tag{4-2}$$

（2）时间范围查询。时间范围查询是指在指定时间范围内，给定一个轨迹集 Trj，查询在给定时间范围内的 Trj 中所有轨迹。其形式化定义如下：

给定一个轨迹集 Trj，一个时间范围 $R=[t_{\min}, t_{\max}]$，时间范围查询返回所有满足以下条件的轨迹 $tr_i \in Trj$：tr_i 中至少存在一个 GPS 点 p_j，是产生于时间段 R 之间的，即

$$TR-query(Trj,R)=\{tr_j \in Trj \mid \exists p_j \in tr_j, t_{\min} \leqslant p_j.t \leqslant t_{\max}\} \tag{4-3}$$

（3）时空范围查询。时空范围查询可以表述为 $window(Trset;x_1;y_1;x_2;y_2;t_1;t_2)$ 查询。该查询是指从候选轨迹库 $Trset$ 中返回在 t_1 到 t_2 时间段内与矩形空间范围［左下角点坐标为（x_1，y_1），右上角点坐标为（x_2，y_2）］相交的所有轨迹。

3. 路径查询

车辆轨迹通常都是在道路上行驶，在经过地图匹配之后，车辆轨迹转化为行驶路径，故而有基于路径的轨迹查询，主要有两种查询方式，一种是严格子路径查询；另一种是路径枚举查询。

（1）严格子路径查询（Strict Path Query，SPQ）。严格子路径查询是指给定一条路径 P 和时间间隔段 I，在候选轨迹数据库 T 中找到所有在时间段 I 内包含（途径）子路径 P 的所有轨迹。其形式化描述如下：

$$\begin{aligned} TPQ(P,I)=\{tid \mid \exists i\ s.t.\ ptid[i..i+|P|) \\ =P \wedge tstid[i] \in I \wedge tstid[i+|P|-1] \in I)\} \end{aligned} \tag{4-4}$$

式中：tid 为轨迹编号；ts 为时间戳；$|P|$ 为子路径 P 的路段个数；i 为循环变量。

（2）轨迹枚举查询（Path Enumeration Query，PEQ）。轨迹枚举查询是指给定一个起始路段 u 和一个终止路段 v，查找出在时间段 I 内所有先经过 u 后经过 v 的轨迹。

4. 相似轨迹查询

对于轨迹分类或聚类处理，轨迹查询可以获得一组轨迹中的相似轨迹或给定距离阈值范围内的轨迹。其中，相似查询是从轨迹数据库中查询到与给定轨迹相似度大于给定阈值的轨迹。其形式化定义如下：

给定一个轨迹集 Trj，一条查询轨迹 q，一个距离函数 f，一个距离阈值 e，相似查询返回所有轨迹 $tr_i \in Trj$，其中 tr_i 与 q 的距离不大于 e，即

$$Tim-query(Trj,q,f,e)=\{tr_j \in Trj \mid f(q,tr_i)<e\} \tag{4-5}$$

这里可以采用前文第 2 章中所给出的各种轨迹距离或者轨迹相似度度量公式计算轨迹之间的距离或者相似度。

5. 活动轨迹查询

所谓语义活动轨迹 Tr 被定义为与活动相关联的轨迹兴趣点序列[13]，即 $Tr=(p_1,p_2,\cdots,p_n)$。每个 p_i 表示一个地理空间位置，该位置附带一组活动，这里的活动是指每个轨迹兴趣点此处可以开展的活动，例如娱乐、餐饮、电影院等。这就是轨迹兴趣点所附加的语义信息。

活动轨迹相似性查询（Activity Trajectory Similarity Query，ATSQ）是指给定活动轨迹集合 D、查询 Q，活动轨迹相似性查询（ATSQ）从 D 中返回前 k 个不同的轨迹，这些轨迹相对于 Q 具有最小的匹配距离。

此处的查询 Q 是一组查询点 q_i（$1 \leqslant i \leqslant n$）的集合，$n$ 是查询点的个数，一个查询点是

由其位置和活动集合所共同组成。这里的匹配距离是指具有相同语义活动属性的各个查询点 q 与轨迹兴趣点 p 之间的最小距离之和。

以图 4－2 为例说明，q_1、q_2、q_3 所组成的查询点序列为 Q，查询点和轨迹点中的括号内容为活动信息，查询点与轨迹点之间的距离值见图 4－2 中的距离列表，根据语义活动属性需要相同的前提条件，我们可以得到从 Tr_1 到 Q 的最小匹配是 $\{\{p_{1,2}, p_{1,3}\}$, $\{p_{1,1}, p_{1,2}\}$, $\{p_{1,5}\}$；而 Tr_2 到 Q 的最小匹配应该是 $\{\{p_{2,1}, p_{2,2}\}$, $\{p_{2,3}\}$, $\{p_{2,4}\}$。再据此计算各自的匹配距离，容易理解 Tr_2 被认为比 Tr_1 更类似于 Q。

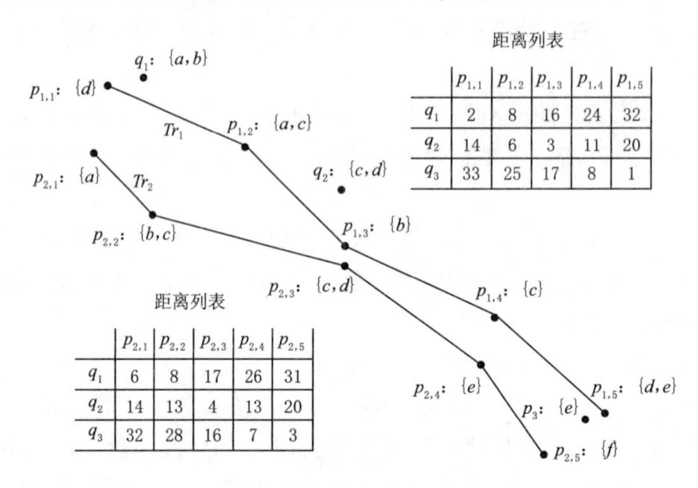

	$p_{1,1}$	$p_{1,2}$	$p_{1,3}$	$p_{1,4}$	$p_{1,5}$
q_1	2	8	16	24	32
q_2	14	6	3	11	20
q_3	33	25	17	8	1

	$p_{2,1}$	$p_{2,2}$	$p_{2,3}$	$p_{2,4}$	$p_{2,5}$
q_1	6	8	17	26	31
q_2	14	13	4	13	20
q_3	32	28	16	7	3

图 4－2　相似度查询示例

4.4　移动对象的最邻近查询

移动对象的最近邻查询就是前文述及的 KNN 查询，是移动对象十分常见的时空查询处理过程，在日常的基于位置的服务中应用面相当广泛。如果根据查询对象与被查询对象之间的运动状态可将地理对象的最近邻查询划分为 4 种类型：①静态对象查询静态对象；②静态对象查询动态对象；③动态对象查询静态对象；④动态对象查询动态对象。第一种情况并不属于移动对象的查询范畴，以下分别就后三种情况具体说明，不仅介绍查询类型，还给出具体的查询实现方法。

4.4.1　由静态对象查询动态对象

由静态对象查询动态对象是一类常见的移动对象最近邻查询处理请求。例如，查询某一个时段内距当前加油站最近的若干个车辆。

4.4.1.1　基于 Voronoi 图的移动对象最近邻查询

Voronoi diagram（又称之为泰森多边形）是解决这类查询的有效手段。其是 Delaunay 三角网的对偶图，是由一组由连接 Delaunay 三角网中两邻点线段的垂直平分线组成的连续多边形。Voronoi 多边形是对空间平面的一种剖分，其特点是多边形内的任何位置离该多边形的样点（如居民点）的距离最近，离相邻多边形内样点的距离远，且每个多边形内含且仅包含一个样点。由于泰森多边形在空间剖分上的等分性特征，因此可用于解决最近点、最小封闭圆等问题，以及许多空间分析问题，如邻接、接近度和可达性分析等。

图 4－3 展示了数据对象 O_1 到 O_5 等 5 个点所构成的 Voronoi 多边形，查询点 q 在 O_4 数据对象点所控制的多边形内部，只要 q 点始终在该多边形内部移动，那么 q 点的最近点始终是 O_4，也就是 1NN 的查询结果为 O_4。如果想进一步获得 KNN 的查询结果，则可构建 K 阶的 Voronoi 多边形。图 4－4 展示了一组 2 阶的 Voronoi 多边形。每个多边形单元用一个样点对来表示，该多边形内部区域的任意一点与该样点对的距离都要比其他样点对的距离更近。需说明的是，更高阶的 Voronoi 多边形并不一定包含他们所对应的样点。例如，对于 Voronoi 多边形 {2，4}，只要查询点 q 点始终在该多边形区域内移动，那么其最近的 2 个数据对象就是 O_2 和 O_4，也就是其 2NN 查询结果。K 阶 Voronoi 多边形的最直接构造方法是计算 K 阶和 $K-1$ 阶 Voronoi 多边形的交集。图 4－4（b）和图 4－4（c）分别是排除了 O_2 和 O_4 所生成的 Voronoi 多边形，将两者所对应的多边形单元［图 4－4（b）和图 4－4（c）的斜线所示多边形］进行求交，则可得 O_2 和 O_4 样点对所对应的 Voronoi 多边形单元［图 4－4（d）中的交叉线所示区域］。

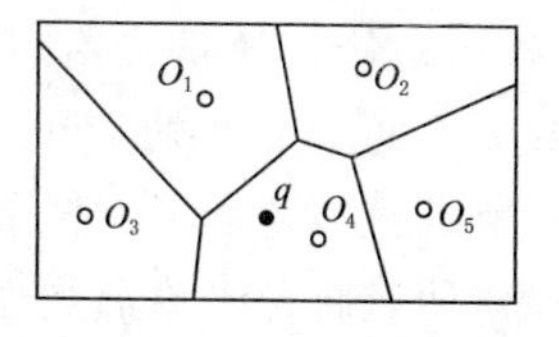

图 4－3 Voronoi 多边形

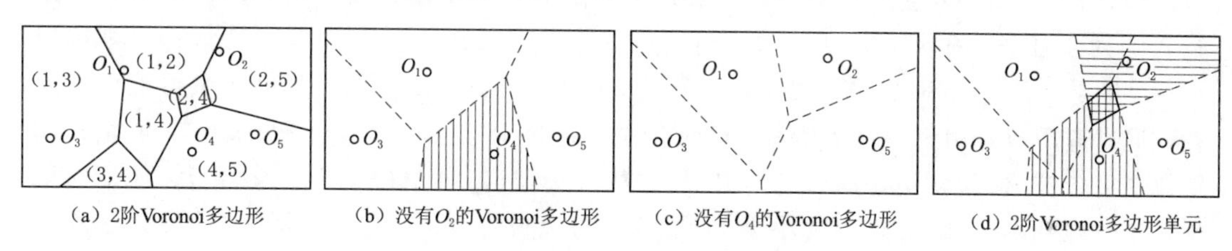

（a）2阶Voronoi多边形　（b）没有O_2的Voronoi多边形　（c）没有O_4的Voronoi多边形　（d）2阶Voronoi多边形单元

图 4－4 2 阶 Voronoi 多边形

由于相当多的移动对象是在道路网中移动，故可在道路网上构建道路网 Voronoi 多边形，此处的距离测度由样点之间的欧式距离更改为样点自己的最短路径距离。道路网 Voronoi 多边形中包含了一系列道路路段，图 4－5（a）是一个道路网数据，图 4－5（b）是所构建的道路网 Voronoi 多边形。在图 4－5（b）中，具有相同样式符号的道路路段属于同一个 Voronoi 多边形单元。例如，与数据对象 O_5 相连的虚线所表示的道路路段就同属于同一个 Voronoi 多边形单元，由于查询点 q 位于这些路段之上，故而 q 点只要在该范围内移动，其最近点就始终为 O_5。图中用栅栏线展示了各个 Voronoi 多边形单元的边界。

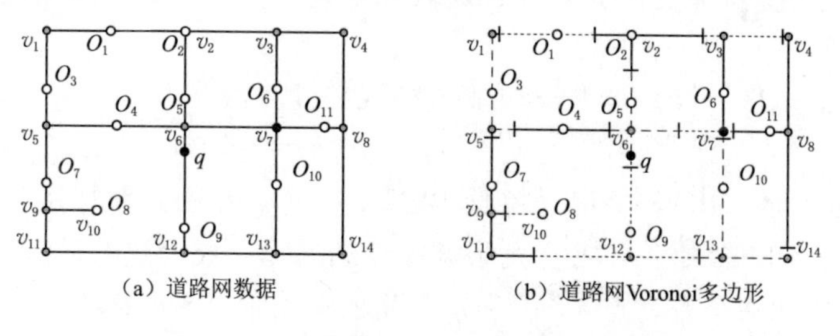

（a）道路网数据　（b）道路网Voronoi多边形

图 4－5 道路网 Voronoi 多边形的构建

4.4.1.2　移动对象的反向 k 最邻近查询

由静态对象查询动态对象的一个重要应用方向是空间点要素的反向 k 最近邻（Reverse kNN）查询。给定一个查询点 q，反向 k 最近邻（RkNN）查询查找每一条将 q 当作其 k 个近邻之一的空间点要素。由于 q 与这些点要素都接近，所以 q 点对这些点都有较大影响。例如，居民有极大可能会去最近的 k 个商店购物。因此，在市场调研中，可以通过检索所有将这家商店当作 k 个最近邻之一的居民点，来评估一家新开的便利店 q 潜在的客户。RkNN 还可在更多的商业选址场景中使用，具有很重要的现实意义和实用价值。在本研究中，将提供服务的场所（如购物市场、加油站等）称为设施，将使用该设施的对象（如居民、司机等）称为用户。在这个应用场景中，给定一个查询设施 q，其 RkNN 查询返回所有将 q 作为 k 个最邻近的设施之一的用户。与前述构建 Voronoi 多边形的原理相似，RkNN 的经典方法都是对空间区域进行某种划分，使得当移动对象落在规定区域内可当即判断是否符合 RkNN 的查询条件予以输出或是予以排除。

RkNN 查询：存在一个设施集 F 和一个用户集 U。给定一个查询设施 q（不一定在 F 中），RkNN 查询返回每个用户 $u \in U$，对于这些用户 u，q 是 $\{q \cup F\}$ 中离它最近的 k 个设施之一。

假设 $dist(a, b)$ 表示两个对象的欧式距离。对于一个用户 p，如果存在至少 k 个设施 F'，对于任意 $f \in F'$，p 到 f 的距离比到 q 的小，即 $dist(p,f) < dist(p,q)$，则用户 p 不可能是 q 的 RkNN 之一，因为 q 不可能是 p 的 kNN。由于数据集的数量可能十分庞大，通过遍历所有用户并判断其是否满足条件，这是十分耗时且不合理的操作。但是，如果数据集会被 R^* 树索引，那么对于 R^* 树中的一个结点 e（对应于一个 MBR），如果与至少 k 个设施（不包含 q）的距离小于 q，那么 e 可以被剪枝，e 中所包含的各个点要素均可以被过滤掉。因为 e 中包含的所有数据都具有至少 k 个比 q 更近的设施。因此他们不可能是 q 的 RkNN。

除上述外，现有 RkNN 的主流算法一般采用如下两个步骤，进一步加快 RkNN 的查询效率：

（1）过滤阶段。各个算法会使用一组设施来剪枝不包含 RkNN 的搜索空间。由于使用所有设施点来进行过滤计算的代价可能过于昂贵，算法会挑选出一些设施来剪枝搜索空间，这些设施称为过滤设施，包含这些设施的集合称为过滤集（用符号 $Sfil$ 来表示）。

（2）验证阶段。对于那些未被 $Sfil$ 过滤掉的用户，它们可能满足 q 点的 RkNN 查询条件，称之为候选用户。对他们进行距离比较以最终验证他们是否满足查询条件，并输出查询结果。

TPL 算法和影响区域算法是 RkNN 查询的代表性算法。

1. TPL 算法

Tao 等[14] 提出的 TPL 算法可以说是 RkNN 查询中最流行的算法。他们首次将半空间剪枝的概念用于 RkNN 查询，并激发了许多后续工作，成为过滤阶段的主要采用方法。给定一个设施点 f 和一个查询点 q，f 和 q 之间的一条垂直平分线 $B_{f:q}$ 将空间分成两半。设 $H_{f:q}$ 表示包含 f 的半空间，$H_{q:f}$ 表示包含 q 的半空间，位于 $H_{f:q}$ 中的每个点 p，都满足 $dist(p,f) < dist(p,q)$，也就是说，f 可以裁剪位于 $H_{f:q}$ 中的每个点 p。

考虑图 4－6（a）的例子，其中包含了一个查询点 q 和四个设施点（a 到 d）。因为点 p 位于 $H_{a:q}$ 中，因此，$dist(p,a)<dist(p,q)$，所以点 p 可以被设施 a 裁剪。需注意，当点 p 被至少 k 个半空间裁剪时，才不满足点 q 的 RkNN 查询条件，才可以被过滤。如图 4－6（a）所示，假设 $k=2$，过滤集 $Sfil=\{b,c,a\}$，过滤区域将由半空间 $H_{b:q}$，$H_{c:q}$，$H_{a:q}$ 所共同确定。图中的阴影区域是三个半空间首先两两求交，继而再求并集。位于阴影区域中的点可以被过滤，因为其中的每个点都位于至少两个半空间中。由于 p 点位于阴影区域，故 p 点不可能是 q 的 R2NN 查询结果，可以被过滤。

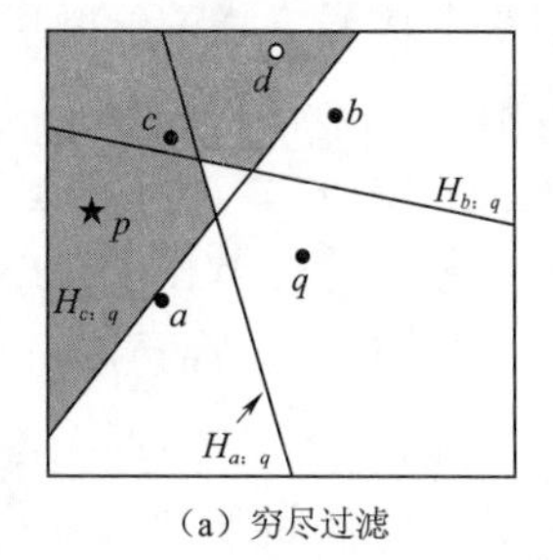

（a）穷尽过滤

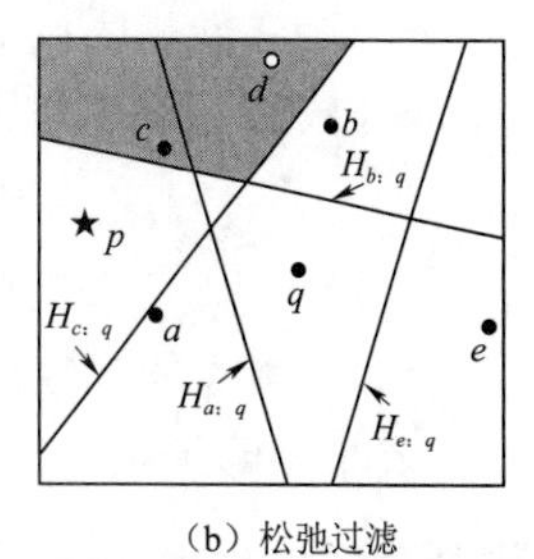

（b）松弛过滤

图 4－6　TPL 算法过滤的图解（$k=2$）

TPL 中的关键之处在于确定过滤区域。容易理解，设 $Sfil$ 为包含 $m \geqslant k$ 个设施的过滤集，$\{f_1,\cdots,f_k\}$ 为 $Sfil$ 任意一个包含 k 个设施的子集。他们形成的过滤空间为 $\bigcup_{i=1}^{k} Hf_{i:q}$，由于子集的数量 C_m^k 可能会很大。因此，TPL 算法做了权衡，制定了宽松过滤策略，即大幅度减少过滤集的数目，但也相应地可能会减少阴影区域的面积，减少了对用户点的筛选。具体方法是：首先，TPL 算法根据希尔伯特值（Hilbert）对设施点按其空间位置进行排序。设排序后的顺序为 $Sfil=\{f_l,\cdots,f_m\}$；然后，宽松过滤策略将其分成 m 个子集，分别为：$\{f_1,\cdots,f_k\},\{f_2,\cdots,f_{k+1}\},\cdots,\{f_m,\cdots,f_{k-1}\}$。因为要考虑 m 个子集，每个子集包含 k 个设施，故而总过滤成本为 $O(km)$。之所以采用希尔伯特值进行设施点的排序是为了让过滤集中的点尽量靠近，从而能产生尽可能大的过滤区域。如图 4－6（b）所示，假设四个设施点排序后的 $Sfil$ 为 $\{a，b，c，e\}$。宽松过滤算法使用子集 $\{a，b\}$，$\{b，c\}$，$\{c，e\}$ 和 $\{e，a\}$ 对搜索空间进行过滤。图 4－6（b）展示了使用这些子集过滤后所组成的阴影区域。此时发现过滤区域变小了，导致点 p 不能再被过滤。

有了过滤空间，就可以较为快速地过滤一些不符合查询条件的用户点。假设对用户点数据已经构建了 R^* 树。TPL 算法先构造一个堆，初始状态只有 R^* 树的根结点，而后根据要求计算 R^* 树的数据项（即 entry，对应于由用户点所构成的 MBR）与 q 的最小距离，并按照升序排列放入堆中。之所以按照距离排序并形成堆，是因为距离 q 点越近的越可能是最终的查询结果。TPL 的过滤算法迭代地访问堆中的数据项，如果一个被访问的数据项 e 可以被过滤（也即 e 位于阴影区域，被至少 k 个设施裁剪），则其将被忽略排除。否则，如果 e 是中间结点，则将其子结点按照与 q 的最小距离升序排列插入堆中。另一方面，如果 e 是叶子结点，且 e 不能被过滤，就将其所对应的用户点加入到候选集中。当堆中的数据项全部访问完毕，过滤了部分不符合查询条件的用户点，其他点则在候选集中，对候选点做进一步的验证，即可最终确定 q 点的 RkNN 查询结果。

2. 影响区域算法（InfZone）

（1）过滤阶段。Cheema 等[15] 提出了影响区域（Influence zone，InfZone）算法，利用影响区域的概念来显著改善验证阶段的计算效率。影响区域是指当且仅当 p 点位于该区域内时，点 p 才为 q 的 RkNN 的区域。一旦计算了影响区域，一旦用户进入到该区域，

便可以成为 q 设施点的 RkNN 查询结果。

一种建立影响区域最为直接的方法是绘制所有设施点的半空间，那些被小于 k 个设施过滤的区域的并集就是影响区域。例如，在图 4-7 中，q 和所有设施之间的半空间被绘制，即 $H_{a:q}$，$H_{b:q}$，$H_{c:q}$ 和 $H_{d:q}$。则阴影区域就是过滤区域，白色区域是影响区域。

事实上，在寻找影响区域的过程中，不能少计算一些设施点的半空间，但也没有必要计算所有设施点的半空间。如图 4-8（a）所示，a，b，c，d 是设施点，如果只利用 $\{a, b\}$ 生成非过滤区域（图中的阴影区域），那么落在阴影区域中的点未必就是 q 点的 R2NN 的查询结果。例如，图中 pc 和 pa 的距离都要比 pq 的距离更近，p 点尽管位于非过滤区域，但并非查询结果，也就是说图中的阴影区域并不是影响区域。而对于图 4-8（b）所示情况，在利用 $\{a, b, c\}$ 生成了非过滤区域之后（图中的阴影区域），即便是再考虑设施点 d 点的半空间（见图中的虚线分割线所示），并不会改变图中的阴影区域，故而该阴影区域便是影响区域，位于该影响区域内的点均是 q 点的 R2NN 查询结果。

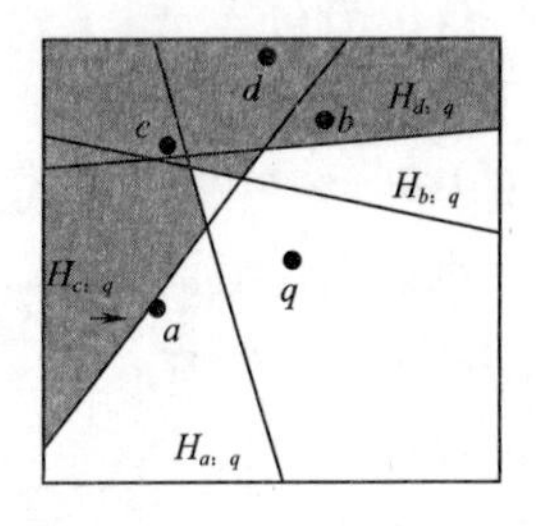

图 4-7　影响区域算法（$k=2$）

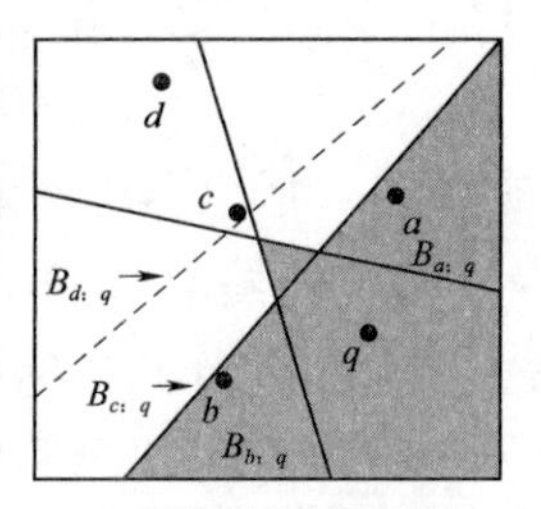

（a）阴影区域不是影响区域　（b）阴影区域是影响区域

图 4-8　计算影响区域 $Z_k(k=2)$

为了尽可能地减少必须考虑的设施点的数量，以正确计算出影响区域。算法证明了一系列引理，证明发现，如果对于当前的非过滤区域 P，对于 P 的凸包的每一个顶点 v，如果设施点 e 到 v 的距离均大于设施点 e 到 q 点的距离，则该设施点 e 可在构建该影响区域的过程中被忽略。

（2）验证阶段。根据影响区域的定义，当且仅当 p 在影响区域内时，点 p 才为 q 点的 RkNN 查询结果。因此，InfZone 算法将迭代访问用户 R^* 树的数据项，并忽略不与影响区域重叠的实体，而位于影响区域内的用户点则为 RkNN 查询结果。InfZone 算法发现影响区域均为星形多边形，假设其边的个数为 m，判断一个点是否落在星形多边形内部只需要 $O(\log m)$ 的时间复杂度便可完成。为了过滤用户 R^* 树的中间结点（对应于一个 MBR），需要判断 MBR 是否与影响区相交，这需要花费 $O(m)$ 的时间复杂度。为了加快求交判断，影响区域被近似为两个圆：一个完全包含影响区域，另一个被影响区域完全包含。可首先对这两个圆进行求交判断，继而根据是否必要再对影响区域进行求交判断。

4.4.2　由动态对象查询静态对象

由动态对象查询静态对象在基于位置的服务也较为常见，例如，随着一个车辆的持续运动，不断查询距离其 3km 以内的所有餐厅。解决该类查询的最常见方法是安全区域法（Safe Region）。安全区域法利用移动对象在安全区域内运动查询结果不变、不需要重复向服务器发送查询请求的特点，有效避免重复的查询过程和服务器的通信代价[16]。移动对象查询时只需要判断是否在安全区域内，其中安全区域间的交界点称为安全出口点（Safe Exit）。

连续范围查询（Continuous Range Query，CR）。给定一个查询对象 q 和所关联的区域 re，一组数据对象 O，连续范围查询就是随着查询对象 q 的移动，连续输出距离 q 在区域 re 范围之内的所有数据对象 $o_i(o_i \subseteq O)$。这里的区域 re 常见的有以 q 所在位置点为圆心，以 r 为半径的圆等。

4.4.2.1 安全区域的生成

Cheema 等[17] 在 2010 年提出了圆形安全区域法以解决连续范围查询问题。如果以数据对象 O 为中心，他们的半径都与查询范围 re 的半径 r 相同。为了简单起见，称他们为 Minkowski 圆（MC）。用 mc_i 表示数据对象 o_i 的 MC，那么数据对象 o_i 在 q 的查询范围内就等价于查询对象 q 在数据对象 o_i 的 mc_i 内。安全区域是指所有查询结果对象（即位于 q 点的查询范围 re 之内的数据对象）的 MC 的交集减去所有非查询结果对象的 MC 的交集。图 4-9（a）给出了一个示例，其中黑点是查询点 q，半径为 r 的实心圆 C_q 是查询范围，虚线圆是每个数据对象的 MC。数据对象 o_5 和 o_{10} 位于 C_q 中，是 q 点的查询结果对象。可以发现，查询点 q 位于数据对象 o_5 和 o_{10} 的 MC 的交集中，也即 mc_5 和 mc_{10} 的交集内。只要 q 点位于该交叉区域内，o_5 和 o_{10} 都将作为查询结果对象。由于该交叉区域与数据对象 o_6 和 o_9 的 MC 相互重叠，因此 q 点必须位于这些重叠区域之外，才能确保查询结果中只包含 o_5 和 o_{10}，而把 o_6 和 o_9 排除在外。故而对于数据对象 o_5 和 o_{10} 而言，其安全区域就应该是 $(mc_5 \cap mc_{10})-(mc_6 \cup mc_9)$。

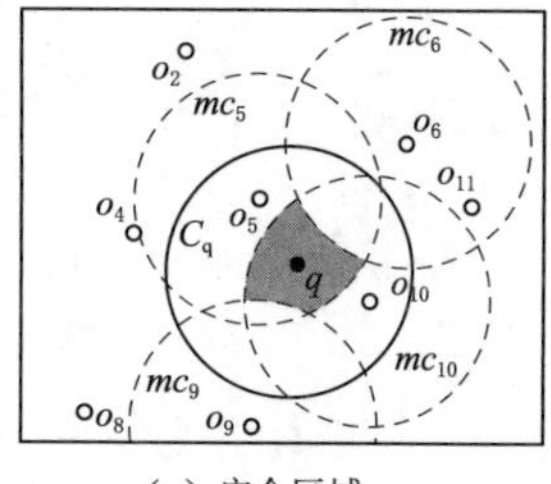

（a）安全区域

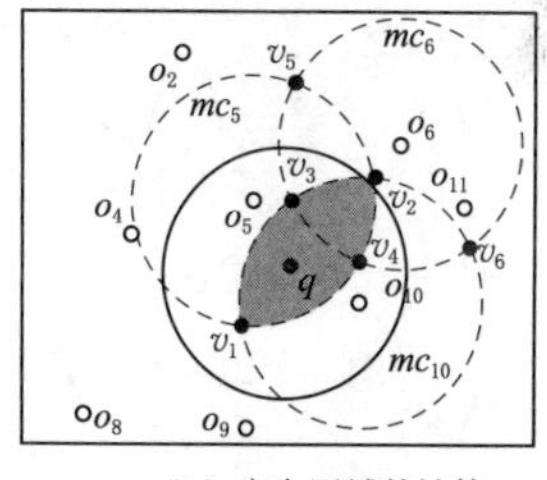

（b）安全区域的计算

图 4-9 圆形安全区域法

通过每次向当前安全区域增加或减少一个 MC 来逐步计算最终的安全区域。数据对象的 MC 按照其相应的数据对象和查询点 q 之间的距离升序排列逐个进行处理，从而确保不会遗漏任何可能影响安全区域最终结果的 MC。如图 4-9（b）所示，假设 mc_5 和 mc_{10} 已经被处理，并计算生成了当前的安全区域（图中灰色区域），两个圆的交点 v_1 和 v_2 存储在安全区域顶点列表 V 中。接下来添加数据对象 o_6 的 Minkowski 圆 mc_6。计算 mc_6 和两个现有的 $MC(mc_5$ 和 $mc_{10})$ 之间的交点，可得 v_3、v_4、v_5、v_6。当前安全区域边界上的点 v_3 和 v_4 被继续增加到列表 V 中，点 v_5 和 v_6 被丢弃。然后根据 mc_6 检查 V 中的现有顶点 v_1 和 v_2。只保留 mc_6 之外的顶点（即 v_1），既然 o_6 是非查询结果对象，mc_6 内部的任何点都应被排除在安全区域之外。随着 mc_6 的加入，当前的安全区域被更新为区域 $v_1v_3v_4$。此过程持续进行，直至没有其他任何数据对象 Minkowski 圆与当前安全区域有交集。此时的安全区域就是最终结果。

Cheema 等[17] 使用 R 树对数据对象（而不是其 MC）进行索引，以加快安全区域的计算。采用贪心算法遍历访问树的结点和数据对象。并制定修剪规则以减少搜索空间，查找具有可能影响安全区域的 MC 的数据对象。

4.4.2.2　道路网络中的安全区域

给定一个道路网 $G=\{V, E\}$，其中 $V=\{\nu_1,\nu_2,\cdots,\nu_m\}$，是节点的集合，$E=\{e_1,e_2,\cdots,e_n\}$，是边的集合。给定移动对象所在位置 q，给定查询范围的距离阈值 r，那么在 G 上的连续范围查询就是返回所有到查询点 q 的路径距离在 r 之内的数据对象。Yung 等[18] 在 2012 年给出了道路网中的连续范围查询算法。在该算法中，数据对象的 Minkowski 圆需要被替换成 Minkowski 路段（即 Minkowski Edge Segments，MES），数据对象 o_i 的 Minkowski 路段记作 mes_i，mes 均位于 o_i 的以 r 为路径距离阈值的查询范围之内，此处的路径距离一般为最短路径距离，可采用 Dijkstra 等算法获得。查询结果对象的 Minkowski 路段的交集减去非查询结果对象的 Minkowski 路段的交集就是道路网中的安全区域。安全区域中的边界点被称之为安全出口点。

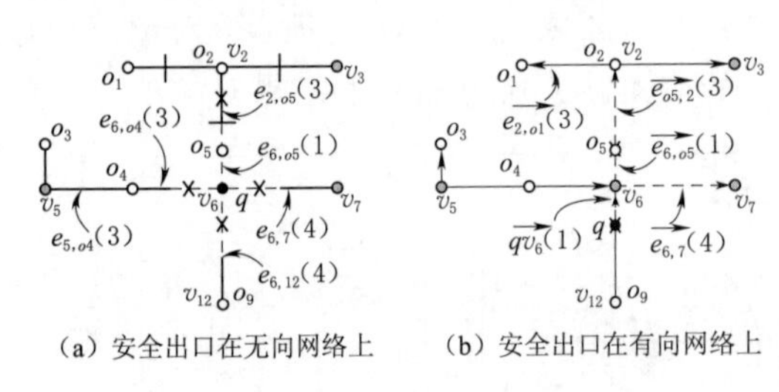

（a）安全出口在无向网络上　（b）安全出口在有向网络上

图 4-10　空间网络中的安全出口

如图 4-10 所示，给出了安全出口点的示例。查询对象 q 位于图中道路节点 v_6 处，查询范围距离 r 设为 2。图中各边上路段的长度分别为 e_6，$o_5=1$，e_2，$o_5=3$，e_6，$o_4=3$，e_5，$o_4=3$，$e_{6,7}=3$。图中虚线区域就是查询点 q 的查询区域范围，可以发现，数据对象 o_5 在该范围内，故 q 点当前的查询结果对象集合为 $\{o_5\}$，而其余对象均为非查询结果对象。数据对象 o_5 的 Minkowski 路段集合 mes_5 应为

$$mes_5=\{<v_6,v_5,0,1>,<v_6,v_7,0,1>,<v_6,v_{12},0,1>,<v_6,v_2,0,3>\} \tag{4-6}$$

此处，每一个路段是由四元组构成，前两个元素代表路段所在的边，例如第一个路段位于边 $e_{6,5}$ 上。后两个元素指定了路段所在边上的具体位置，例如第一个路段位于从节点 v_6 出发，在边 $e_{6,5}$ 上的路径距离从 0 到 1。非查询结果对象只有 o_2 的 mes_2，即图中栅栏所包围的路段集合与 mes_5 存在交集，故查询点 q 在道路网上的安全区域 $sr(q, r)$ 应为

$$sr(q,r)=mes_5-mes_2=\{<v_6,v_5,0,1>,<v_6,v_7,0,1>,<v_6,v_{12},0,1>,<v_6,v_2,0,2>\} \tag{4-7}$$

进一步可得安全出口点 $se(q, r)$ 应为

$$se(q,r)=\{<v_6,v_5,1>,<v_6,v_7,1>,<v_6,v_{12},1>,<v_6,v_2,2>\} \tag{4-8}$$

安全出口点由三元组组成，前两个元素"v_6，v_5"代表安全出口点所在的边 $e_{6,5}$，最后一个元素"1"代表从边上的起始节点所经过的路径距离。

由于在道路网中，安全出口点的个数相比安全区域所包含路段的个数要少得多，因此可以降低服务器和客户端之间的通信成本。此外，安全出口还使客户端能够有效地检查结果的有效性，只要移动对象未超出安全出口，其查询结果就保持不变，只有当超出安全出口时，客户端才需要再次联系服务器以重新计算查询结果集和安全出口。

4.4.2.3　安全出口点快速计算中的剪枝策略

计算数据对象的 Minkowski 路段需要在道路网上运行 Dijkstra 算法，这是较为耗时

的。为了降低时间成本，Yung 等[18] 指出仅需考虑在查询点 q 周边 $3r$ 距离范围内的数据对象即可，其他数据对象则不必考虑。原因在于：根据定义可知，查询结果对象必须在 q 点的 r 距离范围内，那么他们的 MES 则必然在 q 点的 $2r$ 距离范围之内。对于任何其他数据对象，如果其 MES 与查询结果对象的 MES 相关，则他们又必须在 q 点的 $3r$ 距离范围内，否则其 MES 不会与查询结果对象的 MES 有任何交集，则无需做任何考虑。

首先运行 Dijkstra 算法分别识别在 q 点周边的 r 和 $3r$ 距离范围内的所有数据对象，则在 r 距离范围内的是 q 点的查询结果对象，其余为非查询结果对象。然后再使用 Dijkstra 算法计算 q 点的 $3r$ 距离范围内的每个数据对象的 MES，最短距离的计算用符号 $dist$ 表示。随着逐渐获得更多的 MES，安全区域和安全出口也将被逐步计算得出。在此过程中，应用 3 个剪枝规则以降低时间成本。

设 τ 是当前安全区域 $Scur$ 中距离查询点 q 最远的最短距离。

（1）剪枝规则 1。给定一个查询结果对象 p^+，如果有 $dist(q,p^+)+\tau\leqslant r$，那么 p^+ 不会影响到 $Scur$ 的改变，可予以剪枝。

证明：在图 4-11（a）中，假设 z 是 $Scur$ 中任意一个路段上的任意一个位置，根据最短路径同样满足三角不等式公式的原理，则有 $dist(z,p^+)\leqslant dist(z,q)+dist(q,p^+)$，进一步有 $dist(z,p^+)\leqslant\tau+dist(q,p^+)$，根据已知条件得 $dist(z,p^+)\leqslant r$，也就是说，$Scur$ 中的任意一个路段上的任意位置都在 p^+ 的 r 距离范围之内，即便是集合求交，p^+ 的 MES 也不会对 $Scur$ 造成任何影响，故而可以不予考虑 p^+ 点。

（2）剪枝规则 2。给定一个非查询结果对象 p^-，如果有 $dist(q,p^-)-\tau>r$，那么 p^- 不会影响到 $Scur$ 的改变，可予以剪枝。

证明：在图 4-11（b）中，假设 z 是 $Scur$ 中任意一个路段上的任意一个位置，根据最短路径同样满足三角不等式公式的原理，则有 $dist(q,p^-)\leqslant dist(q,z)+dist(z,p^-)$，既然根据已知条件，有 $dist(q,z)\leqslant\tau$。于是可以得出，$dist(q,p^-)\leqslant dist(p^-,z)+\tau$，仍由三角不等式公式，并结合已知条件，可推出 $dist(z,p^-)\geqslant dist(q,p^-)-\tau>r$。也就是说 $Scur$ 中任意一个路段上的任意位置都不在 p^- 的 r 距离范围之内，故而 p^- 的 MES 不会与 $Scur$ 有任何交集，故而可以不予以考虑 p^- 点。

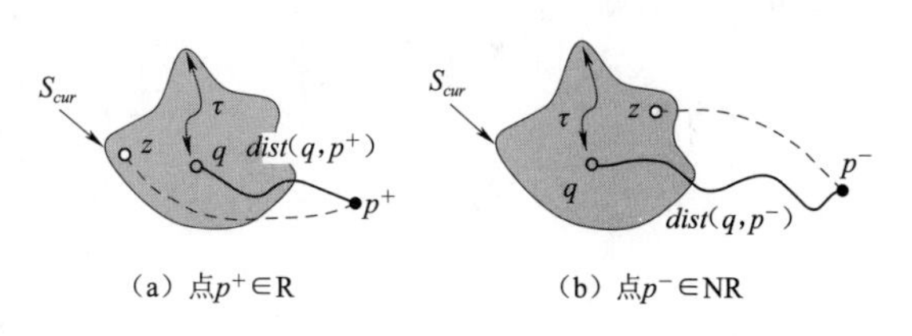

（a）点$p^+\in$R　（b）点$p^-\in$NR

图 4-11　数据点剪枝

（3）剪枝规则 3。设 p 是一个数据对象点，n 是目前正被核查的道路节点。如果 $dist(p,n)+dist(q,n)-\tau>r$，设 z 是 $Scur$ 中任意一个路段上的任意一个位置，那么从 p 点经由 n 点再到 z 点的最短距离之和一定大于 r，即 $dist(p,n)+dist(n,z)>r$。则在寻找 p 点的 MES 过程中无须再扩充道路节点 n。

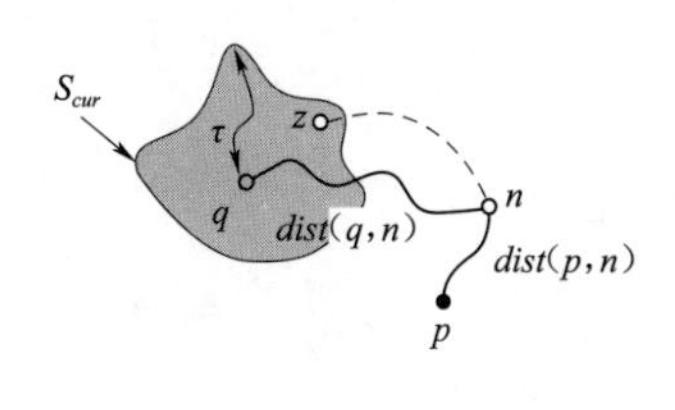

图 4-12　限制遍历

证明：如图 4-12 所示，根据最短路径同样满足三角不等式公式的原理，有 $dist(q,n)\leqslant dist(q,z)+dist(z,n)$，根据已经条件有 $dist(q,z)\leqslant\tau$，可得 $dist(q,n)\leqslant\tau+dist(z,$

n)，仍然按照三角不等式公式，进一步可得：$dist(n,z) \geqslant dist(q,n)-\tau$。不等式两边同时加上 $dist(p,n)$，并结合已知条件，则有：$dist(p,n)+dist(n,z) \geqslant dist(p,n)+dist(q,n)-\tau > r$，由于从 p 点经由 n 点再到任意 z 点的最短距离之和一定大于 r，也就是说，在计算 p 点到各点的最短路径过程中，当扩充到 n 点时，候选的道路节点进一步扩充会导致最短路径的距离值超出 r，故没有必要再考虑道路节点 n。

4.4.3　由动态对象查询动态对象

由于查询对象和被查询对象都在运动，因此由动态对象查询动态对象的核心问题是快速确定两者的相对运动状态，即接近和远离。解决这类问题的关键是如何增强提高移动过程中的距离计算和状态监控的效率，其主要的解决思路就是减少计算量和数据的通信量。

Fan 等[19] 从速度和方向两方面的影响因素分析查询对象和被查询对象的接近和远离两种运动状态，实现查询过程的过滤和调整，并据此提出了道路网中的连续 k 个最近邻对象（Continuous K - nearest Neighbour，CKNN）查询算法。

4.4.3.1　移动对象状态模型（Moving State of Object Model）

给定一个道路网的图模型 $G(V,E)$，$V=\{n_1,n_2,\cdots,n_a\}$ 是所有 a 个道路节点的集合，$E=\{e_1,e_2,\cdots,e_b\}$ 是所有 b 个道路边的集合，查询点为 q，数据对象用 o 表示。

图 4 - 13 给出了移动对象状态模型的示例，黑色圆点是数据对象，其中括号内的数字为速度，箭头代表行驶方向，正负代表与边的方向一致还是相反。灰色圆点 q 是查询点。对于每条边，括号内分别标注了该边的长度及最大允许速度。矩阵 DN 给出了各个顶点之间的最短距离，即

$$DN=\begin{bmatrix} 0 & & & & & & \\ 22 & 0 & & & & & \\ 36 & 14 & 0 & & & & \\ 11 & 33 & 47 & 0 & & & \\ 20 & 34 & 48 & 9 & 0 & & \\ 31 & 22 & 36 & 20 & 12 & 0 & \\ 47 & 38 & 24 & 36 & 28 & 16 & 0 \end{bmatrix}$$

对于边 e_1 和边 e_3，可以发现 n_1 到 n_3，n_1 到 n_7，n_2 到 n_3，n_2 到 n_7 的最短路径除了各自的起点和终点不同外，最短路径均相同，都会经过同一条边即 e_2。把这种情况下的一对边称之为“距离确定”，反之称之为“距离不确定”。矩阵 DD 记录了这两种情况，其中“距离确定”时值为 1 时，反之为 0。

$$DD=\begin{bmatrix} 0 & & & & & \\ 1 & 0 & & & & \\ 1 & 1 & 0 & & & \\ 1 & 1 & 1 & 0 & & \\ 0 & 1 & 0 & 0 & 0 & \\ 0 & 0 & 1 & 1 & 0 & 0 \end{bmatrix}$$

图 4 - 13 显示了在时刻 $t=0$ 时各移动对象的运动情况，可以发现，如果进行 2NN 查

询，此时 q 点的 2 个最近邻对象应为 O_1 和 O_2。

根据查询对象和被查询对象是否位于同一条边来区分两者的相对位置关系。

1. 查询对象和被查询对象位于同一条边

根据对两者的速度和方向等情况的判别可以确定两者的相对位置关系是接近还是远离，例如，查询点 q 点和数据点 o 都在同一个边 e 上（起点是 n_s，终点是 n_e），假设 q 点更靠近 n_s，如果二者的行驶方向均为正方向，且速度的绝对值 $|q.v|>|o.v|$，那么两者的相对运动状态就是 $qo.moving\_state=closer$，反之如果 $|q.v|<|o.v|$，则为 $qo.moving\_state=away$。诸如此类，还可以给出其他情形以判别两者的相对运动状态。

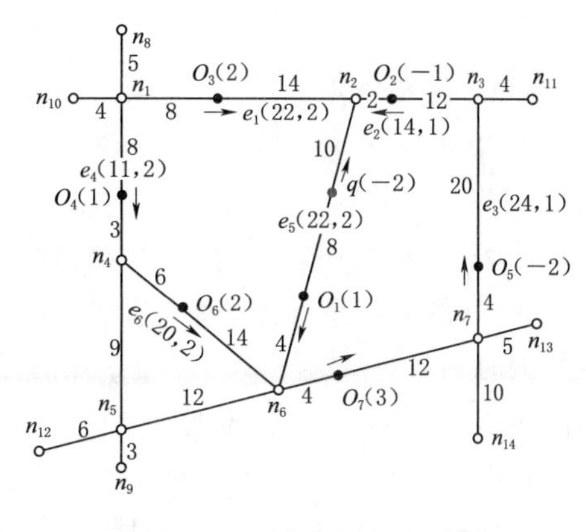

图 4-13 时刻为 0 时的路网图

2. 查询对象和被查询对象位于不同边

对于任意两条边 e_i 和 e_j，如果 $DD[i,j]=1$，假设他们所经过的同一个最短路径的两个端点分别记作 $path(e_i,e_j).inode$ 和 $path(e_i,e_j).jnode$。那么，如果 q 正在靠近 $path(e_i,e_j).inode$，而对象 o 正在远离 $path(e_i,e_j).jnode$，在这种情况下，如果移动速度 $|q.v|>|o.v|$，则两者相互接近，即 $qo.moving\_state=closer$，反之两者相互远离，即 $qo.moving\_state=away$，诸如此类还可以给出其他情形以确定两者的相对移动状态。

4.4.3.2 剪枝阶段

设 CKNN 的查询时段为 $[t_0,t_n]$，在初始时刻 t_0，针对查询点 q 点的前 k 个最邻近对象，根据他们的速度及行驶方向，计算最先到达任意一个道路节点的移动对象所在的时刻，设为 t_1，于是被分割为 $[t_0,t_n]$ 和 $[t_1,t_n]$，以此类推，最终分割为 $[t_0,t_1],[t_2,t_3],\cdots,[t_{n-1},t_n]$。

对于时间子间隔 $[t_{i-1},\ t_i]$，假设当前时刻 q 点的 KNN 查询结果为数据对象 $o_1,o_2,\cdots,o_k$，记作 $Oresult$。将他们按照与 q 点的路径距离升序排列。通过核查这些数据对象与 q 点的相对运动状态（moving_state），找到那些为“远离”（away）的对象，并找到其中排在 KNN 查询结果最末尾的一个对象，设为 o_l，对于那些相对运动状态为“靠近”（closer）且又排在 o_l 之前的移动对象，他们不可能比 o_l 点更为远离查询点 q，设这些对象的集合记录为 $Ofilter$，他们就是该时间段可以被过滤剪枝的移动对象，无须对他们进行路径距离的监测，从而有效地提高了计算效率。

对于剩下的 $Oresult-Ofilter$ 中的移动对象，根据他们在 t_{i-1} 时刻与 q 点的最短路径距离 $D_{q,o_jq}(t_{i-1})$，再结合其在 $[t_{i-1},\ t_i]$ 的速度和方向，进一步计算 t_i 时刻与 q 点的最短路径 $D_{q,o_jq}(t_i)$，计算在每个时间子间隔的最短路径距离，并选出其中的最大值，记作 MD，即 $MD=\max\{D_{q,o_j}(t_i)\}(1\leqslant j\leqslant K,0\leqslant i\leqslant n)$。假设从 q 点出发按照 MD 这个最大的最短路径距离进行扩散，并扩散到了一系列边，选出其中的最大允许速度，再乘以时间间隔 t_n-t_0，这个距离被称之为 AD，于是有 $Dpruning=MD+AD$，那么，如果在 $[t_0,$

t_n] 时段，如 D_q，$o(t)$ 小于 $Dpruning$，则该对象为候选 CKNN 对象，反之则应该被剪枝过滤。

4.4.3.3 精炼阶段

在 MSO 的模型支持下，对查询时间段 [t_0，t_n] 的候选 CKNN 对象 $Ocandidate=\{o_1,o_2,\cdots,o_i,\cdots,o_k\}(m\geqslant K)$ 作进一步的精细判断。在剪枝阶段，已经将时段细化为 $[t_0,t_1],[t_2,t_3],\cdots,[t_{n-1},t_n]$。预估 o_i 与 q 的最短路径距离和每一个时间子间隔内 $[t_{j-1},t_j]$ 的时间呈线性关系，那么对于 $Ocandidate$ 中每一个数据对象 o_i，可能有对象在更早的时刻 $t_c(t_{j-1}\leqslant t_c\leqslant t_j)$ 与 q 点的最短路径距离为 $D_{q,o_i q}(t_c)$ 就已经与当前查询结果中的第 K 个对象与 q 点的距离 $D^k_{q,o}(t_c)$ 相等，则可将以上的时间间隔再进一步细分。

对于进一步细分后的时间间隔，设其中任意一个时间间隔为 [t_{j-1}，t_j]，对于 $Ocandidate$ 中的一个数据对象 o'，对于当前 KNN 查询结果中的数据对象 o，则只有满足如下三种情况之一，才有可能替换 o 成为 KNN 查询结果。

（1）情况 1。如果 o 正在靠近查询点 q，而 o' 也正在靠近查询点 q，只有 o' 的移动速度更快，o' 才有可能替换 KNN 的查询结果 o。

（2）情况 2。如果 o 正在远离查询点 q，而 o' 正在靠近查询点 q，那么 o' 也有可能替换 KNN 的查询结果 o。

（3）情况 3。如果 o 正在远离查询点 q，而 o' 也正在远离查询点 q，只有 o' 的移动速度更慢，o' 才有可能替换 KNN 的查询结果 o。

通过对以上情况的判断，可进一步加快对候选 CKNN 查询中各个数据对象的最终确认，提高计算效率。

参考文献

[1] Langran G. Time in geographic information systems [J]. Geocarto International，1992，7 (2)：40.

[2] Langran G，Chrisman N R. A Framework For Temporal Geographic Information [J]. Cartographica：The International Journal for Geographic Information and Geovisualization，1988，25 (3)：1-14.

[3] Donna J. Peuquet. It's about Time：A Conceptual Framework for the Representation of Temporal Dynamics in Geographic Information Systems [J]. Annals of the Association of American Geographers，2015，84 (3)：441-461.

[4] YUAN M. Representation of wildfire in geographic information systems [D]. Buffalo：Department of Geography，State University of New York，1994.

[5] KOLAHDOUZAN M，SHAHABI C. Voronoi-Based K Nearest Neighbor Search for Spatial Network Databases [C]. Proceedings of the 30th International Conference on Very Large Data Bases，Toronto，Canada，2004：840-851.

[6] Man Lung Yiu，Dimitris Papadias，Nikos Mamoulis，Yufei Tao. Reverse nearest neighbors in large graphs [J]. IEEE Transactions on Knowledge and Data Engineering，2006，18 (4)：540-553.

[7] Yiu M. L.，Mamoulis N.，Papadias D.. Aggregate nearest neighbor queries in road networks [J]. IEEE Transactions on Knowledge and Data Engineering，2005，17 (6)：820-833.

[8] Dimitris Papadias，Yufei Tao，Kyriakos Mouratidis，Chun Kit Hui. Aggregate nearest neighbor

queries in spatial databases [J]. ACM Transactions on Database Systems (TODS), 2005, 30 (2): 529 - 576.

[9] Mohammad R. Kolahdouzan, Cyrus Shahabi. Alternative Solutions for Continuous K Nearest Neighbor Queries in Spatial Network Databases. [J]. GeoInformatica, 2005, 9 (4): 321 - 341.

[10] HADJIELEFTHERIOU M, G. KOLLIOS, GUNOPULOS D, TSOTRAS V J. On - Line Discovery of Dense Areas in Spatio - temporal Databases [C]. Proceedings of the 8th International Symposium on Spatial and Temporal Databases, Santorini Island, Greece, 2003: 306 - 324.

[11] JENSEN CS, LIN D, OOI B C, ZHANG R. Effective Density Queries on Continuously Moving Objects [C]. Proceedings of the 22nd International Conference on Data Engineering, Atlanta, USA, 2006: 71 - 80.

[12] Alamri S, Taniar D, Safar M. A taxonomy for moving object queries in spatial databases [J]. Future Generation Computer Systems, 2014, 37: 232 - 242.

[13] Kai Z, Shang S, Yuan N J, et al. Towards efficient search for activity trajectories [C]. Data Engineering (ICDE), 2013 IEEE 29th International Conference on. IEEE, 2013: 230 - 241.

[14] Tao Y, Papadias D, Lian X. Reverse kNN Search in Arbitrary Dimensionality [C]. Thirtieth International Conference on Very Large Data Bases. VLDB Endowment, 2004.

[15] Cheema M A, Lin X, Zhang W, et al. Influence Zone: Efficiently Processing Reverse k Nearest Neighbors Queries [C]. Data Engineering (ICDE), 2011 IEEE 27th International Conference on. IEEE, 2011: 577 - 588.

[16] Qi J, Rui Z, Jensen C S, et al. Continuous Spatial Query Processing: A Survey of Safe Region Based Techniques [J]. ACM Computing Surveys, 2018, 51 (3): 1 - 39.

[17] Cheema M A, Brankovic L, Lin X, et al. Multi - Guarded Safe Zone: An Effective Technique to Monitor Moving Circular Range Queries [C]// Data Engineering (ICDE), 2010 IEEE 26th International Conference on. IEEE, 2010: 189 - 200.

[18] Yung D, Man L Y, Lo E. A safe - exit approach for efficient network - based moving range queries [J]. Data & Knowledge Engineering, 2012, 72 (1): 126 - 147.

[19] Ping Fan, Guohui Li, Ling Yuan, Yanhong Li. Vague continuous K - nearest neighbor queries over moving objects with uncertain velocity in road networks [J]. Information Systems, 2012, 37 (1): 13 - 32.

第5章 常用空间索引方法

空间数据索引就是指依据空间对象的位置和形状或空间对象之间的某种空间关系，按一定顺序排列的一种数据结构，其中包含空间对象的概要信息，如对象的标识、外接矩形及指向空间对象实体的指针。作为一种辅助性的空间数据结构，空间索引介于空间操作算法和空间对象之间，其通过筛选作用，大量与特定空间操作无关的空间对象被排除，从而提高空间操作的速度和效率。空间索引性能的优劣直接影响空间数据库和地理信息系统的整体性能，是空间数据库和地理信息系统的一项关键技术。常见的空间索引主要包括格网索引、R树、四叉树、Kd树和B^+树，其中R树、四叉树以及他们的各种变种是应用最为普遍，综合性能最好的空间索引结构。

5.1 B树及其变种

树结构是最为常见的索引结构，例如，对于一组无序排列的数字，可以将其进行排序，再构造成二叉搜索树，即可实现对该组数字中任意一个数字的快速查找。如果用树作为索引的数据结构，每查找一次数据就会从磁盘中读取树的一个结点，也就是一页，而二叉搜索树的每个结点只存储一条数据，并不能填满一页的存储空间，那多余的存储空间就存在巨大浪费，为了解决二叉搜索树的这个弊端，就提出了多路搜索树。

5.1.1 B树—多路搜索树

完全二叉树的高度为$O(\log_2 N)$，其中2为底，也是树每层的结点个数；完全M路搜索树的高度：$O(\log_M N)$，其中M为底，也是树每层的结点个数。M路搜索树主要用于解决数据量大、无法全部加载到内存的数据存储。通过增加每层结点的个数和在每个结点存放更多的数据来在一层中存放更多的数据，从而降低树的高度，在数据查找时减少磁盘访问次数。故而每层的结点数和每个结点包含的关键字越多，则树的高度越矮，但是在每个结点确定数据就越慢。

B树[1] 就是一种M路搜索树，B树主要用于解决M路搜索树的不平衡导致树的高度变高，性能退化的问题。B树通过对每层的结点进行控制、调整，如结点分离、结点合并，一层满时向上分裂父结点来增加新的层等操作来保证该M路搜索树的平衡。

M为B树的阶数或者说是路数，在B树中，每个结点都对应于一个磁盘块（页）。每个非叶子结点存放了关键字和指向儿子树的指针，具体数量为：M阶的B树，每个非叶子结点存放了$M-1$个关键字和M个指向子树的指针。B树结构的示意图如图5-1所示。

5.1.2 B树索引

首先创建一张user表：

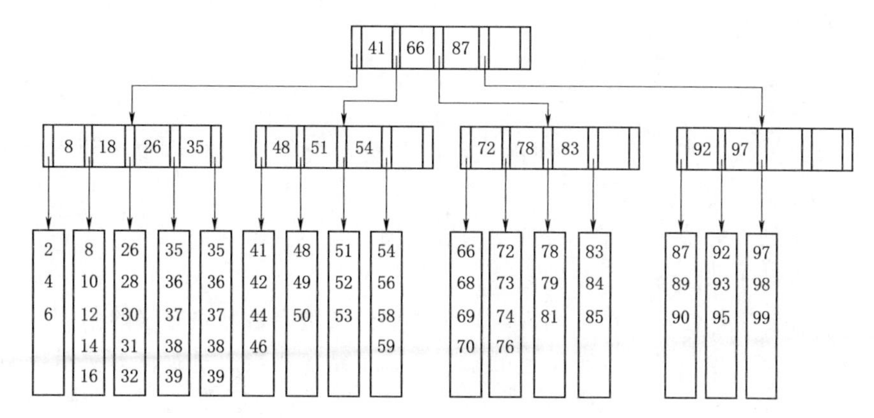

图 5-1 B 树结构示意图

```
create table user(
id int,
name varchar,
primary key(id)
)ROW_FORMAT=COMPACT;
```

假如使用 B 树对表中的用户记录建立索引：B 树的每个结点占用一个磁盘块，磁盘块也就是页，从图 5-2 可以看出，B 树相对于平衡二叉树，每个结点存储了更多的主键 key 和数据 data，并且每个结点拥有了更多的子结点，子结点的个数一般称为阶，图 5-2 中的 B 树为 3 阶 B 树，高度也会降低。假如要查找 id=28 的用户信息，那么查找流程如下：

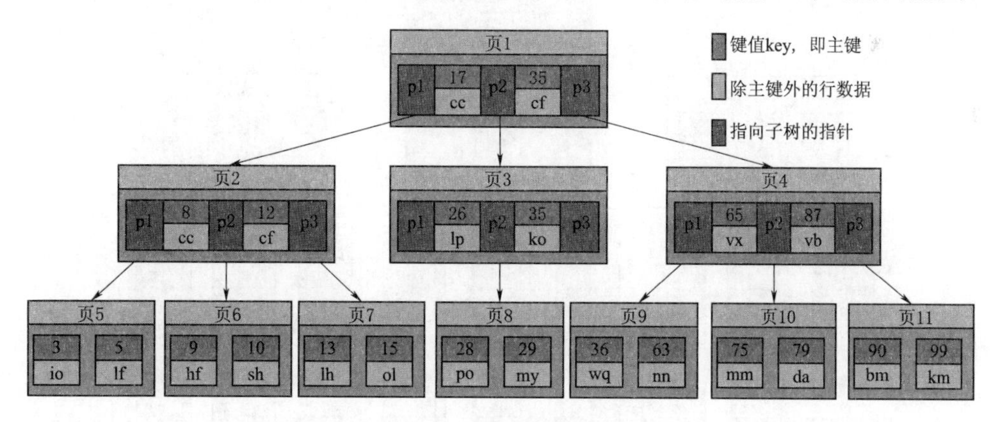

图 5-2 3 阶 B 树索引建立

步骤 1：根据根结点找到页 1，读入内存。【磁盘 I/O 操作第 1 次】

步骤 2：比较键值 28 在区间（17，35），找到页 1 的指针 p2。

步骤 3：根据指针 p2 找到页 3，读入内存。【磁盘 I/O 操作第 2 次】

步骤 4：比较键值 28 在区间（26，35），找到页 3 的指针 p2。

步骤 5：根据 p2 指针找到页 8，读入内存。【磁盘 I/O 操作第 3 次】

步骤 6：在页 8 中的键值列表中找到键值 28，键值对应的用户信息为（28，po）。

B 树相对于平衡二叉树缩减了结点个数，使每次磁盘 I/O 取到内存的数据都发挥了作用，从而提高了查询效率。

5.1.3 B⁺树索引

B⁺树[2] 是在B树基础上的一种优化，使其更适合实现对外存储数据的索引查询，B⁺树有以下几种特征：

（1）非叶子结点的子树指针与关键字个数相同。

（2）为所有叶子结点增加一个链指针。

（3）所有关键字都在叶子结点出现，且链表中的关键字恰好是有序的。

（4）非叶子结点相当于是叶子结点的索引，叶子结点相当于是存储（关键字）数据的数据层。

从图5-2中可以看到，每个结点中不仅包含数据的key值，还有data值。而每一个页的存储空间是有限的，如果data数据较大时将会导致每个结点（即一个页）能存储的key的数量很小，当存储的数据量很大时同样会导致B树的深度较大，增大查询时的磁盘I/O次数，进而影响查询效率。在B⁺树中，所有数据记录结点都是按照键值大小顺序存放在同一层的叶子结点上，而非叶子结点上只存储key值信息，这样可以大大加大每个结点存储的key值数量，降低B⁺树的高度。

对图5-2中的B树重新按照B⁺树的方法构建，结构如图5-3所示，从中可以看出，B树和B⁺树的不同主要在于如下两点：

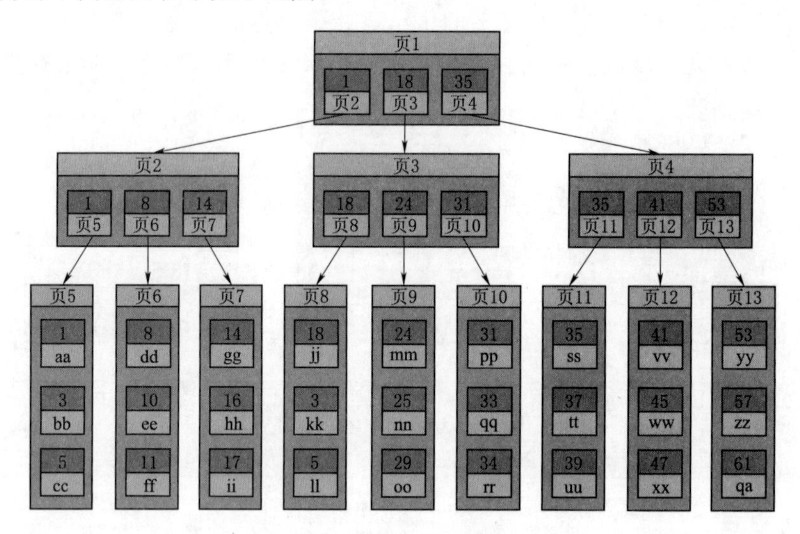

图5-3 B⁺树构建结构示意图

（1）B⁺树的非叶子结点上是不存储数据的，仅存储键值，而B树结点中不仅存储键值，也会存储数据。页的大小是固定的，如果不存储数据，那么就会存储更多的键值，相应的树的阶数就会更大，树就会更矮更胖，如此一来查找数据进行磁盘的I/O次数又会再次减少，数据查询的效率也会更快。

（2）B⁺树索引的所有数据均存储在叶子结点，而且数据是按照顺序排列的。B⁺树中各个页之间是通过双向链表连接的，叶子结点中的数据是通过单向链表连接的，通过这种方式可以找到表中的所有数据。B^+ 树使得范围查找、排序查找、分组查找以及去重查找变得异常简单。而 B 树因为数据分散在各个结点，要实现这一点是很不容易的。

5.2 KD 树及其变种

KD 树（K - Dimensional Tree 的简称）是一种对 K 维空间中的点要素进行存储以便对其进行快速检索的树形数据结构。主要应用于多维空间中数据搜索（如范围搜索和最近邻搜索）。对于一组有序排列的数字集合，可以构建二分查找树（属于平衡二叉树）进行数字元素的快速查找，如图 5 - 4 中的一组数字 {10，15，18，20，22，25}，按照二分查找的方式可以构造成一个二叉树结构。其查找数字元素的时间复杂度为 $O(\log_2 N)$，其中 N 为集合中元素的个数。如果把集合中的元素看成在一维线段上排列的一系列点。那么这个二分查找树就是一维 KD 树（或者叫做 1 - d 树）。

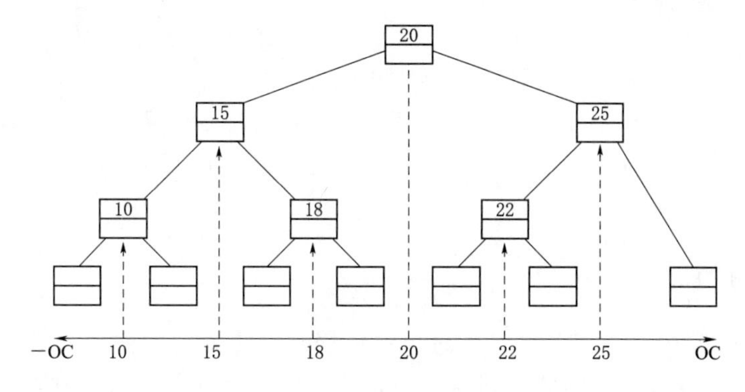

图 5 - 4　二分查找树结构示意图

按照上述思想，将上述二叉查找树中的元素推广为二维平面上的点，树的每一层按照维度轮流划分。例如，奇数层按 x 轴划分，偶数层按 y 轴划分，这样就得到一棵二维 KD 树（2 - d 树）（图 5 - 5）。

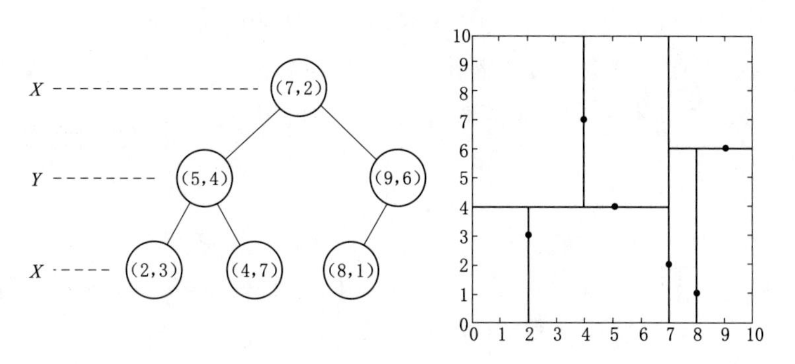

图 5 - 5　二维 KD 树

同理，还可以将元素推广到三维空间中的点，那样可以得到一棵 3 - d 树，如图 5 - 6 所示。实际上还可以推广到更高维度空间，这也正是 KD 树的含义。

5.2.1 KD树的创建

KD树[3] 不但可以应用于元素的精确查找，也可适用于地理数据库中的时空范围查询。普通的二叉树在最坏情况下会退化成链表，KD树也存在相同问题，为了提高KD树的查询性能，需要在KD树创建和维护的过程中保持平衡性。通常情况下，KD树构建方法如下：

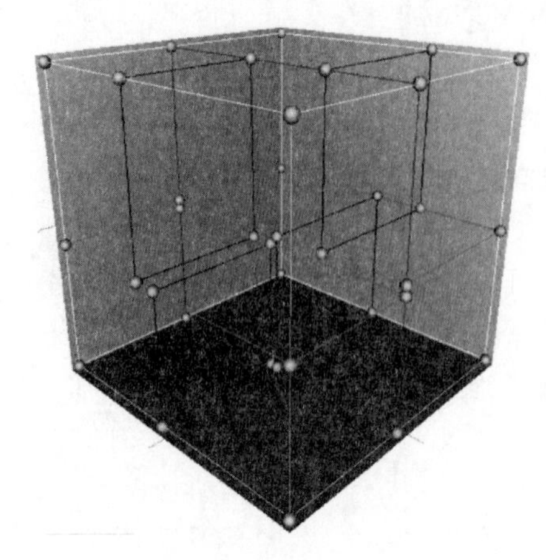

图5-6 三维KD树

(1) 对数据在每个维度的方差进行计算，选取方差最大者作为划分维度。

(2) 计算数据在划分维度的中位数，根据中位数将数据划分为2个子集，在划分维度上，小于等于中位数的数据放入左边子集，大于中位数的数据放入右边子集。

(3) 对每个子集重复步骤（1）（2）直至子集不能再划分为止。

其中，中位数的计算一般是将数据进行排序后取中间数。很明显这种方式只适用于输入点已知的静态数据，对于频繁插入删除操作的动态数据，每次重建KD树的成本过大。

5.2.2 KD树的最近邻检索

给定一个待查询点 q，利用KD树进行最近邻搜索主要包括两个部分。其一是寻找近似最近邻点，即寻找最近邻的叶子结点作为 q 的近似最近点；其二是回溯，根据 q 点和近似最近点的距离沿搜索路径进行回溯。具体步骤如下：

步骤1：从根部开始，根据所在层对应的划分维度，按照二叉查找树的方式顺着搜索路径比较待查询点与KD树结点值的大小，小于等于就进入左子树分支，大于就进入右子树分支直到叶子结点为止。将叶子结点作为 q 点的近似最近邻点。

步骤2：回溯搜索路径，并判断搜索路径上结点的其他子结点空间中是否可能有距离查询点 q 更近的数据点，如果有可能存在，则需要跳到其他子结点空间中去搜索。

步骤3：重复这个过程直到搜索路径为空。

5.2.3 KDB树

KDB树[4] 是KD树与B树的结合。如前文所述，B树通过增加子结点个数、减少树的层级解决了平衡二叉树磁盘访问效率的问题，同时B树本身也是一种自平衡树。KDB树汲取了B树的优点：既确保平衡KD树的搜索效率，又和B树一样实现面向块的存储以优化对外存设备的访问。以二维KDB树为例，建设最大子结点个数为4，KDB树数据结构示意如图5-7所示。

面向二维平面的离散点集合，KDB树一般由两种基本的结构，即区域页（region pages，非叶结点）和点页（point pages，叶结点）组成。如图5-8所示的一个KDB树数据

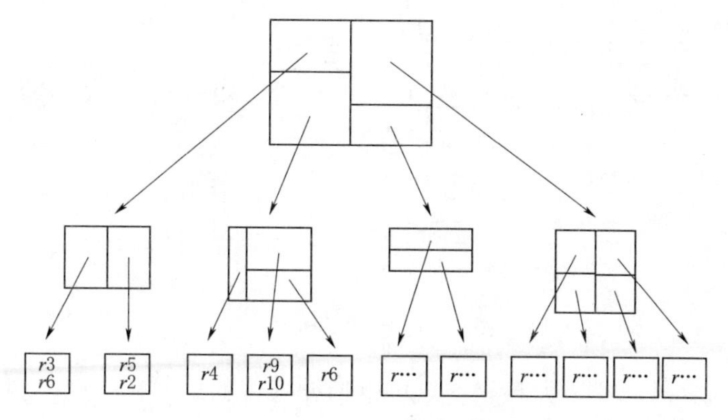

图 5-7 KDB 树数据结构图

结构包含点页存储点目标，区域页存储索引子空间的描述及指向下层页的指针。在 KDB 树中，区域页显式地存储了这些子空间信息，区域页的子空间（如 S_{11}，S_{12} 和 S_{13}）两两不相交，且一起构成该区域页的矩形索引空间（如 S_1）即父区域页的子空间。

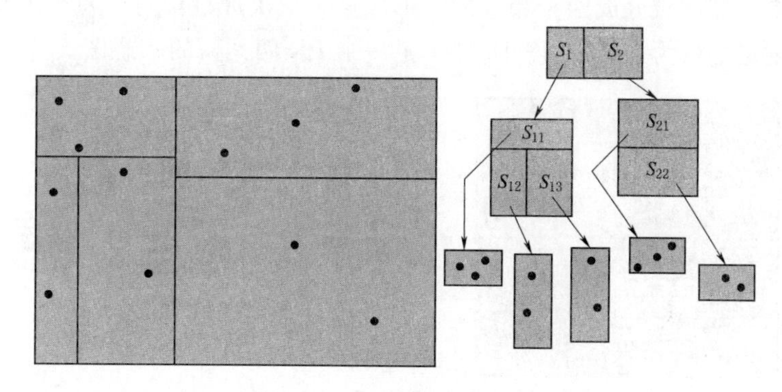

图 5-8 KDB 树基本结构图

5.3 四叉树及其变种

四叉树索引就是递归地对地理空间进行四分，直到每个分割区域只包含一个地理要素为止，最终形成一棵有层次的四叉树。四叉树索引又分为很多种类，包括点四叉树（Point Quadtree)、PR 四叉树（Point Region Quadtree)、MX 四叉树（Matrix Quadtree）等。

5.3.1 点四叉树

点四叉树[5] 与 KD 树相似，两者的差别是在点四叉树中，空间被分割成四个矩形，并分别对应于 SW、NW、SE、NE 四个象限。对于二维地理空间数据而言，以新插入的点为中心，将其对应索引空间分为两两不相交的四个子空间，分别对应于四个子树，继而递归地分割下去，直至终止。图 5-9 所示为二维空间的一棵点四叉树的例子。

查询四叉树与 KD 树的查询也比较类似，即从根结点开始，检查每个子结点是否与查询的区域相交。如果相交，则递归进入该子结点。当到达叶结点时，检查点列表中的每一

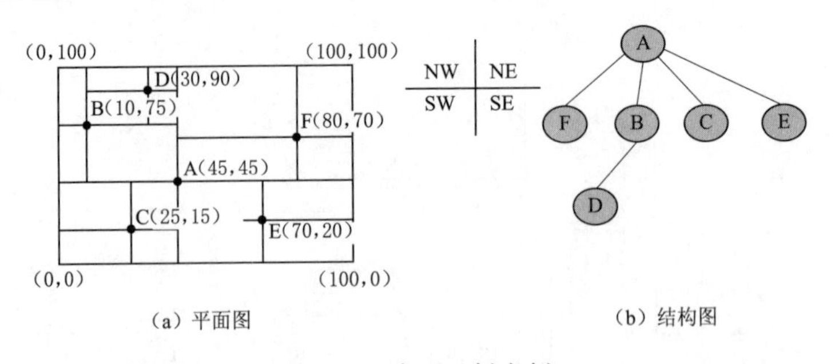

图 5-9 点四叉树实例

个项看是否与查询区域相交，如果相交，则返回此项。如果想从点四叉树中删除一个点，则会引起相应子树的重建，最为直接的方法是将该子树的所有点数据重新插入。

5.3.2 PR 四叉树

PR 四叉树[6] 不使用地理数据集中的点来分割空间。在 PR 四叉树中，每次分割空间时，都是将一个方形区域分成四个相等的方形区域，依次进行，直到每个方形区域中的元素个数不超过规定个数为止。图 5-10 展示了一个 PR 四叉树的示意图。

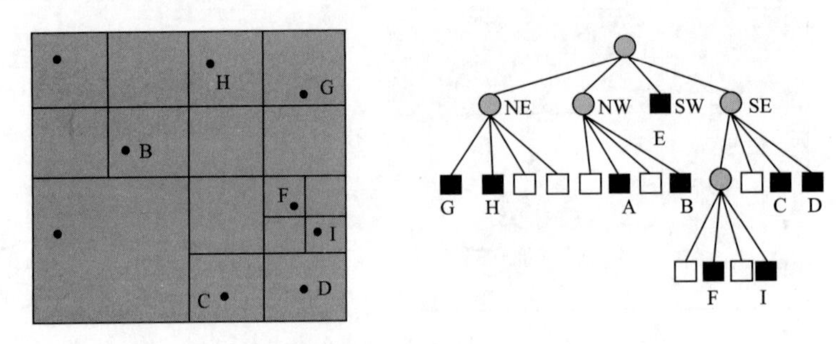

图 5-10 PR 四叉树实例

PR 四叉树不但可以索引点对象，也同样可以索引线、面等覆盖一定区域的地理对象。首先是对线、面对象提取其最小外包矩形 MBR（Minimum Bounding Rectangle），在分裂 PR 四叉树结点的过程中，一旦结点所对应的方形区域恰好能完全包含地理对象的 MBR，则该地理对象的标识码就存储在这个结点中，继续对该方形区域四分，直至不再包含任何地理对象的 MBR 为止。按照这种方法索引地理对象，地理对象的标识不仅只存储在叶子结点上，也可能存储在中间结点中，这样就避免了索引冗余，且每个结点还存储了本结点所在的地理范围。如图 5-11 所示，每一个 MBR 都能被 PR 四叉树中的一个最小方形区域所完全包含，地理对象的标识码也存储在相应的结点中。

5.3.3 Geohash 地理编码

Geohash 是一个地理编码系统（geocode system），其将经度和纬度这个二维的地理坐标编码成一个由数字和字母组成的字符串。虽然 Geohash 是基于经纬度计算出来的，但是 Geohash 并不能像经纬度那样能够表示出某个点在地图上的确切位置。实际上，Geohash 表示的是一个区域，这个区域内所有的点都有着相同的 Geohash 值。

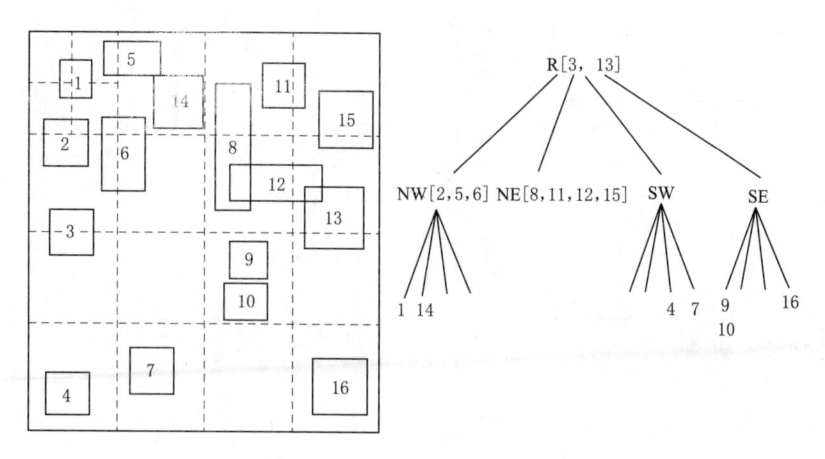

图 5-11　PR 四叉树索引结构

对于如图 5-12 所示的四叉树结构，如果给四叉树的右上、左上、左下、右下四个子结点分别编号为 00、01、10、11，那么就可以给四叉树中的任意一个结点进行编码，根据每个结点的编码还可以获取其周边八个结点的编码，并进而获取其所在区域。GeoHash 的编码方法和四叉树有着异曲同工之妙，每一个四叉树结点都是一个区域（网格），而 GeoHash 也是一个区域，四叉树的深度就对应着 GeoHash 的精度。基于位置的服务可以基于 GeoHash 而实现，例如，查找附近的人、寻找附近的餐厅等。如果两个人所处位置的 GeoHash 相同，那么可以认为这两个人在空间上是相近的。至于具体有多近，这取决于 GeoHash 所表示的位置精度。通过改变 GeoHash 的长度，也就是四叉树的深度，可以表示任意精度的位置。GeoHash 越短，其表示的区域越大，位置精度越低；相反，则表示的区域越小，位置精度越高。

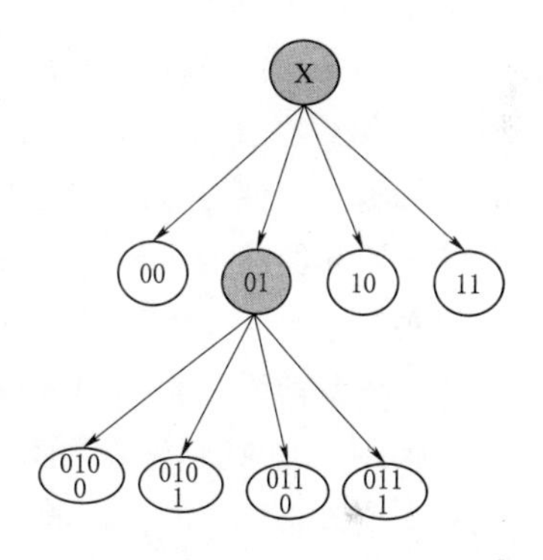

图 5-12　四叉树 GeoHash 编码实例

GeoHash 的地理编码核心思想是将地球看成一个二维平面，从两个维度分别进行区间二分，然后将每个划分区间递归地均分为更小的子块。如图 5-13（a）所示，试图对灰色方点进行 GeoHash 地理编码，其步骤如下：

步骤 1：从横向上将整个方形平面区域均分为左右两个子区域，左侧部分编码为 0，右侧部分编码为 1。

步骤 2：再将灰点所在的右侧子区域继续划分为左右两个子区域，并再次编码，最后得出灰点在横向上的编码为 10。

步骤 3：在纵向上对整个方形平面区域做同样的递归划分，下侧编码为 0，上侧编码为 1，得出灰点位置在纵向上的编码为 01。

步骤 4：按照"从第 0 位开始，偶数位放横向编码，奇数位放纵向编码"的规则将横向编码和纵向编码交叉组合，得到一个完整的二进制编码。最终得出灰点在方形平面区域上的编码为 1001。

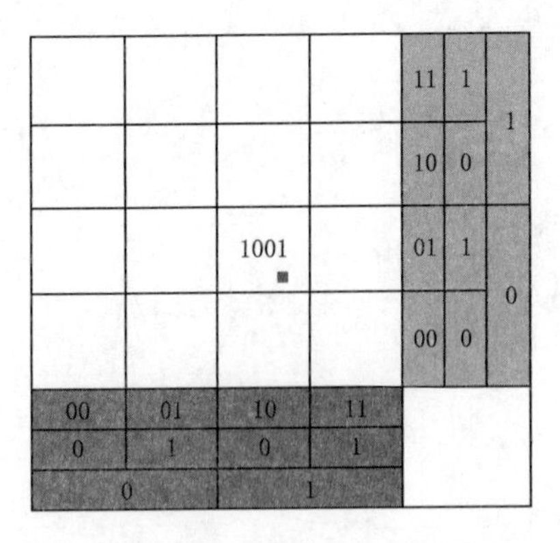

（a）对黑色方格点进行GeoHash地理编码

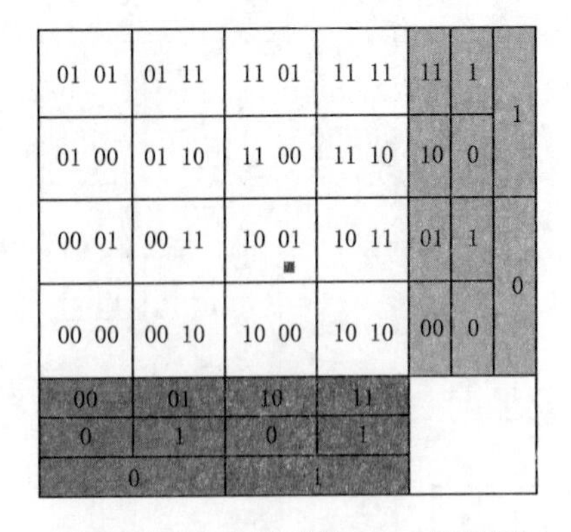

（b）对每个小方格点进行GeoHash地理编码

图5－13　GeoHash地理编码实例

将图5－13（a）中的每个方格点均按照上述步骤进行编码［图5－13（b）］，并将编码值相邻的方格连接成线，就形成了所谓的Z－Order曲线（图5－14），其是一种空间填充曲线，从数学的角度上看，空间填充曲线就是一种把N维空间数据转换到1维连续空间上的映射函数，使得多维空间上邻近的元素映射也尽可能是一维直线上邻近的点，下文还有对空间填充曲线的更详尽解释。

观察上述每个小方格的GeoHash编码，当前缀相同时，方格便具有邻近关系。故而可以通过考察前缀是否相同来查找邻近点。然而，前缀不同也未必意味着两个方格之间不邻近。例如，如果直接按照前缀相同是无法查询到灰点附近的黑点的。为此，需要将灰点周边的八个方格统一考虑，将自身方格和周边八个方格内的点都遍历一次，再返回符合要求的点。那么如何知道灰点周边方格的GeoHash编码呢？观察相邻小方格的GeoHash编码，其在横向或纵向上的二进制编码上总是相差1，根据这个关系便可以推导出周边八个方格的GeoHash编码，进而正确返回邻近点（图5－15）。

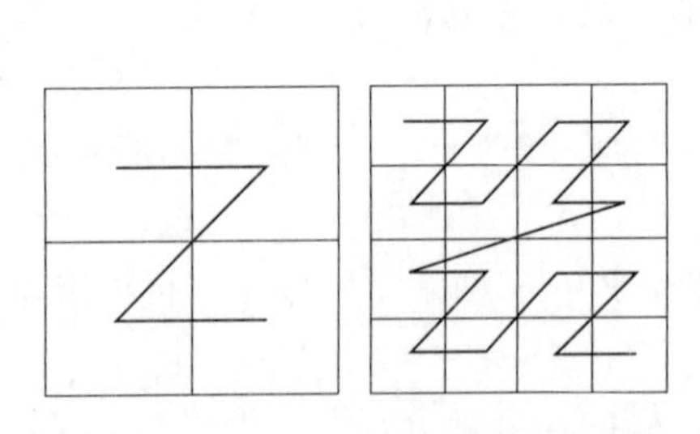

图5－14　Z－Order空间填充曲线

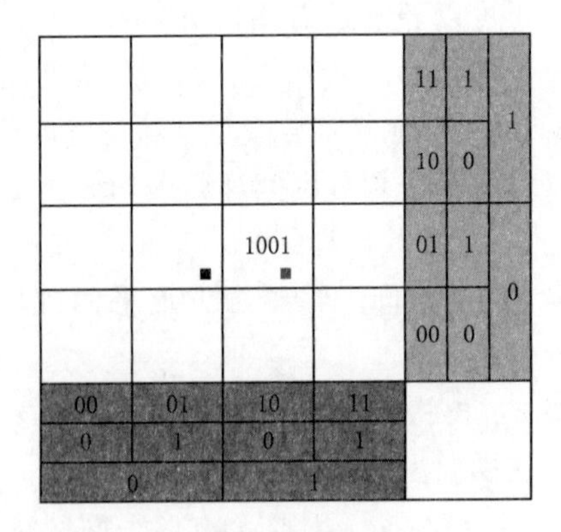

图5－15　临近点查找

将上述GeoHash地理编码的思想应用于地理坐标上，其思路是先分别计算出经度和纬度各自的二进制编码，然后按照“从第0位开始，偶数位放置经度编码，奇数位放置纬度编码”的规则将经度和纬度的编码交叉组合，得到一个完整的二进制编码。继而将二进制编码按照五个一组进行划分，计算出每一组二进制编码的十进制值并查找 base32 编码表中对应的值。最后将这些值拼接在一起就得到了 GeoHash 编码。

例如，假设有一个地理坐标（116.276349，40.040875），其 GeoHash 地理编码的步骤如下：

步骤 1：首先是对该点的经度计算其二进制编码，经度在［−180，0）范围内的编码为 0，经度范围在［0，180）的编码为 1。

步骤 2：继续对经度值所在的区域进行二分划分，经度范围在［0，90）的编码为 0，经度范围在［90，180）的编码为 1。

步骤 3：这样划分 20 次，方格的精度已可以达到 2m，得到经度的二进制编码串为 11010010101011110111。

步骤 4：对纬度按照同样方式进行递归划分，得到纬度的二进制编码串为 10111000111100100111。

步骤 5：将经度和维度的编码按照奇偶位进行交叉组合，得到 40 位的二进制串 11011 01110 00010 01110 11100 10111 01001 11111。

将这个二进制串使用 base32 编码进行映射，得到 GeoHash 编码为 3OCO4XJ7，那么 GeoHash 编码前缀为 3OCO4XJ7 的坐标点就是距离坐标点（116.276349，40.040875）2m 之内的点。如果将地理位置点和其 GeoHash 编码存入数据库，那么限定查询条件 “geo_code like′3OCO4XJ7%′” 就能够返回距离该位置 2m 以内的点。

5.4　R 树及其变种

R 树[7] 是 B 树向多维空间发展的另一种形式，其将空间对象按范围划分，每个结点都对应一个区域和一个磁盘页，非叶结点的磁盘页中存储其所有子结点的区域范围，非叶结点的所有子结点的区域都落在其区域范围之内，叶结点的磁盘页中存储其区域范围之内的所有空间对象的最小外包矩形（MBR）。每个结点所能拥有的子结点数目有下限和上限，下限保证对磁盘空间的有效利用，上限保证每个结点对应一个磁盘页，当插入新的结点导致某结点要求的空间大于一个磁盘页时，该结点一分为二。R 树是一种动态索引结构，即其查询可与插入或删除同时进行，而且不需要定期地对树结构进行重新组织。R 树是目前应用最为广泛、最为流行的空间数据索引结构。从地理信息的角度讲，R 树中的叶子结点存储每个地理对象的关键信息。如果是点对象，叶子结点只需要直接存储他们。如果是线、面地理对象，则在叶子结点中存储它们的最小外包矩形 MBR 及其唯一标识符。具体而言，R 树具有如下性质：

（1）除根结点之外，所有非根结点包含有 m 至 M 个记录索引（条目）。根结点的记录个数可以少于 m。通常 $m=M/2$。

（2）每一个非叶子结点的分支数和该结点内的条目数相同，一个条目对应一个分支。所有叶子结点都位于同一层，因此 R 树为平衡树。

（3）叶子结点的每一个条目表示一个点。

非叶子结点中的每一个条目存放数据的存储结构为：（I，Child - pointer）。*Child* -

pointer 是指向该条目对应孩子结点的指针。*I* 表示一个 *n* 维空间中的最小边界矩形 MBR，*I* 覆盖了该条目对应子树中所有的 MBR 或点。

图 5－16 所示为 R 树构造的实例，并假定每个结点限定子结点最大个数为 3 个。R 树的主要难点在于构建一棵既能保持平衡（所有叶子结点在同一层），又能让非叶子结点的 MBR 既不包括太多空白区域也不过多相交，从而更好地加快搜索效率，形成一高效的平衡树结构。

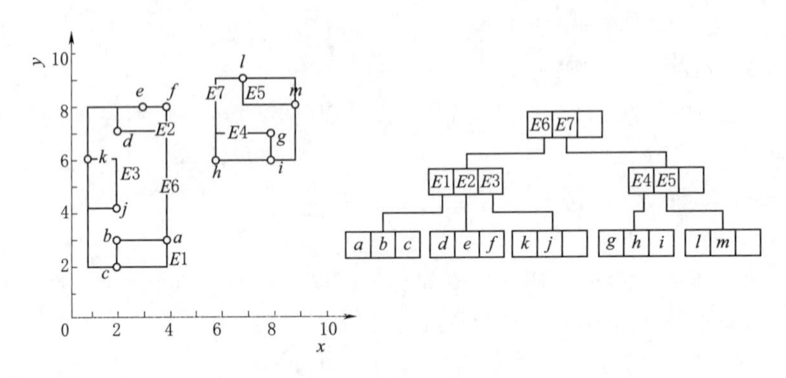

图 5－16 R 树构造实例

5.4.1 R 树的查询

1. 范围查询

R 树范围查询就是输入一个矩形查询区域，返回与该搜索范围相交或者被包含的地理对象。其过程是从根结点开始，对于搜索路径上的每个结点，遍历其 MBR，如果与查询范围相交就深入对应的分支子结点继续搜索。这样递归地搜索下去，直到所有相交的 MBR 都被访问过为止。当搜索到一个叶子结点时，如果叶子结点所存储的地理对象与搜索范围相交或者被包含，则其即为查询结果。

以图 5－17 为例，欲查询图中阴影矩形 *query* 内的所有点，首先判断 *E*6、*E*7 和 *query* 是否相交，发现 *E*7 与 *query* 相交，于是通过 *E*7 的 *child－pointer* 指针到达孩子结点，再判断 *E*4、*E*5 和 *query* 是否相交，发现 *E*4 与 *query* 相交，接下来就到达叶子结点了，然后判断每个点是否在矩形 *query* 内即可，如果在，则输出。

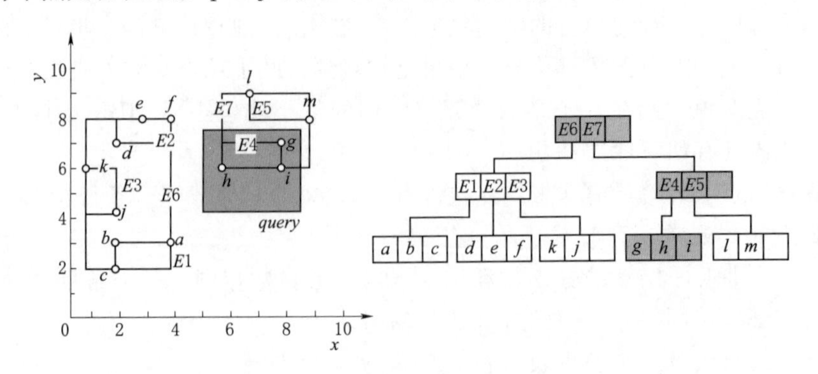

图 5－17 R 树范围查询

2. 最近邻查询

最近邻查询就是输入一个查询点，返回距离该点最近的前 k 个点，又称之为 KNN(K-Nearest Neighbor) 查询。定义一个点到一个矩形 E 的最短距离为以 q 为圆心，与 E 有交点的最小圆的半径，记作 $mindist(q, E)$。基于 R 树结构的最近邻查询主要有深度优先最近邻搜索算法和宽度优先最近邻搜索算法，下面重点介绍前者。

以图 5-18 为例，黑点 q 是查询点，假设 $k=1$，即查找距 q 最近的一个点。从根结点开始，计算 q 到该层每个结点对应 MBR 的最短距离，也即 $mindist(q, E6)$ 和 $mindist(q, E7)$，并将其从小到大排序。

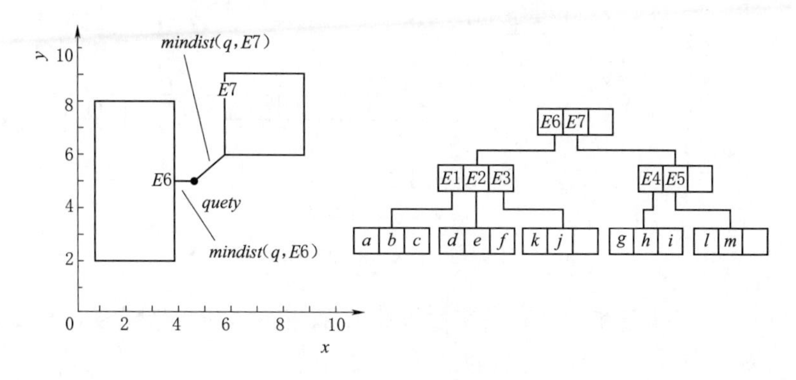

图 5-18 最近邻查询

因为 $mindist(q,E6)<mindist(q,E7)$，所以进入到 $E6$ 的分支孩子结点，如图 5-19 黑色方框所示。同样计算 $mindist(q,E1)$、$mindist(q,E2)$ 和 $mindist(q,E3)$，并从小到大排序。结果发现，q 点到 $E1$ 和 $E2$ 有相同的最短距离，于是随机选择一个，这里选择 E，进一步进入到 $E1$ 的分支叶子结点。计算点 a，b，c 到 q 点的距离，将其最小的距离记为 r，这里，显然 a 点到 q 的距离最短。这个 r 只是当前搜索结果。接下执行回溯，回到上一个结点所在层，注意 q 到 $E1$ 各分支结点的最短距离均已经计算过并升序排列，现在选择距离 q 第二近的那个结点，也就是 $E2$，此时有一步很重要的剪枝操作，可排除大量无谓的计算。也就是判断 $mindist(q,E2)$ 和 r 的大小，如果 $mindist(q,E2)>r$，那就没有必要再去搜索其子树了，因为 $E2$ 结点的 MBR 区域内的所有点到 q 的距离都不可能会比 r 更小了。

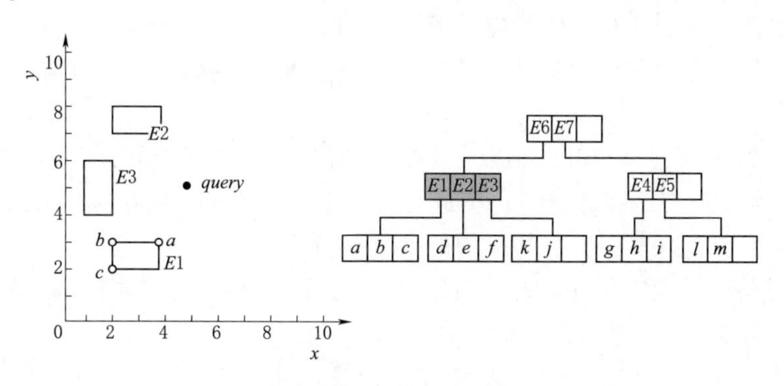

图 5-19 最近邻判断

接下来回溯到根结点所在层，因为 $mindist(q,E7)<r$，所以在 $E7$ 的 MBR 区域中可能存在到 q 的距离比 r 小的点，需要确认。故进一步访问 $E7$ 的分支孩子结点，即 $E4$ 和 $E5$，如图 5－20 所示，接下来的过程与已经执行的过程相同，即不断按照深度优先搜索顺序寻找更近的距离，到达叶子结点再不断向上回溯，并利用剪枝加快搜索效率，最终完成整个的深度优先搜索后，返回查询结果。

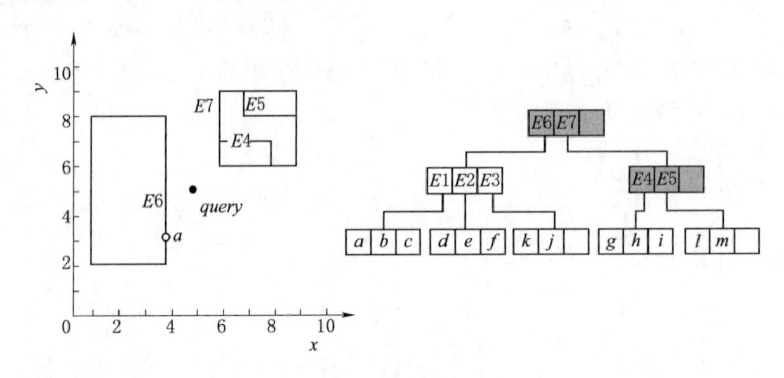

图 5－20　深度优先遍历

当 $k=2$ 时，过程也是相同的，只不过要保存最短距离和次短距离，并使用次短距离进行剪枝。当 $k>2$ 时，其 KNN 查询过程也大致相同。

5.4.2　R 树的插入

R 树的构造算法主要来自于 R 树结点的插入，R 树的构造算法一般旨在最小化结点所有的 MBR 的周长或面积总和。插入结点时，算法从树的根结点开始递归地向下遍历。检查当前结点中所有 MBR，并启发式地选择在哪个子结点中插入。例如，可选择插入后 MBR 扩张最小的那个子结点，然后进入所选子结点继续检查，直到到达叶子结点。若叶子结点溢出，那么需要对叶子结点进行分裂操作。在分裂叶子结点时也应尽量使得 MBR 之间的重叠程度较小，把新分裂的结点添加进上一层结点，如果这个操作填满了上一层，就继续分裂，直到到达根结点。如果根结点也被填满，就分裂根结点并创建一个新的根结点，这样树就多了一层。其具体步骤如下：

【Function：Insert】

描述：将新记录条目 E 插入给定的 R 树中。

步骤 1：［为新记录找到合适插入的叶子结点］开始 ChooseLeaf 方法选择叶子结点 L 以放置记录 E。

步骤 2：［添加新记录至叶子结点］如果 L 有足够的空间来放置新的记录条目，则向 L 中添加 E。如果没有足够的空间，则进行 SplitNode 方法以获得两个结点 L 与 LL，这两个结点包含了所有原来叶子结点 L 中的条目与新条目 E。

步骤 3：［将变换向上传递］开始对结点 L 进行 AdjustTree 操作，如果进行了分裂操作，那么同时需要对 LL 进行 AdjustTree 操作。

步骤 4：［对树进行增高操作］如果结点分裂，且该分裂向上传播导致了根结点的分裂，那么需要创建一个新的根结点，并且让其两个孩子结点分别为原来那个根结点分裂后的两个结点。

【Function：ChooseLeaf】

描述：选择叶子结点以放置新条目 E。

步骤 1：[Initialize] 设置 N 为根结点。

步骤 2：[叶子结点的检查] 如果 N 为叶子结点，则直接返回 N。

步骤 3：[选择子树] 如果 N 不是叶子结点，则遍历 N 中的结点，找出添加 E 时扩张最小的结点，并把该结点定义为 F。如果有多个这样的结点，那么选择面积最小的结点。

步骤 4：[下降至叶子结点] 将 N 设为 F，从步骤 2 开始重复操作。

【Function：AdjustTree】

描述：叶子结点的改变向上传递至根结点以改变各个矩阵。在传递变换的过程中可能会产生结点的分裂。

步骤 1：[初始化] 将 N 设为 L。

步骤 2：[检验是否完成] 如果 N 为根结点，则停止操作。

步骤 3：[调整父结点条目的最小边界矩形] 设 P 为 N 的父结点，EN 为指向在父结点 P 中指向 N 的条目。调整 $EN.I$ 以保证所有在 N 中的矩形都被恰好包围。

步骤 4：[向上传递结点分裂] 如果 N 有一个刚刚被分裂产生的结点 NN，则创建一个指向 NN 的条目 ENN。如果 P 有空间来存放 ENN，则将 ENN 添加到 P 中。如果没有，则对 P 进行 SplitNode 操作以得到 P 和 PP。

步骤 5：[升高至下一级] 如果 N 等于 L 且发生了分裂，则把 NN 置为 PP。从步骤 2 开始重复操作。

以下通过图 5－21 说明具体的插入过程。首先是有足够空间插入对象的情况。如图 5－21 所示，假设插入一个对象 X，其 MBR 就是黑色矩形。由于插入的 X 所在区域 P_2 的数据条目仍然有足够的空间容纳条目 X，且 X 的区域面积即 MBR 也位于区域 P_2 之内，所以这种情况下，我们认为 X 拥有足够的插入空间，可以直接插入到 P_2 的条目中。

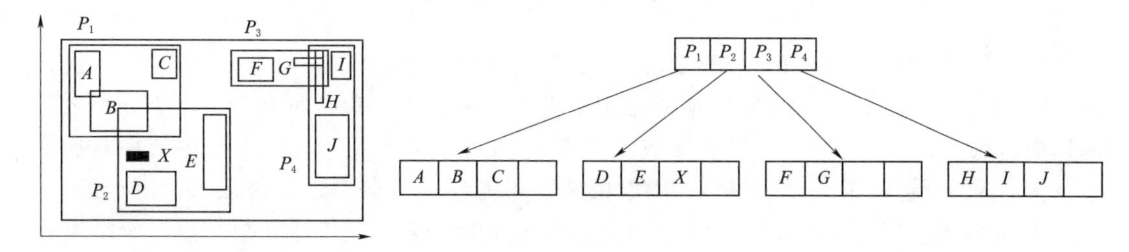

图 5－21　插入 X

其次是插入对象后，MBR 需要扩充和更新的情况。如图 5－22 所示，需要插入对象 Y，此时根结点 P_1，P_2，P_3 和 P_4 的数据条目个数也均未超过最大容量值 4 个，故而 Y 可以插入到根结点中的任意一个结点中，此时可选择添加 Y 后使得该结点的 MBR 扩充最小的结点进行插入，那么显然就是 P_2 结点，故而就插入到 P_2 结点的条目中（图 5－23）。

再次是插入对象后，需要进行结点分裂的情况，如图 5－24 所示，由于插入的 W 所在的区域 P_1 的数据条目已经没有足够的空间容纳条目 W，区域 P_1 已经容纳了四个条目

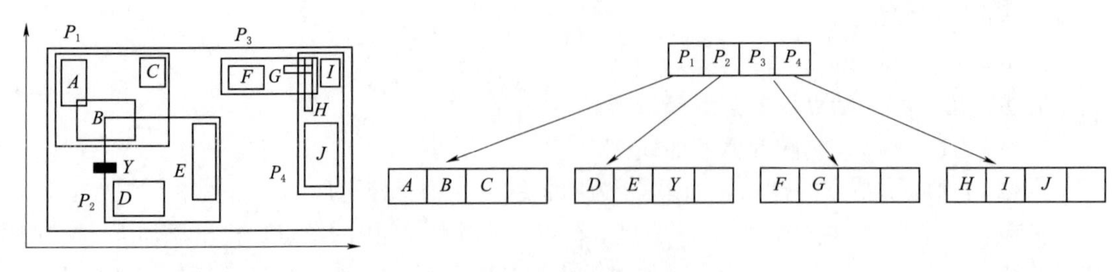

图 5-22 插入 Y

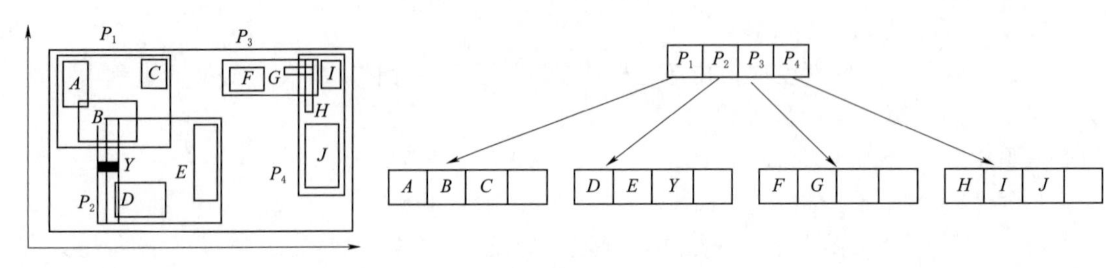

图 5-23 扩充 MBR

「A，B，C，K」了，插入 w 后孩子数为 5，超过了最大容量，所以要进行分裂操作，来保证树的平衡性。

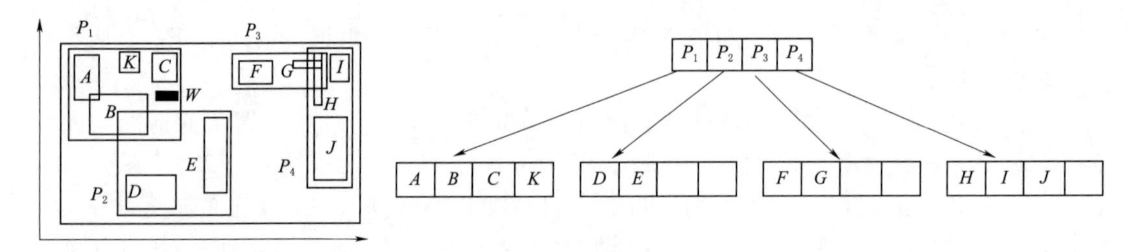

图 5-24 分裂操作

如图 5-25 所示，采用分裂算法对结点 P_1 进行合理地分裂。使其分裂成 P_1（包含 A，B）和 P_5（包含 C，K，W）两个结点。并且需要向上传递这种分裂。由于分裂之后原来根结点「P_1，P_2，P_3，P_4」变成了「P_1，P_2，P_3，P_4，P_5」，因此根结点的孩子数由 4 变成 5，超过了最大容量 4。所以根结点仍需要进行分裂，分裂成 Q_1（包含 P_1，P_2，P_5）和 Q_2（包含 P_3，P_4）两个结点，由于此时分裂已经传递到根结点，所以生成新的根结点记录 Q_1，Q_2。

这里，需要确定采用何种策略分裂结点，以尽可能地确保 R 树的查询性能。如图 5-25 中，结点 P_1 中原有的条目为「A，B，C，K」了，插入 W 后，条目超过 4 个需要进行结点分裂。通常采用启发式算法进行条目的分组，从所有条目中任选两个条目（E_1，E_2），各自的 MBR 分别记作 MBR（E_1）和 MBR（E_2）。其面积分别为 S_{E_1} 和 S_{E_2}，那么能够使得面积的增量 $d = S_{E_1,E_2} - S_{E_1} - S_{E_2}$ 增大最大的一对条目就称之为种子对（$seed_1$，$seed_2$）。按照此方法，图 5-24 中的 A 和 W 就是种子对，继而再判断各个条目距离哪一个种子更近，并将其与该种子形成一组。对某一个条目 E_i，这里判别远

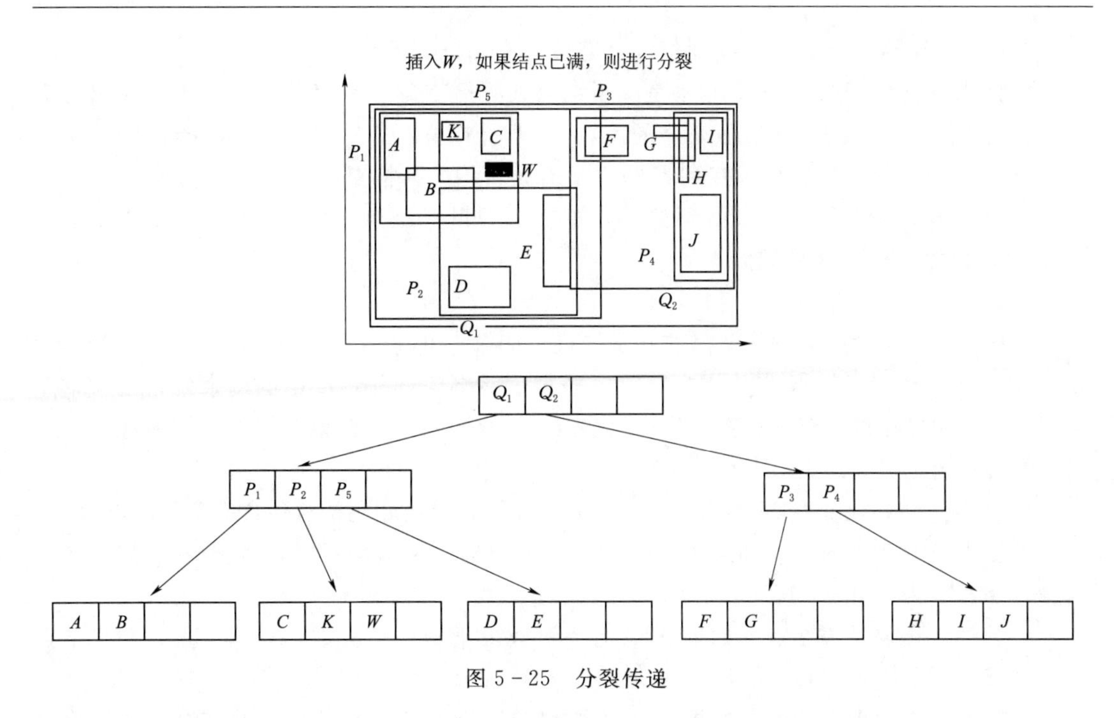

图 5-25 分裂传递

近的方法就是比较 $S_{E_i,seed_1}-S_{E_i}-S_{seed_1}$ 的值和 $S_{E_i,seed_2}-S_{E_i}-S_{seed_2}$ 的值谁更小，前者越小则分配到种子 $seed_1$ 组中，反之则分配到种子 $seed_2$ 组中，根据这种启发式算法，故在插入结点 W 后，原来的结点 $P_1(A，B，C，K)$ 分裂成 $P_1(A，B)$ 和 $P_5(C，K，W)$ 两个结点。

5.4.3 R 树的删除

将一条记录从 R 树中删除，首先要在 R 树中找到包含该记录的叶子结点。如果叶子结点的条目数过少（小于要求的最小值 m，即发生下溢），则首先将该叶子结点从树中删除，继而将叶子结点中的剩余条目重新插入到树中（均需要先插入到链表中等待）。此操作将一直重复直至到达根结点（原来属于叶子结点的条目可以使用插入操作重新插入，而那些属于非叶子结点的条目必须插入删除之前所在层的结点，以确保他们所指向的子树还处于相同的层）。与此同时，还需要调整所有涉及到的结点所对应到的 MBR 大小。其伪代码如下：

【Function：Delete】

描述：将一条记录 E 从指定的 R 树中删除。

步骤 1：［找到含有记录的叶子结点］使用 FindLeaf 方法找到包含有记录 E 的叶子结点 L。如果搜索失败，则直接终止。

步骤 2：［删除记录］将 E 从 L 中删除。

步骤 3：［传递记录］对 L 使用 CondenseTree 操作。

步骤 4：［缩减树］当经过以上调整后，如果根结点只包含有一个孩子结点，则将这个唯一的孩子结点设为根结点。

【Function：FindLeaf】

描述：根结点为 T，期望找到包含有记录 E 的叶子结点。

步骤1：[搜索子树] 如果 T 不是叶子结点，则检查每一条 T 中的条目 F，找出与 E 所对应的矩形相重合的 F（不必完全覆盖）。对于所有满足条件的 F，对其指向的孩子结点进行 FindLeaf 操作，直到寻找到 E 或者所有条目均以被检查过。

步骤2：[搜索叶子结点以找到记录] 如果 T 是叶子结点，那么检查每一个条目是否有 E 存在，如果有则返回 T。

【Function：CondenseTree】

描述：L 为包含有被删除条目的叶子结点。如果 L 的条目数过少（小于要求的最小值 m），则必须将该叶子结点 L 从树中删除。经过这一删除操作，L 中的剩余条目必须重新插入树中。此操作将一直重复直至到达根结点。同样，调整在此修改树的过程所经过的路径上的所有结点对应的矩形大小。

步骤1：[初始化] 令 N 为 L。初始化一个用于存储被删除结点包含的条目的链表 Q。

步骤2：[找到父条目] 如果 N 为根结点，那么直接跳转至CT6。否则令 P 为 N 的父结点，令 EN 为 P 结点中存储的指向 N 的条目。

步骤3：[删除下溢结点] 如果 N 含有条目数少于 m，则从 P 中删除 EN，并把结点 N 中的条目添加入链表 Q 中。

步骤4：[调整覆盖矩形] 如果 N 没有被删除，则调整 EN 使得其对应矩形能够恰好覆盖 N 中的所有条目所对应的矩形。

步骤5：[向上一层结点进行操作] 令 N 等于 P，从CT2开始重复操作。

步骤6：[重新插入孤立的条目] 所有在 Q 中的结点中的条目需要被重新插入。原来属于叶子结点的条目可以使用 Insert 操作进行重新插入，而那些属于非叶子结点的条目必须插入删除之前所在层的结点，以确保他们所指向的子树还处于相同的层（相当于插入了一棵R树）。

以图5-26为例说明R树中删除一个结点的过程，删除点 $k(1, 6)$。

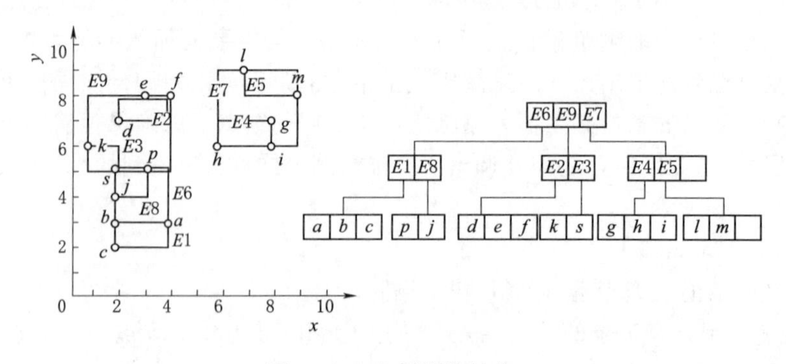

图5-26 R树删除结点

如图5-26所示，从根结点开始，找到结点 $E3$，删除 k 点后，$E3$ 中只剩下一个条目 s，开辟一个链表 Q（图中的 re-insertion list），将条目 s 存入到 Q 中。

由于 $E3$ 中的条目个数小于所规定的最小值，发生了下溢，也需要将 $E3$ 删除，将 $E9$ 结点剩余的条目 $E2$ 也存入到 list 链表中（图5-28）。

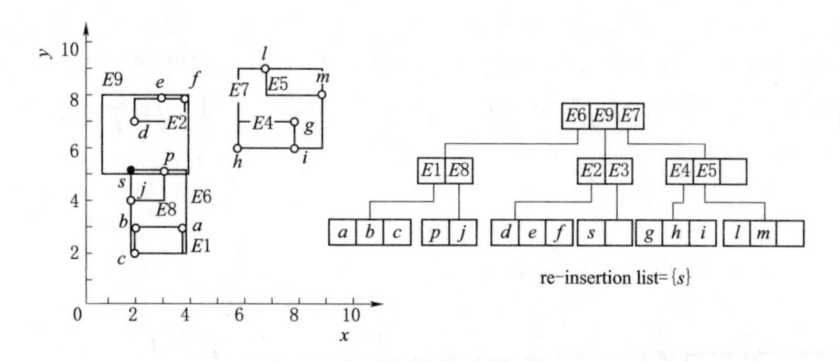

图 5-27 找到父条目

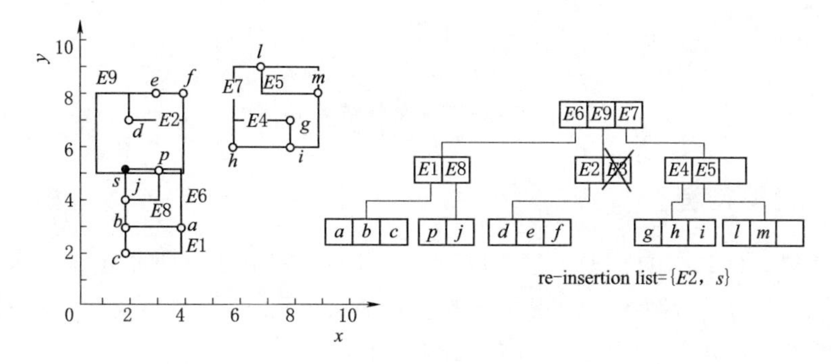

图 5-28 删除下溢结点

如图 5-29 所示，由于 $E2$ 也被存入到 Q 链表中了，需要重新插入，故此时根结点 $E9$ 也需要被删除。

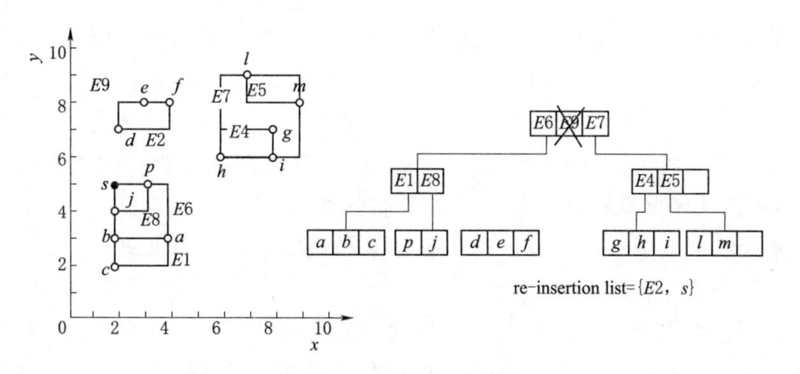

图 5-29 重新插入操作

接下来将 Q 中的项重新插入到 R 树中，首先是插入结点 s，由于 s 原属于叶子结点，按照常规结点的插入方式插入到 $E8$ 结点的条目中即可。而 $E2$ 结点还有分支结点，此时的 $E2$ 本质上也是一颗 R 子树，这里涉及的操作就是将一颗 R 子树插入到另一个 R 树中，插入一棵 R 子树就是插入 R 子树根结点所有条目所表示的 MBR。与插入一个结点相同的是，在选择条目的时候都是采用 MBR 扩张最小的原则。$E2$ 可以插入到 $E6$ 或者 $E7$ 结点，但是插入到 $E6$ 结点，MBR 扩张较小，故而插入到 $E6$ 结点的子树中。与插入一个结点不同的是，插入一个结点，最终是一定会插入到叶子结点中，但是插入一颗 R 子树时，由于 R 子树本身有高度，为了确保原有 R 树的平衡，R 子树中那些属于非叶子结点的条目必须插入删除之前所在层的结点，以确保它们所指向的子树还处于相同的层。最终结果如图 5-30 所示。

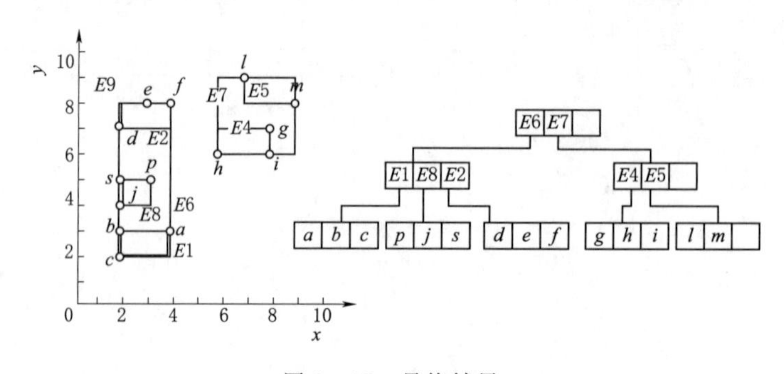

图 5-30 最终结果

5.4.4 STR 树的构造

从上述 R 树数据结构的原理论述可以看出，R 树也存在着如下不足：

(1) 建立索引的代价高昂。使用传统的插入函数来建立索引树，会涉及一系列结点的分裂、子结点的重新分布，以及矩形的求交等。

(2) 内存空间利用率不高。由于 R 树索引中每个结点不一定被子结点填满，这导致其树高有时过大，这在数据量很大时表现的比较明显。

(3) 当对索引树执行多次插入或者删除的操作后，会导致同层结点间的 MBR 交叠变大。

针对上述这些缺点，研究者针对数据较少变动的静态环境提出了紧缩 R 树（Packing-R-tree）的概念，利用其批量加载的思想提高 R 树的性能。如果事先知道被索引的全部数据，可以针对空间对象的空间分布特性按照某些规则进行分组，凡是在同一组的数据结点作为同一父结点的孩子，这样就可以减少结点 MBR 之间的交叠，优化查询性能。

Packing R 树的建立算法存在着通式，可以归纳为：

(1) 对输入的 r 个矩形进行预处理，根据某种规则对 r 个矩形进行分组，使每个分组包含的矩形数目为结点的最大容量 M。

(2) 将每个分组作为一个父结点，于是这些分组便可产生 r/M 个父结点。

(3) 将这些父结点作为输入，递归地调用索引建立过程，依次向上生成上一层结点。

STR 树（Sort-Tile-Recusive-Tree）[8] 就是 Packing-R-tree 的一种形成方式，其主要思想是将数据通过垂直和水平切片（slice）进行分组。STR 算法本质上只是 R 树的一种构建算法，故 STR 树仍是 R 树。其中，Sort 代表子结点在某维度排序，方便划分网格；Tile 代表网格化，即在某维度将数据集划分成多个切片，最终多个维度切片后综合形成结点的 MBR。Recursive 代表递归处理，即自下而上每趟构建 R 树的一层。具体地说，假设数据空间中存在着 r 个物体，每个结点最多可以容纳的 MBR 个数是 M。首先用大约 $\sqrt{r/m}$ 个垂直的切片分割整个数据，每个切片大概含有 $\sqrt{r/m}$ 个对象的 MBR，其中最后一个切片可能含有的矩形数目少于$\sqrt{r/m}$，然后对每个切片在横向上分割$\sqrt{r/m}$份，使每份大概含有 m 个对象的 MBR，大概每 m 个对象 MBR 的集合聚合在一起生成一个父结点，父结点的 MBR 包含了各个子结点的 MBR。然后按照这种方式递归地不断向上聚合，形成上一层的结点，如此这般直到根结点为止，从而形成整个的 STR 树索引结构。由于 STR 索引从全局上根据空间的邻接性对空间数据进行了分组处理，减少了结点之间 MBR 的重叠，有效利用了每个结点的存储空间，提升了静态数据 R 树的查询性能，这种思想也是后文中基于空间填充曲线构建 R 树的重要基础。

5.4.5 R$^+$树

在 R 树的基础上，也存在各种 R 树的变种结构，如 R$^+$树[9]，R*树[10] 等。R$^+$树与 R 树类似，主要区别在于 R$^+$树中兄弟结点对应的 MBR 区域无重叠，R$^+$树实际上是 R 树和 KD 树这两种空间检索方式的折中办法。为了避免子结点重叠，R$^+$树允许把同一个对象插入到多个叶子结点中，当对象跟多个子结点相交时，将其切割成多份，使每一份只跟一个子结点相交。根据具体情况，可以让每个分割持有完整或部分数据，或者把对象存储在其他地方，每个分割持有一个指向存储位置的标识符。定义覆盖范围为树上所有外接矩形覆盖的区域，重叠范围为所有存在至少两个外接矩形的区域。让覆盖范围尽量小可以减少 R 树上结点涵盖的“无效区”，也就是不存在对象的区域。让重叠范围尽量小可以减少搜索路径所访问的结点数量。就减少访问时间而言，最小化重叠范围比最小化覆盖范围更关键。为了提高搜索性能，要让覆盖范围和重叠范围都尽量小。

如图 5 - 31 所示，对于 R 树，当查询区域为 W 时，由于各个 MBR 之间相互重叠，导致搜索路径过多，不利于快速查询。

而 R$^+$树是通过分裂矩形来减少彼此间的重叠，对于上图所示情况将 G 进行拆分成 $G1$ 和 $G2$，并构造 R$^+$树结构如图 5 - 32 所示。

这样对于原先的查询区域 W，可以直接定位到结点 P，进而再定位到条目 H，从而更为快速地完成初查询操作。一般而言，R$^+$树对于点对象的查询性能较好，但是对于线、面等地理对象可能包含于多个结点中（如图 5 - 31 中的 G），因此需要更多空间，增加了树的高度，对于区域查询效果会变差，另一方面由于要始终保持 MBR 不相互重叠的状态，导致更新操作较为复杂，需要不断回溯向上调整，导致树的更新复杂度过高。

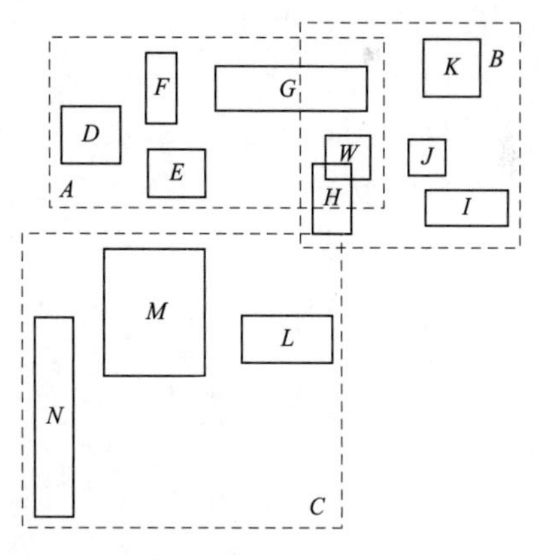

图 5 - 31 R 树查询

5.4.6 R*树

R*树和 R 树一样允许索引空间的重叠，但在构造算法 R*树不仅考虑了索引空间 MBR 的“面积”，而且还考虑了索引空间的重叠。该方法对结点的插入、分裂算法进行了改进，并采用“强制重新插入”的方法使树的结构得到优化。在结点分裂时，R*树根据

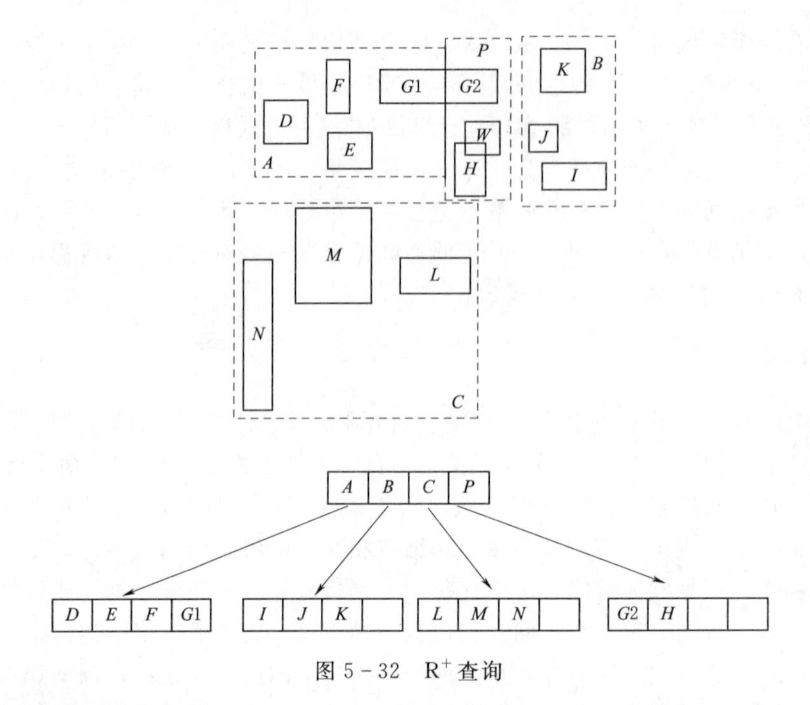

图 5-32　R⁺查询

索引空间的总周长选择最好分割轴，使得索引空间的重叠尽可能最小。但 R* 树算法仍然不能有效地降低空间的重叠程度，尤其是在数据量较大、空间维数增加时表现得更为明显。

以图 5-33 为例，10 个对象（$a,b,\cdots,j$）根据其空间接近度聚类为 4 个叶子结点 $N1,\cdots,N4$，继而自底向上聚合成为结点 $N5$，$N6$ 的孩子结点。$N5$，$N6$ 正是根结点的两个条目，这里的每个条目都表示为最小边界矩形（MBR）。具体而言，叶子条目的 MBR 表示对象的范围，而非叶子条目（如 $N1$）的 MBR 则是孩子结点中的各个 MBR（即 a、b、c）聚合而成，将其均严格包含在内。R* 树的设计目标在于提升窗口查询的效率，即下图中窗口为 q，返回查询结果为对象 i。

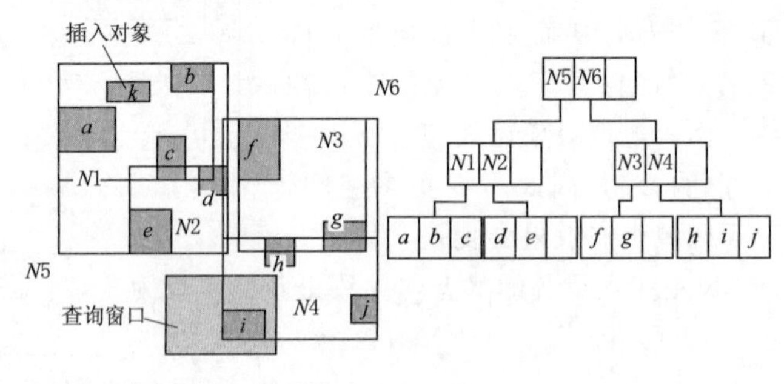

图 5-33　R* 树

R* 树构造算法旨在最小化以下惩罚函数值：①面积；②每个 MBR 的周长；③同一结点中不同条目 MBR 之间的重叠，例如 $N1$ 和 $N2$ 这两个 MBR 之间的重叠程度；④结点的 MBR 与其所包含的分支结点的 MBR 质心之间的距离，例如 $N1$ 与 a 之间的质心距离。令这些惩罚函数的最小化降低了结点的 MBR 之间相交的概率。给定一个新的条目，R* 树的插入过程采取贪婪算法在树的每一层确定最佳的分支结点以进行插入。假设在图 5-32 中的树中插入一个对象 k。在根结点中，算法选择 MBR 扩张最小的结点插入对象 k，显然，由于 k 就在 $N5$ 内，不会导致 $N5$ 的 MBR 扩大，而 $N6$ 的 MBR 则会扩充很大，故而应该选择 $N5$ 插入，接着，在下一级（也即 $N5$ 的子结点），插入算法选择因为插入条目的影响而导致各个兄弟条目之间 MBR 重叠程度增加最小的条目进行插入，例如如果选择 $N1$ 结点插入，那么对象本来就在 $N1$ 内，$N1$ 和 $N2$ 的重叠程度保持不变，但是如果选择 $N2$ 结点插入，$N2$ 的 MBR 必然需要扩大，导致与 $N1$ 的 MBR 重叠程度增加，故而应选择 $N1$ 结点插入。

如果插入过程到达叶结点（即示例中的 $N1$）后，发现叶结点已满（即已包含最大条目数），则会发生溢出。在这种情况下，R* 树的插入算法先尝试删除并重新插入结点中的一部分条目，以避免直接对结点进行分裂操作。一般选择其 MBR 的质心距离较远（排在前 30%）的条目进行重新插入，在图 5-33 中，相对于 a，c 和 k 而言，b 与 $N1$ 的质心距离最远，故而把 b 重新插入。这一步在 R* 树中被称之为强制重新插入，是与 R 树的不同之处。

如果重新插入后结点溢出仍然存在，则执行结点分裂（例如，b 重新插入到图 5-32 中的 $N1$ 后，导致 $N1$ 再次溢出）。R* 结点分裂算法由两个步骤组成。首先是将确定分割轴，也就是从 X、Y 维度中确定具有最小 MBR 总周长的轴。在 X 轴上，R* 结点分裂算法根据所有条目的左边界坐标对其进行排序（在图 5-32 中，排序应为 a、k、c、b）。在此例中，每个结点至少需要含有一个条目，按照此限制条件排列出所有条目的分组方式，也就是 1-3 划分，2-2 划分和 3-1 划分。例如，在 1-3 划分中，图 5-34（a）将排序列表的第一个条目分配到 N，其他 3 个条目组合后分配给 N'。计算 N 和 N' 的周长，并对其他划分方式（2-2，3-1）执行相同的计算。在 X 轴上，算法再根据所有条目 MBR 的右边界重复该过程。最后，X 轴上的总周长等于这两次分别获得的 MBR 总周长之和。同理，Y 轴的计算过程与此雷同。那么具有最小总周长的轴即为分割轴。

在确定了分割轴后，结点分裂算法对选定维度上的条目进行排序（根据其下边界或上边界），然后再次检查所有可能的条目划分组合方式。最后应选择分裂后的结点其 MBR 之间具有最小重叠的分割方式。在图 5-34 中，假设选定的分割轴是 X，在各种可能的分割方式中，2-2 导致零重叠（N 和 N' 之间），因此成为最终的分割方式。原有的 $N1$ 结点被分裂成 $N1$ 和 $N7$ 结点。图 5-35 展示了插入 k 后的 R* 树的变化（观察 MBR 的变化和 $N5$ 子结点添加的新条目 $N7$）。

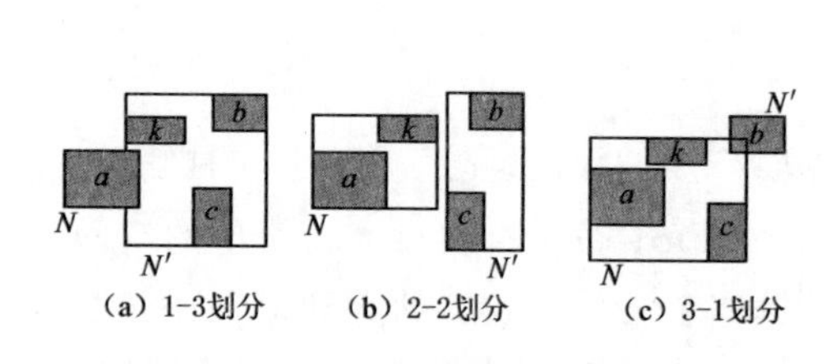

图 5-34 $N1$ 分裂时可能的划分

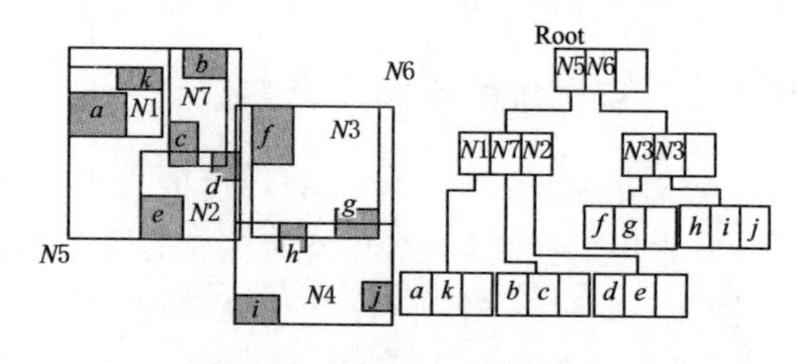

图 5-35 插入 k 后的 R* 树

R* 树的结点删除算法与 R 树基本相同。首先也是识别包含要删除的条目的叶子结点。如果结点没有产生下溢（即条目的个数仍然大于最小允许值），则直接予以删除。否则，通过使用常规的结点插入算法重新插入结点的所有条目来处理下溢。上溢和下溢都可能传播到上层，他们的处理方式相同。

5.5 空间填充曲线

R 树的构建方法一般都是从一颗空树开始，通过将记录逐个插入直至生成整个树，这个过程会频繁触发索引结构的动态维护，这对于海量空间数据的初始化而言耗时巨大，代价过高。前文述及 STR 树时提到了采用紧缩批量加载（Packing）的方式自底向上构建 R 树的思路。也就是说，可以在数据已知且相对静态的情况下尽可能提高 R 树的构建速度并优化索引结构。STR 树中的一个关键要点就是确定被索引对象的空间位置邻近关系，尽可能地将位置上相邻的空间对象合并为同一个结点，从而提升 R 树的查询性能。这可以借助空间填充曲线来实现。

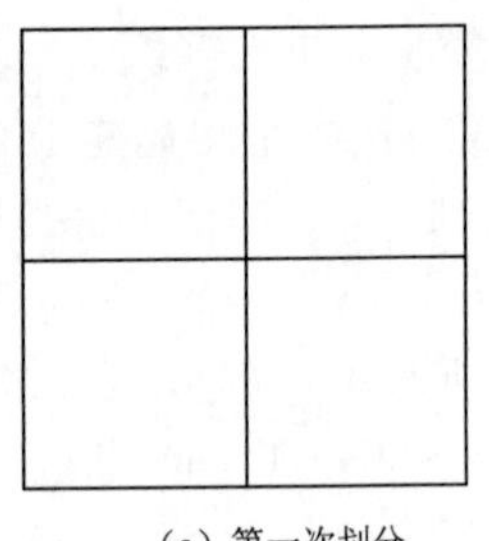

（a）第一次划分

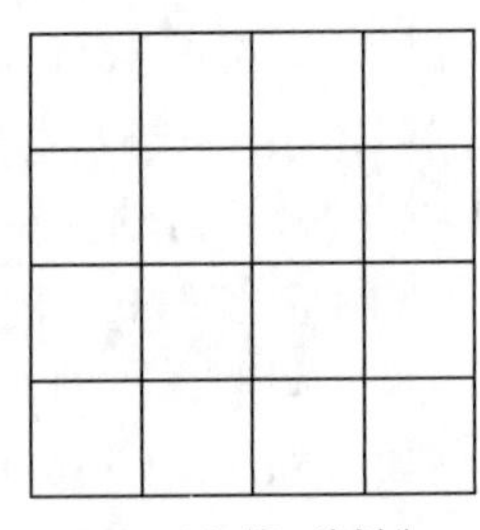

（b）第二次划分

图 5-36 空间划分

空间填充曲线是一种空间维度降维技术，是由意大利科学家皮亚诺于 1890 年首次构造出来的，并由希尔伯特于 1891 年正式提出的，空间填充曲线是将高维空间数据映射到一维空间，并利用转换后的索引值存储和查询数据。空间填充曲线通过有限次的递归操作将多维空间划分为众多的网格（图 5-36 所示），再通过一条连续的曲线经过所有的网格。基于空间填充曲线构建 R 树也可以实现紧缩 R 树（Packing R Tree）的核心目标，空间填充曲线还可以与四叉树相互结合，形成一套独特的编码系统。

从数学的角度上看，可以将空间填充曲线看成是一种把 d 维空间数据转换到 1 维连续空间上的映射函数。实际上，存储磁盘是一维的存储设备，而空间数据是多维数据，不存在天然的一维顺序。因此，为了使空间上邻近的元素映射也尽可能是一维直线上接近的点，提出了许多的映射方法。最常用的方法包括 Z-Ordering 曲线、Hilbert 曲线和 XZ-Ordering 曲线，其中 Z-Ordering 和 Hilbert 曲线主要用于管理点对象，XZ-Ordering 曲线用于管理空间扩展对象，如线和面对象。

5.5.1 点对象的空间填充曲线

点对象是指只具有经度和纬度的二维空间数据。Z-Ordering[11] 曲线和 Hilbert 曲线[12] 常用于管理点对象的空间填充曲线 Z 曲线（Z-Ordering 曲线）是较简单的空间填充曲线。如图 5-37 所示，Z 曲线递归地将空间分成四个子空间，直到达到最大递归次数 r，最大分辨率控制着最小网格的大小。每一个空间分裂出的四个子空间分别按照图 5-37（a）所示的方式从 0 到 3 编号。如果没有达到最大分辨率，则继续划分每一个子空间，并依次递归编码，如图 5－37（b）所示。最终，每个最小网格都会有唯一的编码序列。通过一条曲线按照编码的字典序将最大分辨率下的所有网格连起来，可以看到每一层的编码形成的形状类似字母 Z。通常，字符串的大小比较没有整数比较效率高，进而影响查询效率。因此，在实际使用中，会将 Z 曲线的编码序列转化为整数。如图 5－38 所示，Z 曲线从整数 0 开始按照曲线的连接顺序对网格依次递增编码。

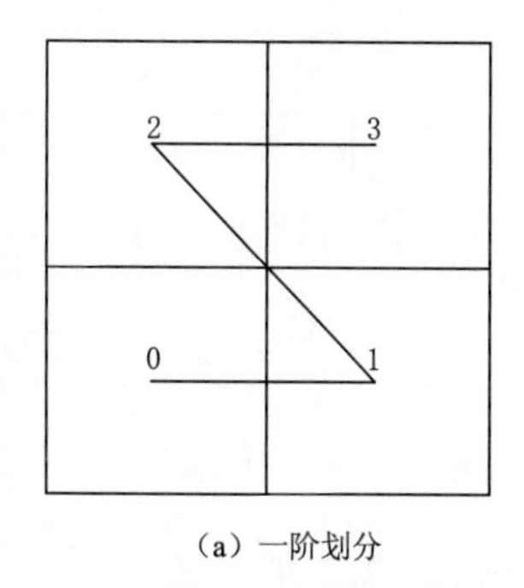

（a）一阶划分

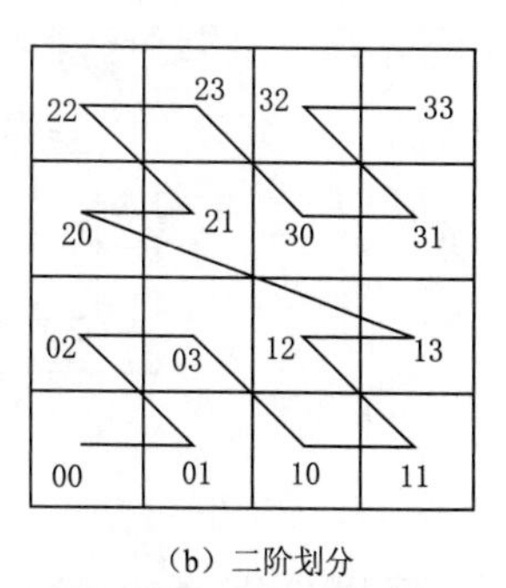

（b）二阶划分

图 5－37　Z 曲线示意图

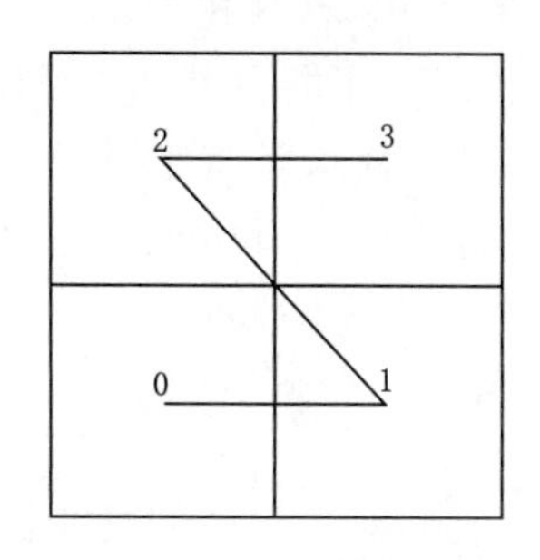

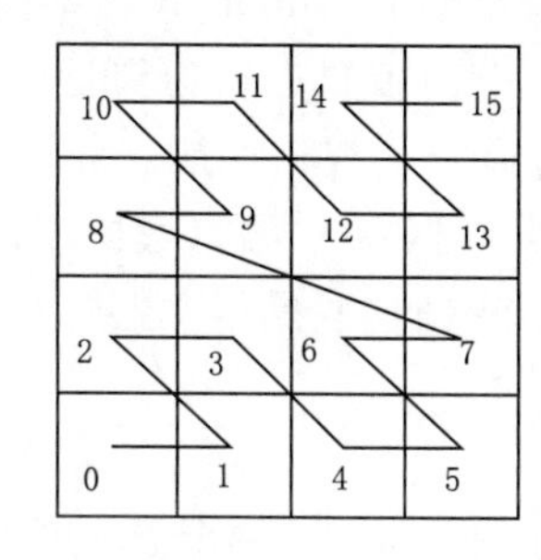

图 5－38　Z 曲线整数编码

Hilbert 曲线：Hilbert 曲线是一种能填充满一个平面正方形的分形曲线（空间填充曲线）。如图 5－39 所示，Hilbert 曲线通过把一个平面正方形间不断地分成 4 个子空间，再把子正方形的中心点连接起来得到的曲线，即 Hilbert 曲线。在 Hilbert 曲线的编码映射中，使用 U 字形来访问每个空间，对分成的 4 个子空间也同样使用 U 字形访问，但要调整 U 字形的朝向使得相邻的空间能够连续起来。如图 5－39（a），在第一层时，选择一个起始点和方向，然后用 0 到 3 依次给四个子空间编号。然而，当层数大于 1 时，需要不断变换 U 字形的朝向。我们发现，子空间的曲线是由原空间的简单变换得来，而且只存在四种变换方式，并且相同的变换也适用于子空间的子空间等等。给定一个平面正方形空间，我们根据它的 U 字形曲线朝向来确定其四个子空间的 U 字形曲线朝向和编号。如图 5－40（a）所示，当 U 字形朝向为下时，Hibert 曲线从左下角开始按照顺时针方向分别对其四个子空间编号为 0 到 3，并且当进一步划分四个子空间时，它们的 U 字形朝向分别为左、下、下、右。其他朝向的 U 字形变换和编号方式，如图 5－40（b）、（c）、（d）所示。如此这般，Hilbert 曲线会按照曲线的前进顺序从整数 0

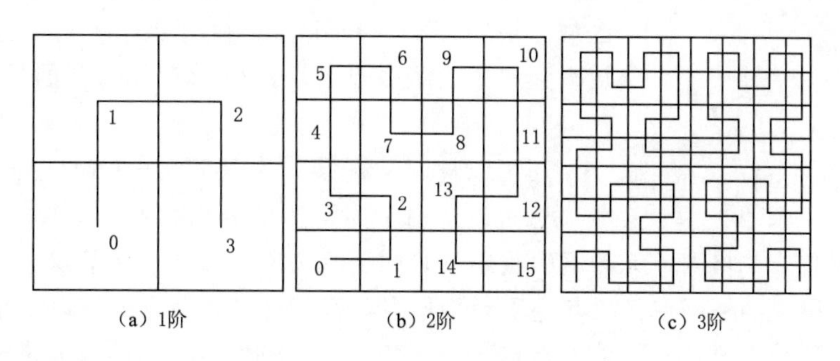

（a）1阶　（b）2阶　（c）3阶

图 5－39　Hilbert 曲线编码

开始给所有网格进行编码。

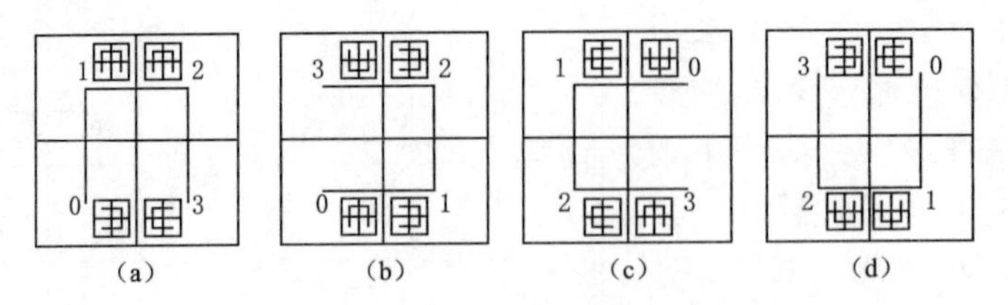

图 5-40 Hilbert 曲线的四种变化

利用 Hilbert 曲线同样可以构建紧缩性的 Hilbert R 树结构。例如，可计算每个点对象的 Hilbert 曲线编码，将他们进行排序。然后按照顺序将每 C 个（C 是设定的 R 树的阶数，例如可设置为 4 个）点对象合并成为 R 树上的一个结点，这就向上生成了一层 R 树，然后如此这般递归地继续自底向上构造成整个 Hilbert R 树结构，在 Hilbert R 树中，同一个结点中的各个条目所对应的 MBR 在空间位置上较为靠近，这就减少了每层结点 MBR 的面积和兄弟结点 MBR 的重叠，从而提升了查询性能。像 Hilbert R 树这类基于空间填充曲线的 R 树变种不但可以适用于静态数据 R 树的自底向上的构造，也能适用于动态数据 R 树的构造，可适用于插入、删除、更新这些操作发生非常频繁的动态数据库。

5.5.2 空间扩展填充曲线

空间数据除了点状对象外，还有线和多边形等占有一定区域的空间对象。他们具有长度或者面积等属性。一种方法是将线、面等空间对象覆盖的每格网单元都存储在数据库中。显然，这种方法会导致巨大的存储开销，除非基本网格单元非常粗糙。再一种方法是由包含该完整对象的最小的网格单元来表示，这种方法能够较好地避免数据冗余，但也可能导致对空间对象的描述过于粗糙。针对这类问题，XZ-Ordering[13] 索引能够在一定程度上避免 Z-Ordering 索引的一些不足。

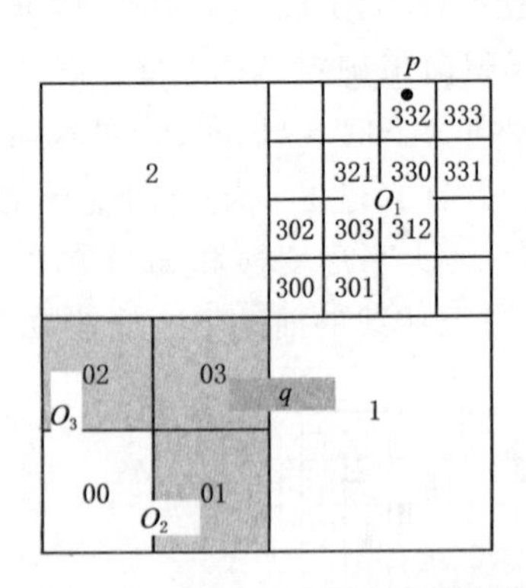

图 5-41 XZ-Ordering 示意图

所谓 XZ-Ordering 索引，它是对 Z 曲线的一种扩展，提出了一个放大格网单元的概念。其固定住 Z 曲线每一个子空间的左下角，然后将其长和高都扩大一倍得到更大的索引空间，得到的索引空间称作扩大元素。如图 5-41 所示，子空间“00”被扩张到了“0”所覆盖的子空间，“303”扩张为由“303”“312”“321”“330”这四个子空间组成的索引区域。最终，XZ-Ordering 利用恰好能完全包含多边形的放大元素来表示多边形，如 O_1 被“303”的扩大元素表示，O_2 和 O_3 被“00”的扩大元素表示。

还可以从四叉树结构来理解 Z-Order 空间填充曲线。其显然可以应用于四叉树的索引编码，如图 5-42（b）所示，“311”就是一个格网单元的索引编码，其位于四叉树中的第三层节点。XZ-Order 是将四叉树每个层级的格网单元以其左下角为原点，将其宽度和高度都乘以二倍。如下图中“03”和“311”结点所在格网单元被扩充后，变为图 5-42（c）中的放大格网单元。

由于 XZ-Ordering 索引使用了不同分辨率的索引空间表示多边形对象，因此其索引空间数量不只是最大分辨率的网格数量。因为，分辨率每增加一次，Z 曲线的每个子空间都会分裂出四个新的子空间，而每个子空间也可以扩展为 XZ - Ordering 的扩大元素。因此，XZ - Ordering 拥有 4^i 个处于分辨率 i 的索引空间。进而，它能表示的所有索引空间的数量为不同分辨率下的索引空间数量的累加值。XZ - Ordering 实际能表示的索引空间数量为 $4^l+4^{l-1}+\cdots+4^i+\cdots+4^0=(4^{l+1}-1)/3$ 其中，l 表示最大分辨率。

XZ - Ordering 同样会用一个整数来编码索引空间，并且尽量满足空间相近的索引空间具有相近的整数值。它采用类似深度优先搜索的方式进行编码。也就是树的先序遍历顺序。图 5 - 43 所示为 XZ - Ordering 最大分辨率为 2 时的编码。

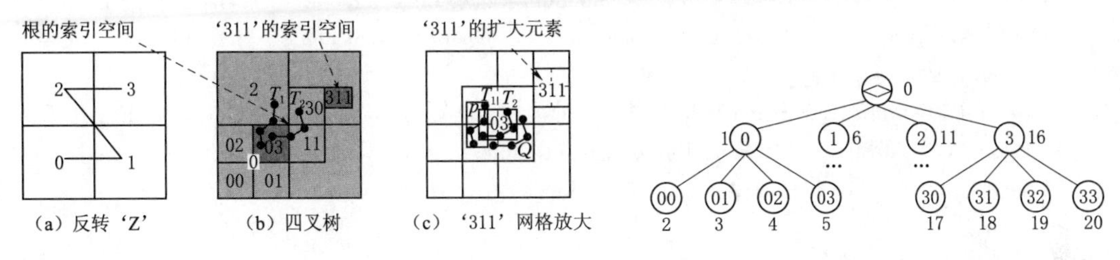

图 5 - 42 Z - Order 曲线空间填充曲线的四叉树结构

图 5 - 43 XZ - Ordering 最大分辨率为 2 时的编码

总而言之，空间填充曲线将多维数据转换到一维整数域上，并且尽可能保持了多维空间的特性，使得空间相近的索引空间在转换后的整数上也尽可能地相近。Z 曲线和 Hibert 曲线是较为常用的空间填充曲线，其中 Z 曲线较容易实现。XZ - Ordering 扩展了 Z 曲线，使得其能较好地表示非点空间对象，如线和多边形对象。

参考文献

[1] Bayer R, McCreight E. Organization and maintenance of large ordered indices [C]//Proceedings of the 1970 ACM SIGFIDET (Now SIGMOD) Workshop on Data Description, Access and Control. 1970: 107 - 141.

[2] Abel D J. A B+- tree structure for large quadtrees [J]. Computer Vision, Graphics, and Image Processing, 1984, 27 (1): 19 - 31.

[3] Ramasubramanian V, Paliwal K K. Fast k - dimensional tree algorithms for nearest neighbor search with application to vector quantization encoding [J]. IEEE Transactions on Signal Processing, 1992, 40 (3): 518 - 531.

[4] Robinson J T. The KDB - tree: a search structure for large multidimensional dynamic indexes [C]//Proceedings of the 1981 ACM SIGMOD international conference on Management of data. 1981: 10 - 18.

[5] Samet H. The quadtree and related hierarchical data structures [J]. ACM Computing Surveys (CSUR), 1984, 16 (2): 187 - 260.

[6] Samet H, Webber R E. Storing a collection of polygons using quadtrees [J]. ACM Transactions on Graphics (TOG), 1985, 4 (3): 182 - 222.

[7] Guttman A. R - Trees: A dynamic index structure for spatial searching [C]. ACM SIGMOD Record, 1984. 47 - 57.

[8] Leutenegger S T, Lopez M A, Edgington J. STR: A simple and efficient algorithm for R - tree

packing [C]. In Proceedings 13th international conference on data engineering. IEEE, 1997. 497 - 506.

[9] Sellis T, Roussopoulos N, Faloutsos C. The R+- Tree: A Dynamic Index for Multi - Dimensional Objects [R]. 1987.

[10] Beckmann N, Kriegel H P, Schneider R, et al. The R* - tree: An efficient and robust access method for points and rectangles [C]//Proceedings of the 1990 ACM SIGMOD international conference on Management of data. 1990: 322 - 331.

[11] Orenstein J A, Merrett T H. A class of data structures for associative searching [C]//Proceedings of the 3rd ACM SIGACT - SIGMOD Symposium on Principles of Database Systems. 1984: 181 - 190.

[12] Hilbert D, Hilbert D. Über die stetige Abbildung einer Linie auf ein Flächenstück [J]. Dritter Band: Analysis · Grundlagen der Mathematik · Physik Verschiedenes: Nebst Einer Lebensgeschichte, 1935: 1 - 2.

[13] BÖxhm C, Klump G, Kriegel H P. Xz - ordering: A space - filling curve for objects with spatial extension [C]//Advances in Spatial Databases: 6th International Symposium, SSD'99 Hong Kong, China, July 20—23, 1999 Proceedings 6. Springer Berlin Heidelberg, 1999: 75 - 90.

第6章 大规模移动对象及其轨迹数据时空索引方法

移动对象数据库（Moving Objects Databases，MOD）是指对位置不断移动的物体或目标（如汽车、飞机、轮船、行人等）的动态位置及其他相关属性进行表示与管理的数据库。越来越多的基于位置的服务应用（Location Based Service，LBS）要求对移动对象进行管理，而定位技术和无线通信技术的发展使得跟踪和记录大规模移动对象的位置成为可能。在典型的移动对象数据库系统中，通常存放着海量移动对象的时空数据。例如，一个大中型城市的移动对象数目可以达到数百万甚至更多。为了支持对这些移动对象过去及当前位置的查询，有效的时空索引手段是需要解决的关键问题。如果在查询过程中对所有的运动物体逐一地进行扫描，系统的性能会受到明显的影响，移动对象及其轨迹数据属于典型的时空数据的一种，由于其时间和空间特征的复杂性，很难用一种索引结构适应于所有应用场景，一般需要根据不同的应用类型设计不同的索引结构。为了支持高效的查询处理，大量研究者对移动对象及其轨迹数据设计并提出了不同的索引技术及时空访问方法。其主要分为：①对历史移动对象的时空索引；②对当前移动对象的时空索引；③对未来移动对象的时空索引；④对所有时间点移动对象的时空索引；⑤对文本语义移动对象的时空索引。以下对各类移动对象时空索引结构进行分类介绍。

6.1 对历史移动对象的时空索引

对历史移动对象的时空索引结构主要包括 FNR 树、MON 树、NTDR 树等。这几种代表性的时空索引结构通常都是对运行在交通道路网络中车辆的历史轨迹进行时空索引。

6.1.1 FNR 树

FNR 树（Fiexed Network R - Tree）[1] 具有两层 R 树结构：上层是一棵静态的二维 R 树，用来索引道路网中的道路，其每一个叶子结点包含一条路段的最小边界矩形（Minimum Bounding - Rectangle，MBR）及路段的行驶方向信息。下层是一系列一维 R 树，上层二维 R 树的叶子结点中还包含了指向下层一维 R 树的指针，每棵一维 R 树对应于上层二维 R 树中所存储的路段存储了该条路段上移动对象进出路段的时刻，从而实现对该移动对象在该路段上的索引。当移动的物体通过一条路段的两端时，索引插入操作的过程是首先在二维 R 树中找到该路段所在叶结点，继而在所属叶结点对应的一维 R 树中插入相应的记录。

这种索引结构的优点是其可以有效地索引在路网运动的移动对象，并采用两层 R 树结构来减少三维轨迹的维数，但也存在局限性。例如，顶部的二维 R 树的每一个叶子结点只对应一条道路路段，导致产生过多的叶子结点。底部的一维 R 树只记录移动物体在道路上的时间，使索引结构无法在物体停止移动或改变行驶方向时反映该物体的具体信息。实际上，移动对象在 2D 固定网络中移动时，可随时改变方向或停止移动。同时，移动对象在通过路网两端时，必须发送其当前的位置信息，这样会导致大量的插入操作，因此该索引在处理基于道路网络中路网移动对象的轨迹查询时效率较低。

6.1.2　MON 树

针对 FNR 树索引结构的缺点，文献［2］提出了一种新的索引结构 MON 树（Moving Objectsin Networks tree）。该索引结构使用顶部的 2DR 树和哈希表结构来索引交通网络中的各个路段，而底部的 2DR 树用于索引移动对象。只要路网在 MON 树结构的整个生命周期期间保持不变，顶端的 2DR 树就是一棵静止的树。假设移动对象总是沿着图 6－1 所示的道路网络中的路径移动，则 MON 树索引结构便如图 6－2 所示。MON 树对 FNR 树的最大改进在于，对交通网络的组织不再以直线线段为单位，而是以折线（polyline）表示的道路（route）或者边（edge）为单位。这样不仅减少了记录的个数，而且降低了表示移动对象跨越不同下层 R 树的工作量。

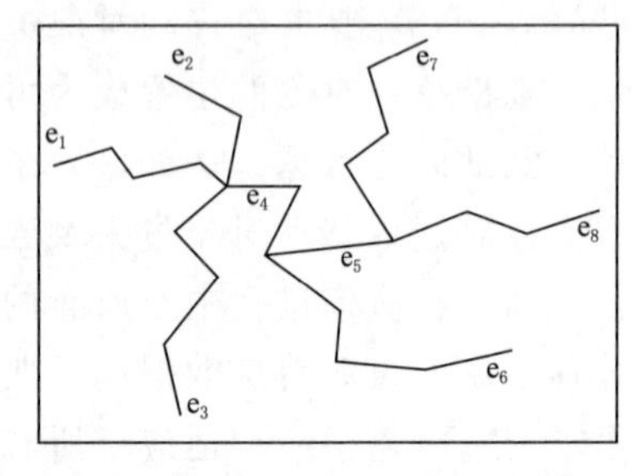

图 6－1　基于路线的道路网络模型

实验结果表明，MON 树比 FNR 树具有更好的性能。然而 MON 树仍然存在着一些缺陷，主要表现在上下两层只能选择相同的网络模型（edge－based 或 route－based）。当选择 edge－based 模型时，下层 R 树的数目较多，且需要使用较多的数据来表示移动对象从一条边向另一条边的转换；反之，当选择 route－based 模型时，上层 R 树的 MBR 之间会有大量的重合，将直接导致查询性能的下降。

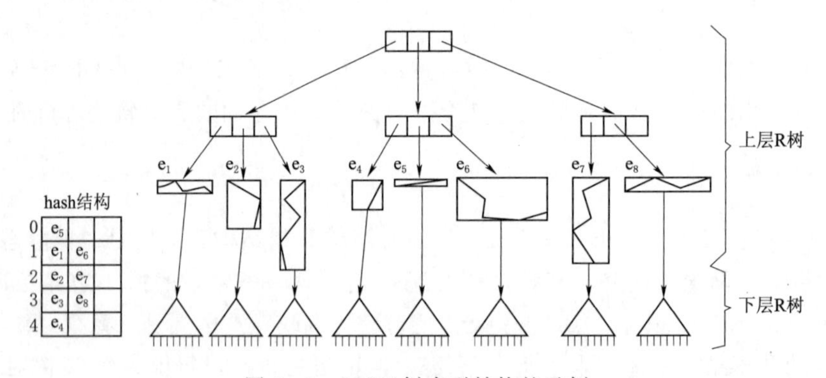

图 6－2　MON 树索引结构的示例

6.1.3　NTDR 树

针对 FNT 树和 MON 树的不足，丁治明等[3] 提出了 NDTR 树（network－constrained moving objects dynamic trajectory R－Tree）。该索引结构可以对历史、当前和未来移动对象索引，但相对其他索引结构以及就其索引原理而言，NDTR 树更为擅长对移动对象历史轨迹的索引。

1. 移动对象的运行矢量

移动对象 mo 在 t 时刻的运行矢量 mv 定义为

$$mv=(t,(rid,pos),\vec{v}) \tag{6-1}$$

式中：t 为采集该运行矢量的时间；rid 为道路标识；pos 为移动对象在该道路中的相对位置，$pos\in[0，1]$。

由于每条道路的几何形状都以折线的方式存放在数据库中，该表示方法可以很容易地转换为坐标（x，y）的形式，也就是说（rid，pos）是移动对象 mo 在 t 时刻在交通网络中的位置。$\vec{v}$ 是一个带符号的速度，其符号表示 mo 的行驶方向（由 0－端向 1－端行驶符号为＋，反之为－），其值为 mo 在 t 时刻的速度。当移动对象在交通网络中行驶时，需要不断地将当前运行参数（如位置、速度、方向等）与上一次位置更新时所提交的运行矢量 $mv_n=(t_n(rid_n,pos_n),\vec{v}_n)$ 进行比较。一旦某些预先定义的位置更新条件满足时，就需要触发一次位置更新过程，将其最新的运行参数发送给服务器。记录 mv_n 是移动对象所提交的最后一个运行矢量，称为活动运行矢量。活动运行矢量包含计算移动对象现在及将来位置的关键信息。通过移动对象的时空轨迹，可以计算出移动对象在任一指定时刻 t_q 的位置。如果 t_q 处于两个连续的运行矢量之间，则可采用插值的方法进行计算。从这个意义上讲，移动对象时空轨迹实际上刻画的是 $RID\times POS\times T$ 空间中的一条不间断的曲线，如图 6－3 所示，图中时空轨迹曲线中的每一条线段为一个轨迹单元。两个相邻的运行矢量 $m\nu_s$ 和 $m\nu_e$ 所对应的轨迹单元记为 $\mu(m\nu_s，m\nu_e)$，它是连接 $m\nu_s$ 和 $m\nu_e$ 对应点的一条线段。活动运行矢量 $mv_a=(t_a(rid_a,pos_a)，\vec{v}_a)$ 对应的轨迹单元记为 $\mu(m\nu_a)$，它是以 $m\nu_a$ 所对应的点为端点的一条射线。

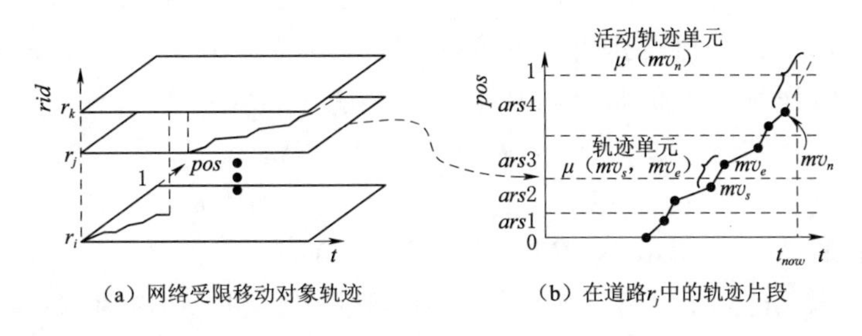

（a）网络受限移动对象轨迹　（b）在道路 r_j 中的轨迹片段

图 6－3　网络受限移动对象的时空轨迹

2. NDTR 树的索引结构

NDTR 树的结构分为上下两层。上层为一个 R 树，用于对交通网络的道路数据以道路弧段为单位进行索引；下层为一组独立的 R 树，每个 R 树与一条道路相对应，用于对各移动对象在该条道路上提交的时空轨迹数据以轨迹单元为单位进行索引。与其他基于交通网络的移动对象索引结构（如 FNR 树、MON 树等）相比，NDTR 树是一种 Hybrid 结构，其上层 R 树的基本索引单位是道路弧段（粒度等同于 MON 树中的 edge－based 模型），而每个下层 R 树对应的是一条道路（粒度等同于 MON 树中的 route－based 模型）。因此，上层 R 树叶子结点记录与下层 R 树之间的对应关系是 $n:1$ 的关系，而不是 FNR 树和 MON 树中的 1∶1 关系。选择原子路段而不是道路作为上层 R 树索引的基本记录单位的原因是为了减少上层 R 树中各 MBR 的重合度。在交通网络中，有的道路如北京的长安街、阜石路等可以横跨大半个城市，在 R 树中将造成大量 MBR 的重合，从而极大地降低了查询处理的效率。因此，选择较小的空间对象（如道路弧段）作为索引记录的基本单位，将有利于提高上层 R 树的查询效率。此外，根据道路而不是道路弧段来组织下层 R 树的原因在于，选择较大的空间单位来组织有利于减少下层 R 数的个数，并降低移动对象在跨越不同的下层 R 树时的维护代价。图 6 - 4 给出了 NDTR 树的结构。

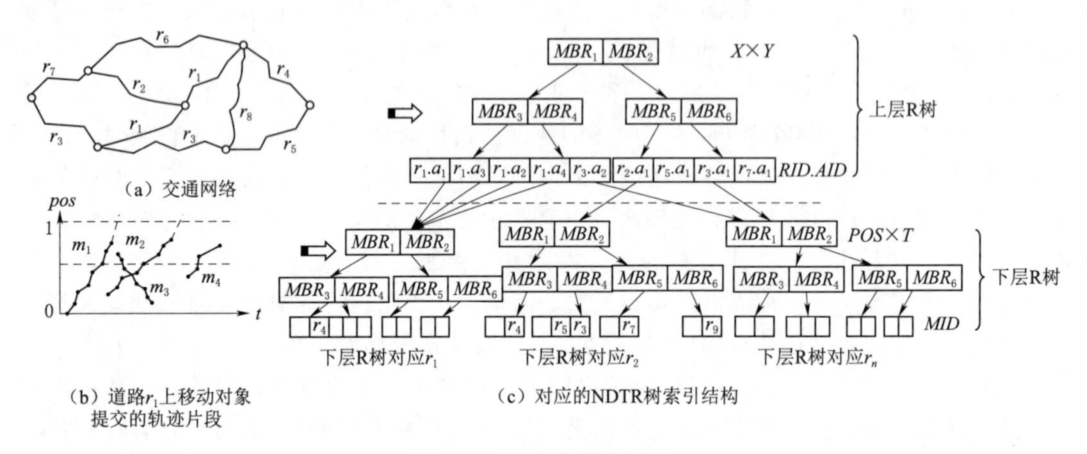

图 6 - 4　NDTR 树的结构

如图 6 - 4 所示，NDTR 树的上层 R 树是一个以道路弧段为基本索引单位的标准 R 树结构，其中间结点中的记录项为〈MBR_{xy}，PT_{node}〉，MBR_{xy} 是 $X\times Y$ 平面中的 MBR，PT_{node} 是指向下层结点的指针；其叶子结点中的记录项为〈MBR_{xy}，$rid.aid$，PT_{route}，PT_{tree}〉，其中，MBR_{xy} 是道路弧段的 MBR，$rid.aid$ 是道路弧段及其所属道路的标识，PT_{route} 是指向道路详细记录的指针，PT_{tree} 是指向下层 R 树的指针。下面进一步考察 NDTR 树的下层 R 树结构。如前所述，每棵下层 R 树对应于一条具体的道路 r（设其标识为 rid），用于索引在 r 上行驶的移动对象在位置更新时所生成的轨迹单元。下层 R 树的中间结点中的记录项为〈MBR_{pt}，PT_{node}〉，其中，MBR_{pt} 为 $POS\times T$ 平面中的 MBR，PT_{node} 是指向下层结点的指针；其叶子结点中记录项的结构为〈mid，$m\nu_s$，$m\nu_e$，MBR_{pt}〉，其中，MBR_{pt} 为轨迹单元在 $POS\times T$ 平面中的 MBR，mid 为移动对象的标识，$m\nu_s=(t_s,rid,pos_s,\vec{\nu}_s)$ 和 $mv_e=(t_e,rid,pos_e,\vec{v}_e)$ 分别为不确定轨迹单元对应的两个连续的运行矢量。对于活动轨迹单元而言，mv_e 为空且 MBR_{pt} 为〈t_n,pos_n,t_s,pos_s〉。

3. NDTR 树的区域范围查询

对于区域范围查询 Q，设其查询输入为 $X\times Y\times T$ 空间中的一个立方体区域 $\Delta x\times\Delta y\times\Delta t$。在进行查询处理时，系统将首先根据 $\Delta x\times\Delta y$ 查询 NDTR 树的上层 R 树，根据相应道路弧段对应的 PT_{route} 指针找到具体的道路信息，经过计算得到一组（$rid\times period$)($period\in[0, 1]$ 且可有多个元素）偶对；然后对每一个（$rid\times period$）偶对，在对应的下层 R 树中查询与 $period\times\Delta t$ 相交的轨迹单元，并输出相应的移动对象标识。图 6 - 5 给出了 NDTR 树的区域查询处理过程示意图。

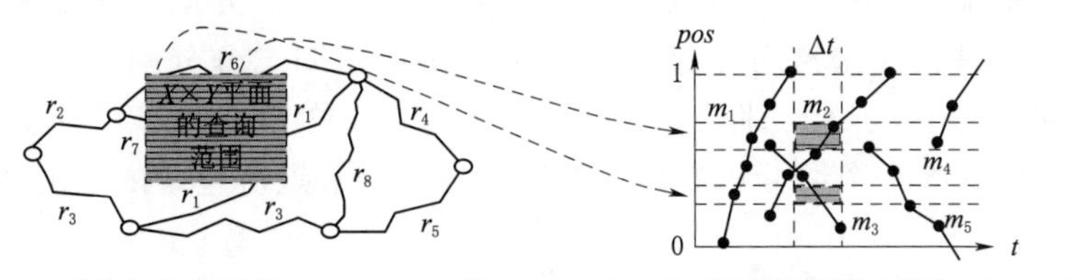

(a) 查询上层R树得到（$rid \times period$）偶对　　(b) 查询下层R树得到输出结果（m_2，m_3）

图 6-5　NDTR 树的区域查询处理过程

6.1.4 PARINET 索引结构

文献［4］认为针对历史轨迹的代表性时空索引方法在两个方面仍有改善的空间，其一是它们对道路网的空间索引未能充分考虑道路网以及轨迹数据自身的空间分布；其二是对时间维度的数据索引要比空间维度的数据索引更为有效，代表性时空索引方法未能更为充分地顾及对时间维度的索引。基于上述两个观察，文献［5］提出了 PARINET 索引结构（Partitionned Index for in-Network Trajectories），以有效索引查询道路网中的历史轨迹数据。

该方法不是对每个孤立道路建立索引，而是根据轨迹的数据分布和道路网的拓扑结构对道路网进行划分，而后为每个分区内（而不是每条道路上）的移动对象根据其轨迹点的时间间隔数据建立 B^+ 树。针对每个道路分区，如图 6-6 所示，该方法维护一个道路分区表（简称 RP）以存储关于时空数据和道路网络的分区的信息。

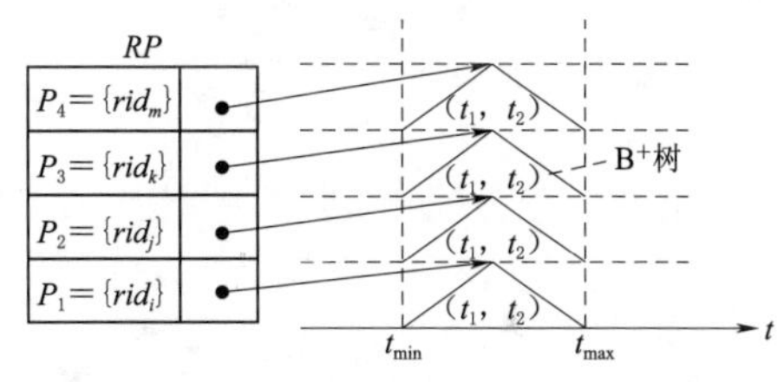

图 6-6　PARINET 索引结构

RP 中的分区（假设称之为 P）包括 P 所包含的道路标识符列表和指向分区 P 中时间间隔的 B^+ 树的指针。基于道路网的时空范围查询 Q，以（Q_s，Q_t）的形式表示，其中 Q_s，是道路标识符列表，$Q_t=[t_s, t_e]$（t_s 是查询的开始时间戳，t_e 是查询的结束时间戳）。首先通过空间范围找到包含欲查询道路的分区集合来完成空间查询。然后，对所选分区的 B^+ 树索引执行范围扫描，以识别与 Q_t 重叠的候选移动对象，进而完成时间查询。最终过滤每个候选移动对象以检查其是否满足 Q 的空间和时间条件。

给定查询的磁盘访问总数是每个访问分区中物理访问的总和。对于每个被访问的道路网分区，对该分区中的范围扫描进行磁盘访问。范围扫描包括索引搜索和数据页扫描（图 6-7）。那么道路网分区划分的依据就应该是使得磁盘访问量最小。

如果将道路网视为图，那么对道路网的划分可采用经典的图划分算法（graph partition 算法）。图划分算法的目标是将图划分为几个包含差不多相等的顶点个数的部分，并且这些部分之间的边数目尽可能地小。如果边是有权重的，则是各个划分内部的权重和差不多相等，各划分之间的边的权重和尽可能小。最常见的图划分算法为 METIS 算法，该算法包括合并阶段（概化阶段，coarsening phase）、分割阶段（initial partitioning phase）和还原阶段（uncoarsening & refinement phase）三个阶段。具体而言，先将原始图中节点按照某种规则合并，在合并图上进行分割，之后将初始分割图还原得到原始图，并得到最终分割结果。常采用多层递归二分分割或者是多层 K 路分割两种方式。如图 6－7 所示，将一个图分割为 3 份，首先进行 3 层的概化然后对于缩小后包含 3 个顶点的子图切分成 3 份，最后将这 3 个节点所包含的子图结构还原成原始图。

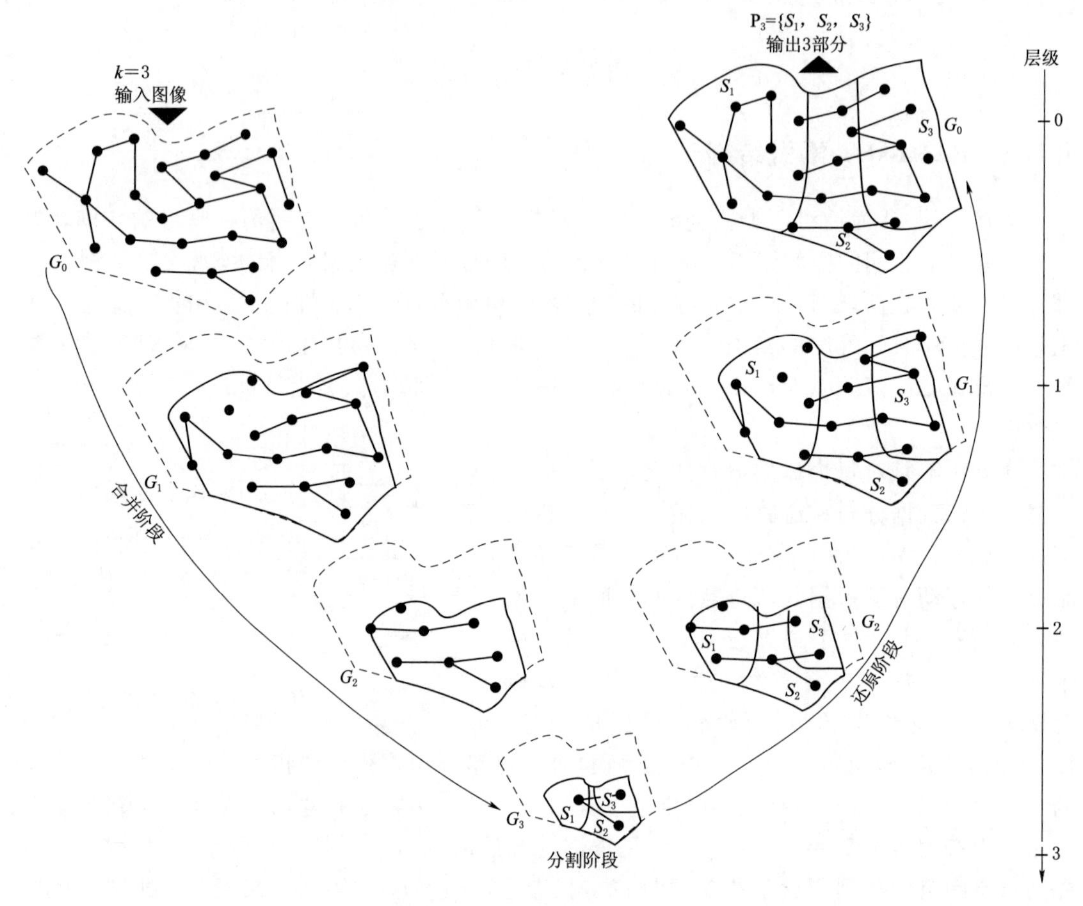

图 6－7　范围扫描

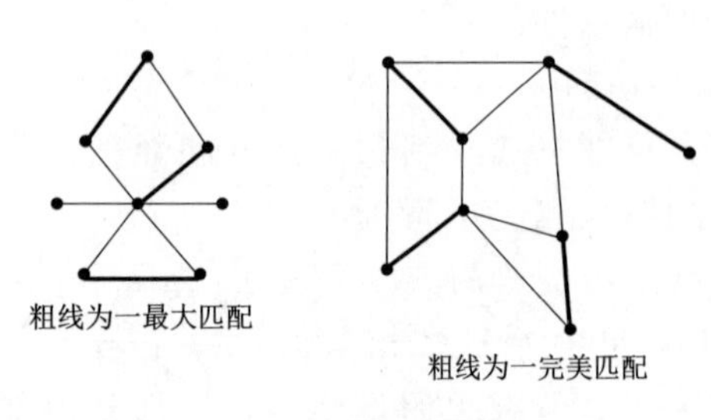

图 6－8　图的概化

上述过程中的关键阶段在于图的概化，图的概化是依据匹配来完成的，匹配在图论中的定义为：一个没有公告端点的边的集合，集合中的任意一个元素均不是自环，图的最大匹配包含了尽可能多的相互独立的边，如图 6－8 所示。图的概化就是节点进行合并，合并后的节点其权重为合并前节点的权重之和，其所关联的边为合并前节点的关联边集合，节点的合并可根据匹配中的边来逐步递归完成，从而得到一系列不同层次的图的概化结果。

6.1.5 aRB 树

文献［6］提出了一种称之为 aRB 树（aggregate R－B－tree）的索引结构，主要用于汇总查询空间区域内移动对象随时间变化的统计值。该索引结构并不是索引单个移动对象，而是致力于快速实现移动对象总体属性值的时空汇总统计查询，例如，需要汇总一段时间内到公园的人群数量，而不关心具体每个旅客的姓名或者年龄等信息。

1. *移动对象历史汇总查询*

根据前文有关 R 树的介绍可知，图 6－9 显示了四个区域和相应的 R 树，共包含两层。区域 R_1 和 R_2 两个矩形组合形成 R_5 矩形，也即 R_1 和 R_2 是 R_5 的子结点，同理 R_3 和 R_4 是 R_6 的子结点。R 树中的中间结点存储该结点所对应的最小外界矩形和指向下层结点的指针。

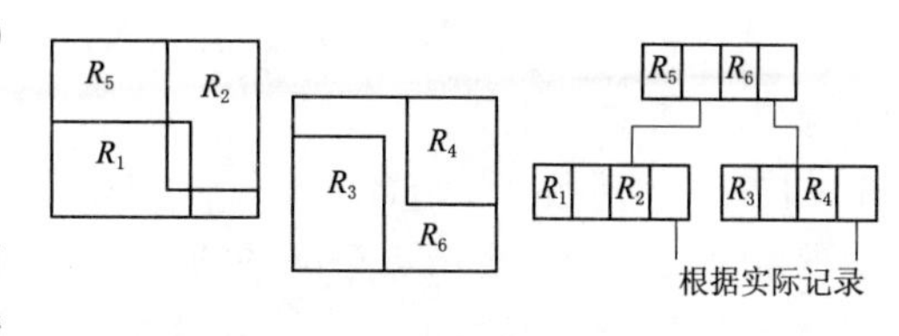

图 6－9　R 树实例

R 树主要索引静态空间对象，当空间对象发生和时间相关的动态改变时，可为每个时间段设置一个 R 树，即通过多版本 R 树来索引动态空间对象。但是，当动态改变较小时，这种方法显然存在显著的冗余现象。通过在连续版本 R 树中共享结点，可降低 R 树中的冗余存储，这就是所谓的 HR 树（Historical R Tree）。例如，在图 6－10 中，假设在时间戳 5 时，区域 R_1 被修改（由于移动、放大等）为新版本 R'_1。此更新传播到树的上层，这意味着父亲结点 R_5 的范围也相应更改为 R'_5。相应的 HR 树结构如图 6－10 所示。第一个 R 树覆盖时间戳 1－4，第二个 R 树覆盖时间戳 5 及其后。两个树共享 R_6 的子结点，因为该结点的内容不受更新的影响。

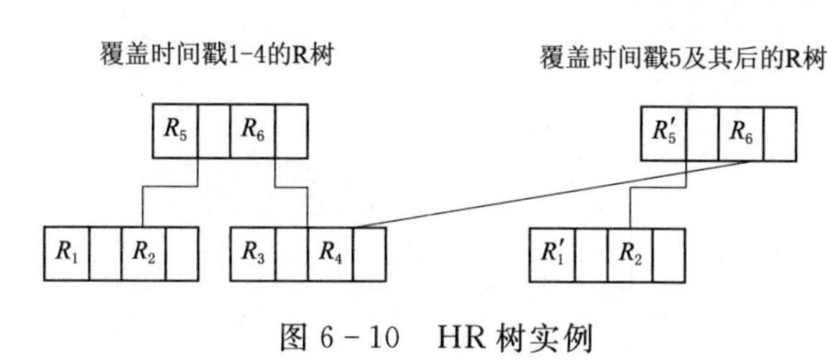

图 6－10　HR 树实例

尽管 HR 树能够适应于移动对象的动态改变，但是当面向对历史数据的汇总查询时，仍然需要进行逐个计算，而不能有效支持大面积的汇总查询。而 aRB 树能够较好地针对性解决这个问题。以图 6－11 为例，图中的表格反映了图 6－9 四个区域空间对象中随着时间的变化其内部移动对象数目的变化情况。区域 R_1 在前两个时间戳期间包含 150 个对象，后面这个数字逐渐减少。在 5 个时间段内，其汇总结果为 710 个。这种时空汇总查询的典型形式可以是："查找在时间间隔 q_t 内与某些空间范围相交的区域中移动对象的总数或者是平均数。"

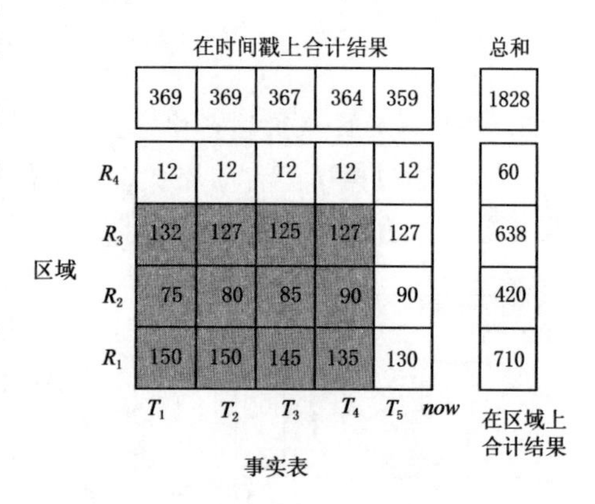

图 6－11　数据立方体示例

2. aRB 树的索引结构

对于这种时空汇总查询，aRB 树的索引结构为：空间区域仍通过 R 树来索引其空间层次结构。R 树的每个结点都包含一个指向 B 树的指针，该指针存储关于该结点中属性值的历史汇总结果。R 树中的每个结点其存储内容为<*r.MBR*、*r.pointer*、*r.btree*、*r.aggr* []>。*MBR* 仍是该结点的最小外接矩形，*r.pointer* 是指向下层结点的指针，*r.aggr*[] 保存在所有时间戳上累积的关于 *r* 结点的汇总数据（例如，整个历史中 *r* 所对应空间区域中的对象总数），*r.btree* 指向一颗 B 树，该树中存储了 *r* 中空间对象的历史汇总数据。B 树中每个结点的存储内容为<*B.time*，*b.pointer*，*b.aggr* []>。其中，*b.aggr*[] 是 *B.time* 时间段内的汇总数据。

如图 6－12 所示，结合图 6－11 数据表和图 6－9 中的 R 树可以构建一颗 aRB 树。例如，R 树中 R_5 所对应结点存储的数字为 1130，表示区域 R_5 中的对象总数为 1130。该结点同时存储了指向 B 树的指针。在这个 B 树中，最左侧的叶结点 R_5(1，225) 表示 R_5 在时间戳 1 处的对象数为 225。类似地，其父亲结点（1，685）表示 R_5 在时间间隔 [1，3] 之间的对象数是 685。最顶部 B 树对应于 R 树的根，并存储关于整个空间的信息。其作用类似于图 6－11 中的额外行，即只回答涉及时间条件的查询。

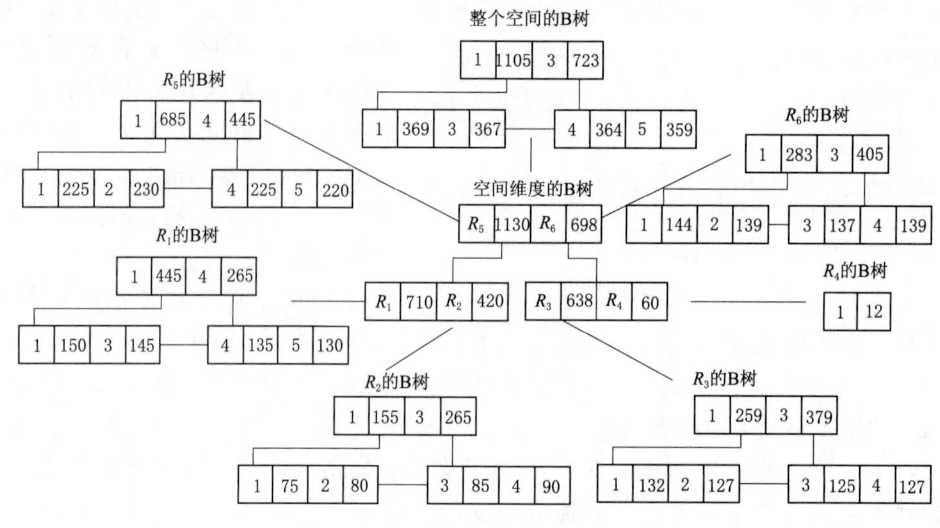

图 6－12　aRB 树实例

3. aRB 树的区域汇总查询

aRB 树通过树所蕴含的层次结构，加快了汇总查询的处理。例如，在图 6－13 中，假设用户想寻找在时间间隔 [1，3] 内与图 6－13 的阴影查询窗口 q_s 所重叠的区域中的所有移动对象。搜索首先从 R 树的根结点开始。结点 R_5 完全落在查询窗口内，检索其相应的 B 树。该 B 树的顶部结点存储值为（1，685）、（4，445），这意味着其汇总值分别对应于时间间隔区间 [1，3]、[4，5]。因此，不需要访问该 B 树的下一层，该部分的查询结果显然应为 685。接着考察 R_6 结点，其与查询窗口部分

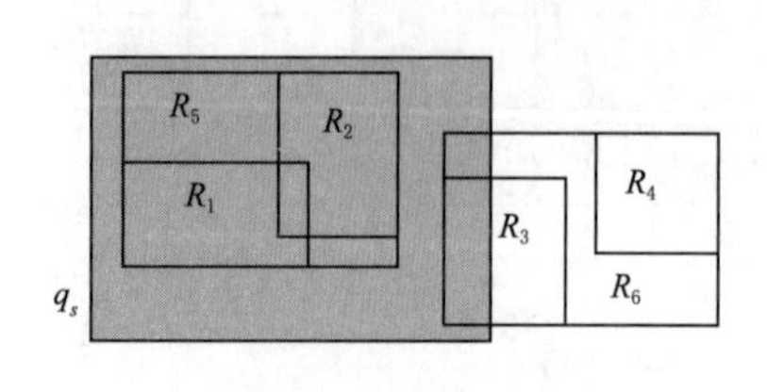

图 6－13　查询实例

重叠，进一步访问相应孩子结点。他的孩子结点中只有左孩子结点 R_3 与查询窗口 q_s 相交，故检索其所对应 B 树。该 B 树的顶部结点 R_3 在时间区间［1，2］的移动对象数目为 259，但还没有完全覆盖时间范围［1，3］，故进一步检索该 B 树的右侧孩子结点，其在时间戳 3 所对应的 R_3 中移动对象的汇总值为 125。故而最终结果（即区间［1，3］中这些区域中的对象总数）为 685＋259＋125 之和。这也恰好对应于图 6－11 中灰色单元格中的汇总数据之和。

6.2 对当前移动对象的时空索引

在许多依赖位置的应用中，经常出现当前时刻位置频繁更新的情况。R 树及其变体是索引多维对象的主要选择，但其在频繁更新的情况下表现出较差的性能。前面内容虽然提及了 HR 树，但是面对频繁更新，HR 树仍有力所不逮的情况。以下主要介绍针对当前移动对象的 RUM 树索引及其变种。

6.2.1 RUM 树

文献［7］提出了一种带有更新备忘录（Update Memo，简称 UM）的 R 树以处理移动对象的频繁更新，即 RUM 树。如图 6－14 所示，RUM 树的叶子结点元素由｛MBR_i，p_i，*oid*，*stamp*｝四个元素组成。其中，*oid* 表示对象标识，MBR 与 FNR 树相同为最小边界矩形，*stamp* 表示该更新项的时间戳。UM 表元素由｛*oid*，S_{latest}，N_{old}｝三个元素组成，其中 S_{latest} 表示该对象最新项的时间戳，N_{old} 表示该对象在 RUM 树中过期数据项的数目。下面介绍 RUM 树几个关键步骤的实现：

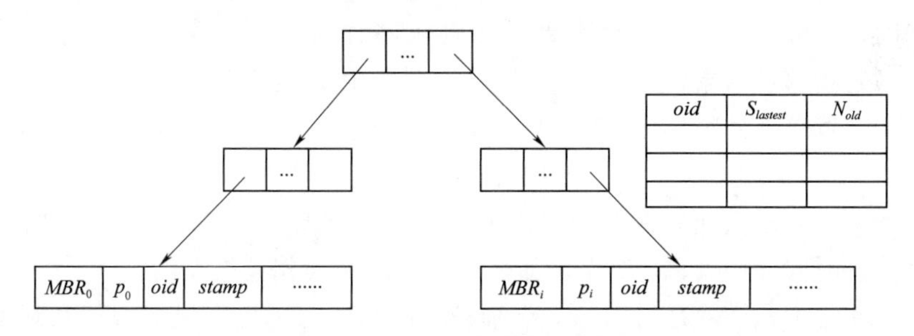

图 6－14　RUM 树数据结构图

在位置更新时，移动对象不是从旧的位置上删除，而是将其重新插入到新位置上，这就导致了一个对象具有多个旧位置。RUM 树使用存储在内存中的更新备忘录来跟踪过时的条目，以避免在更新过程中立即清除旧条目。为此，UM 表的数据项修改如下：如果 UM 数据项已经存在，则将其 S_{latest} 设置为新的 *stamp* 且 $N_{old}+1$；否则，S_{latest} 赋值为 *stamp*、$N_{old}=1$ 生成一个新的 UM 数据项。

RUM 树的删除操作仍需要对 UM 表的数据项（条目 entry）进行更改。首先添加一个当前的时间戳。然后，如果 UM 数据项已经存在，则将其 S_{latest} 设置为当前的时间戳，$N_{old}-1$；否则，为对象创建一个新的 UM 数据项，S_{latest} 为当前的时间截，N_{old} 为 1。RUM 树内部的垃圾清理器（GC）会删除过时的条目，并确保内存中的备忘录的大小是有限制的。GC 使用各种机制来清除过时条目，包括以一定的频率定期清扫空间的真空吸尘器方法，以及在插入或更新操作中每当获取一个叶子结点时就清理该结点的方法。它降低了对象更新的成本。

6.2.2　RUM^{+} 树

RUM^{+} 树[8] 通过一个额外的数据结构扩展了 RUM 树。RUM^{+} 树中的附加结构是一个除更新备忘录外的对象标识符的哈希表。在更新过程中，更新对象的叶子结点可以通过哈希表直接定位。其核心思想是以自下而上的方式在本地处理更新，也就是说，如果移动对象的新位置与它的旧位置在同一个 MBR 中，则只在叶子结点中更新对象的位置。如果移动对象的新位置落在旧的 MBR 外，那么这个对象的新位置就被插入到 RUM^{+} 树中。在更新备忘录的帮助下，对象的旧版本被删除。这解决了 RUM 树的限制，即如果这些更新发生在同一个 MBR 中，位置更新仍旧作为对象的新版本插入。RUM^{+} 树相对于原始 RUM 树的一个缺点是在对象更新期间会增加额外的辅助哈希表，其大小与不同对象标识符的数量成正比。RUM 树不会在更新期间使用额外的哈希表。

6.2.3　Trails 树

Trails 树[9,10] 索引结构是对 RUM 树的进一步深化，它也是 R 树结构，具备更新备忘录以及垃圾清除机制等。但与 RUM 树不同的是，Trails 树的 R 树结构为兼顾空间维度和时间维度的 3DR 树，而 RUM 树只是 2DR 树。

Trails 树中移动对象被记录为（oid，x，y，t_i），其中 oid 是移动对象的标识符，（x，y）是移动对象在 t_i 时刻的新位置。在插入移动对象的新位置后，移动对象的旧位置将被删除。在 Trails 树中，每次更新都以轨迹时间段（oid，x，y，t_s，t_e）的形式存储。其含义是指移动对象位于位置（x，y）时的时间范围为（t_s，t_e）。初始时，当一个移动对象的位置更新到来，Trails - Tree 树中便插入一个轨迹时间段（oid，x，y，t_s，$NOWTIME$），$NOWTIME$ 是指当前时刻，可记作 t_c。为了仅存储最近时间段内的移动对象数据，轨迹时间段只允许保留一段时间，然后就被删除。这里定义 W 为保留的时间长度，一旦轨迹时间段中 $t_s < t_c - W$，那么该轨迹时间段就会被删除。

如图 6 - 15 所示，横轴是时间轴，纵轴是空间轴，为了更方便地解释和观察，将空间轴看作是一维的，而实际上是二维空间。图 6 - 15（a）中，t_1 是当前时刻，$S_{11} - S_{15}$，$S_{21} - S_{24}$ 均为轨迹时间段。当新的时刻 t_2 到来时，图 6 - 15（b）中新的轨迹时间段 S_{25} 和 S_{16} 被追加到 Trails 树中。而 $t_2 - W$ 时刻之间的轨迹时间段将被垃圾清除机制删除掉。图 6 - 15（c）是对 Trails 树的移动对象进行时空范围查询，其时间范围为［t_{min}，t_{max}］（图中介于两条黑色虚线之间范围），而空间范围如图中介于两条虚线所示范围。

Trails 树中的更新备忘录被称之为当前备忘录（Current Memo，CM）。CM 中数据项的存储格式为（oid，t_s—$list$），其含义是指移动对象 oid 的所有起始时间戳列表。当移动对象 oid 具有新位置而发生更新时，当前时间戳被追加在 t_s - $list$ 列表中，同时启动垃圾清除机制清除过期的轨迹时间段。CM 中也通过哈希表直接在 Trails 树的叶子结点中定位移动对象，以加快查询速度。

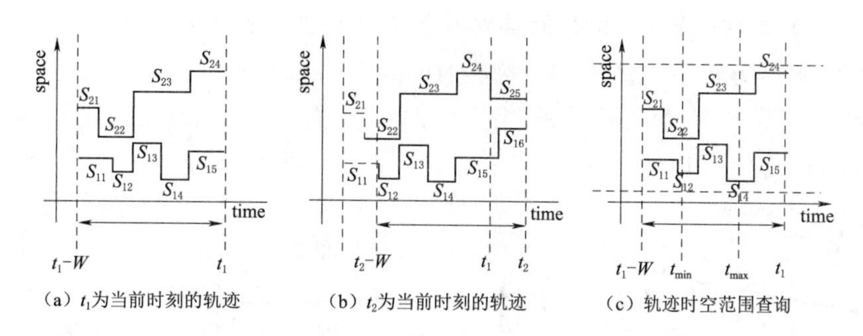

（a）t_1为当前时刻的轨迹　（b）t_2为当前时刻的轨迹　（c）轨迹时空范围查询

图 6－15　时间滑动窗口为 W 时一维空间中两个移动对象轨迹对应演变

6.3　对未来移动对象的时空索引

为未来时空移动对象的轨迹索引主要是实现预言窗口查询，即给定一个查询范围区域 Q_s 和一个未来时间间隔 Q_t，检索时间戳在空间范围与 Q_s 相交、在时间范围与 Q_t 相交的所有移动对象。为了索引未来时空的移动对象，需要估算和预测对象的未来位置，一般通过移动对象的历史轨迹和速度建立移动函数来表征移动对象的移动。

6.3.1　TPR 树

1. TPR 树的定义

TPR 树[11] 是具有 R 树结构的多路平衡树。树中每个非叶子结点由若干个（TPBR，Pointer）单元组成。TPBR 为当前包含其对应孩子的带时间参数的边界矩形，Pointer 是一个指向孩子结点的指针。叶子结点由若干个（TPBR，ObjectID）组成，其中 TPBR 为当前包含对应移动对象的带时间参数边界矩形。ObjectID 是一个指向移动对象的指针，通过指针可以得到对应移动对象的详细信息。本节中，用术语边界间隔（bounding interval）来表示一维边界矩形，用术语边界矩形（bounding rectangle）来表示任意 d 维的超矩形（$d>1$）。

在任意时刻 t，移动对象的位置可以通过 $\overline{x}(t)=\overline{x}(t_{ref})+\overline{v}(t-t_{ref})$ 得出［$\overline{x}(t)$ 表示移动对象在 t 时刻的位置，$\overline{x}(t_{ref})$ 表示移动对象在参考时间 t_{ref} 的位置，而 $\overline{v}$ 表示移动对象的移动速度。t_{ref} 一般为索引建立时间或更新时间］。

TPBR 会随着时间变化，以便在所有的时间里都可以包含其中的移动对象或子 TP-BR。例如，一个一维带时间参数边界间隔可以表示为［$X^{\vdash}(t),X^{\dashv}(t)$］，假定在时间间隔［$t_{ref}$，$t$］内，对象的移动速度和方向保持不变。其中

$$
\begin{aligned}
&X^{\vdash}(t)=X^{\vdash}(t_{ref})+V^{\vdash}(t-t_{ref})\\
&X^{\dashv}(t)=X^{\dashv}+V^{\dashv}(t-t_{ref})\\
&X^{\vdash}(t_{ref})=\min_i\{o_i\cdot X^{\vdash}(t_{ref})\}\\
&X^{\dashv}(t_{ref})=\max_i\{o_i\cdot X^{\dashv}(t_{ref})\}\\
&V^{\vdash}=\min_i\{o_i\cdot V^{\vdash}\}\\
&V^{\dashv}=\max_i\{o_i\cdot V^{\dashv}\}
\end{aligned}
\tag{6-2}
$$

式中：$X^{\vdash}(t_{ref})$ 为在时间 t_{ref} 的带时间参数边界间隔的左边界；$X^{\dashv}(t_{ref})$ 为在时间 t_{ref} 的带时间参数边界间隔的右边界；$V^{\vdash}$ 为在时间间隔 $[t_{ref}, t]$ 内左边界的扩张速度；$V^{\dashv}$ 为在时间间隔 $[t_{ref}, t]$ 内右边界的扩张速度；$o_i \cdot X^{\vdash}(t_{ref})$ 为在时间 t_{ref}，o_i 的左边界；$o_i \cdot X^{\dashv}(t_{ref})$ 为在时间 t_{ref}，o_i 的右边界；$o_i \cdot V^{\vdash}$ 为在时间间隔 $[t_{ref}, t]$ 内，o_i 左边界的移动速度；$o_i \cdot V^{\dashv}$ 为在时间间隔 $[t_{ref}, t]$ 内，o_i 右边界的移动速度；$\min_i$ 为取最小值的函数；$\max_i$ 为取最大值的函数。

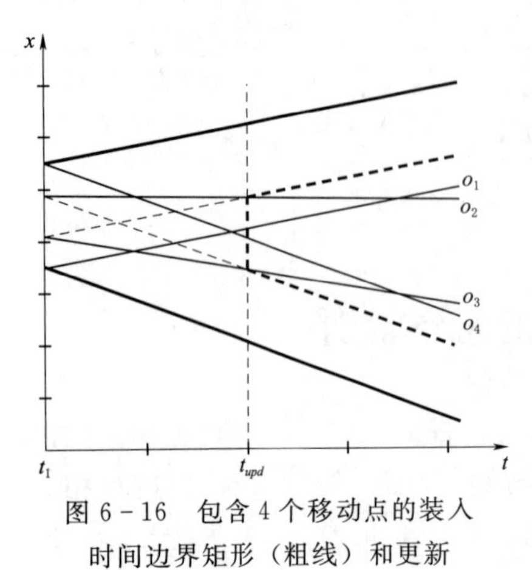

图 6-16　包含 4 个移动点的装入时间边界矩形（粗线）和更新时间边界矩形（虚线）

很明显，带时间参数的边界矩形并不能保证在所有的时间里都是最小的边界矩形，并且这种边界矩形从来不收缩，从而在一段时间过后很可能过度扩张。因此，希望在对边界矩形进行更新操作时，顺便对边界矩形执行紧缩操作，以使在更新时间 t_{upd}，边界矩形成为最小边界矩形（这将在一定程度上减少 TPBR 之间的重叠）。把 t_{ref} 等于装入时间的带时间参数边界矩形称为装入时间边界矩形 Load-time Bounding Rectangle，而 t_{ref} 等于 t_{upd} 的带时间参数边界矩形称为更新时间边界矩形（Update-time Bounding Rectangle）。图 6-16 给出了这两种边界矩形。

2. TPR 树查询类型

通常可以将 TPR 树支持的查询分成三类。下面用 d 个坐标轴上的投影 $[a_1^{\vdash}, a_1^{\dashv}]$，…，$[a_d^{\vdash}, a_d^{\dashv}]$，$a_j^{\vdash} < a_j^{\dashv}$ 来定义 d 维矩形。令 R、R_1、R_2 为三个 d 维的矩形，t、$t^{\vdash}$ 和 $t^{\dashv}$ 为三个不超过现在时间的时间值。

第一类 时间片查询：查询 $Q=\{R, t\}$ 返回在时间 t 被 R 包含的所有移动对象。

第二类 窗口查询：查询 $Q=\{R, t^{\vdash}, t^{\dashv}\}$ 返回在时间间隔 $[t^{\vdash}, t^{\dashv}]$ 内被 R 所包含的所有移动对象。

第三类 移动查询：查询 $Q=\{R_1, R_2, t^{\vdash}, t^{\dashv}\}$ 则相对复杂从时间 $t^{\vdash}$ 到时间 $t^{\dashv}$，其查询窗口也从 R_1 变成了 R_2。如果把变量 R 定义为查询窗口的话，令

$$R_1=[a_1^{\vdash}(t^{\vdash}), a_1^{\dashv}(t^{\vdash})], \cdots, [a_d^{\vdash}(t^{\vdash}), a_d^{\dashv}(t^{\vdash})] \tag{6-3}$$

$$R_2=[a_1^{\vdash}(t^{\dashv}), a_1^{\dashv}(t^{\dashv})], \cdots, [a_d^{\vdash}(t^{\dashv}), a_d^{\dashv}(t^{\vdash})] \tag{6-4}$$

则

$$a_j^{\vdash}(t)=a_j^{\vdash}(t^{\dashv})+w_j^{\vdash}(t-t^{\vdash}) \tag{6-5}$$

$$a_j^{\dashv}(t)=a_j^{\dashv}(t^{\dashv})+w_j^{\dashv}(t-t^{\vdash}) \tag{6-6}$$

其中，$w_j^{\vdash}=(a_j^{\vdash}(t^{\dashv})-a_j^{\vdash}(t^{\vdash}))/(t^{\dashv}-t^{\vdash})$，$w_j^{\dashv}=(a_j^{\dashv}(t^{\dashv})-a_j^{\dashv}(t^{\vdash}))/(t^{\dashv}-t^{\vdash})$，$1 \leqslant j \leqslant d$，$t^{\vdash} \leqslant t \leqslant t^{\dashv}$。查询 Q 返回在时间间隔 $[t^{\vdash}, t^{\dashv}]$ 内，被 R 所包含的所有移动对象。

第二类查询是第一类查询的推广，也是第三类查询的特例（$R_1=R_2$）。如图 6-17 所示，其中使用的是一维边界间隔，Q_0 和 Q_1 是时间片查询，Q_2 是窗口查询，而 Q_3 是移动查询。

3. TPR 树查询算法

TPR 树查询算法简单易懂，本文所提出的例子中使用的都是一维边界矩形。

（1）时间片查询。一个时间片查询的处理过程和 R 树类似，唯一的不同就是在检查是否有交叉之前必须计算在查询时间 t 所有记录的 TPBR。例如一个边界间隔（$X^{\vdash}$，$X^{\dashv}$，$V^{\vdash}$，$V^{\dashv}$），满足查询 $\{(([a^{\vdash},a^{\dashv}]),t^q\}]$ 当且仅当 $a^{\vdash} \leqslant X^{\dashv}+V^{\dashv}(t^q-t_{ref})\Lambda a^{\dashv} \geqslant X^{\vdash}+V^{\vdash}(t^q-t_{ref})$ 成立。

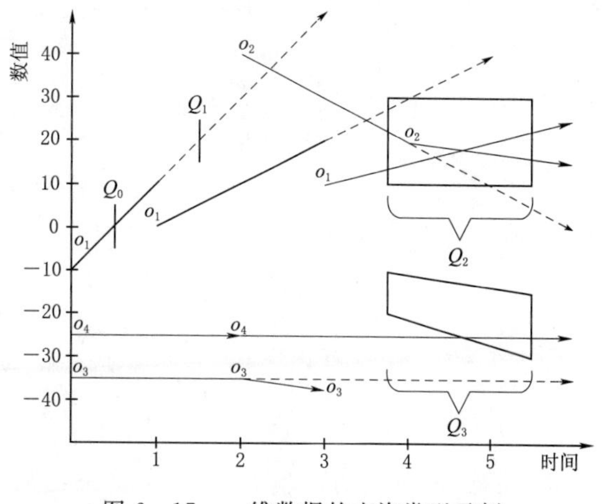

图 6-17 一维数据的查询类型示例

（2）窗口查询和移动查询。对于窗口查询和移动查询（图 6-18），其实可以把这两种查询看作是检查在固定的时间间隔内，查询定义的移动窗口和 TPR-树中记录的 TPBR 之间是否存在交叉，然后根据有交叉的路径进行递归检查，最后得到位于这些交叉中的移动对象。在一维空间中这个问题相对简单，但在多维空间中则显得比较复杂。

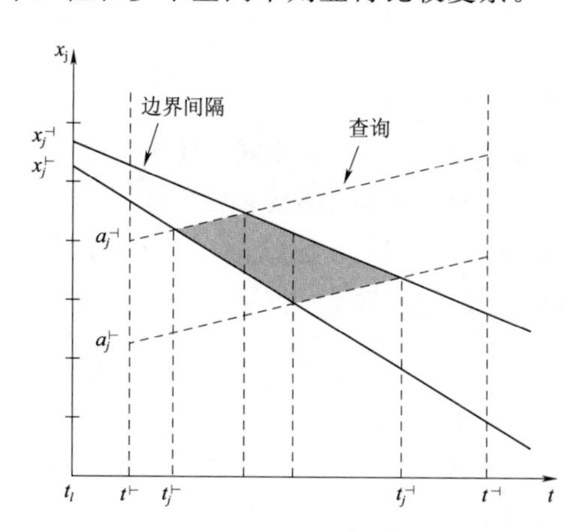

图 6-18 边界间隔和移动查询之间的交叉

首先，给出一种算法来检查由参数 $(a_1^{\vdash}(t),a_1^{\dashv}(t),\cdots,a_d^{\vdash}(t),a_d^{\dashv}(t),v_1^{\vdash}(t),v_1^{\dashv}(t),\cdots,v_d^{\vdash}(t),v_d^{\dashv}(t))$ 定义的 d 维带时间参数边界矩形 R 是否和查询 $Q=(([a_1^{\vdash},a_1^{\dashv}],[a_2^{\vdash},a_2^{\dashv}],\cdots,[a_d^{\vdash},a_d^{\dashv}],[w_1^{\vdash},w_1^{\dashv}],[w_2^{\vdash},w_2^{\dashv}],\cdots,[w_d^{\vdash},w_d^{\dashv}])$ 有交叉。

注意：如果两个移动矩形发生交叉，则必然存在一个时间点，它们的区域在每一维上都存在交叉。因而，对于每一维 $j(j=1,2,\cdots,d)$，算法计算在该维上矩形区域发生交叉的时间间隔 $I_j=[t_j^{\vdash},t_j^{\dashv}]\subset[t^{\vdash},t^{\dashv}]$。如果 $I=\bigcap_{j=1}^{d}I_j=\varnothing$，那么说明这两个移动矩形没有交叉；否则，查询算法得出矩形交叉的时间间隔 I。

根据下面的公式来计算每一维上发生交叉的时间间隔，即

$$I_j=\begin{cases}\varnothing & ,[a_j^{\vdash}>x_j^{\dashv}(t^{\vdash})\wedge a_j^{\vdash}(t^{\dashv})>x_j^{\dashv}(t^{\dashv})\vee \\ & a_j^{\dashv}<x_j^{\vdash}(t^{\vdash})\wedge a_j^{\dashv}(t^{\dashv})<x_j^{\vdash}(t^{\dashv})] \\ [t_i^{\vdash},t_i^{\dashv}] & ,\text{其他}\end{cases} \tag{6-7}$$

注意，式（6-7）是在假定时间间隔 $[t^{\vdash},t^{\dashv}]$ 内，TPBR 的速度边界矩形没有发生变化的前提下得出的。

$t_j^{\vdash}$ 和 $t_j^{\dashv}$ 的计算公式为

$$t_j^{\vdash}=\begin{cases} t^{\vdash}+\dfrac{x_j^{\dashv}(t^{\vdash})-a_j^{\vdash}}{w_j^{\vdash}-v_j^{\dashv}} & ,[a_j^{\vdash}>x_j^{\dashv}(t^{\vdash})(Q\text{ 在 }t^{\vdash}\text{时高于 }R)] \\ t^{\vdash}+\dfrac{x_j^{\vdash}(t^{\vdash})-a_j^{\dashv}}{w_j^{\dashv}-v_j^{\vdash}} & ,[a_j^{\dashv}<x_j^{\vdash}(t^{\vdash})(Q\text{ 在 }t^{\vdash}\text{时低于 }R)] \\ t^{\vdash} & ,\text{其他} \end{cases} \tag{6-8}$$

$$t_j^{\dashv}=\begin{cases} t^{\vdash}+\dfrac{x_j^{\dashv}(t^{\vdash})-a_j^{\vdash}}{w_j^{\vdash}-v_j^{\dashv}} & ,[a_j^{\vdash}(t^{\dashv})>x_j^{\dashv}(t^{\dashv})(Q\text{ 在 }t^{\dashv}\text{ 时高于 }R) \\ t^{\vdash}+\dfrac{x_j^{\vdash}(t^{\vdash})-a_j^{\dashv}}{w_j^{\dashv}-v_j^{\vdash}} & ,[a_j^{\dashv}(t^{\dashv})<x_j^{\vdash}(t^{\dashv})(Q\text{ 在 }t^{\dashv}\text{ 时低于 }R) \\ t^{\dashv} & ,\text{其他} \end{cases} \tag{6-9}$$

根据得到的时间间隔取 I（I 不等于 φ，则存在交叉），确定搜索 TPR 树的路径，在每条路径的叶子结点中搜索：在时间间隔 I 内，出现在查询窗口中的移动对象。返回所有这样的移动对象。

4. TPR 树删除和插入算法

R^* 树提出了一些对于性能来说至关重要的优势值。R^* 树算法根据这些优势值来确定记录的最终分配。

（1）面积值——记录 MBR 的面积。

（2）周长值——记录 MBR 的周长面积。

（3）重叠面积值——记录 MBRs 之间的重叠面积。

（4）中心距离值——记录 MBRs 的中心和所在结点 MBR 的中心之间的距离。

TPR 树的插入算法类似于 R^* 树的插入算法，只是简单地将 R^* 树算法中的优势值替换成了优势值的积分。也就是说，这些优势值是依赖于时间的，应关注它们在时间间隔 $[Tc,\ Tc+h]$ 内的演变，其中 Tc 是索引建立时间或当前更新时间，h 是一个称作“horizon”（用来度量树可以看到多远的未来）的树参数。体现在函数上的改动如下：

Area（面积）：$\int_{CT}^{CT+h} Area(R(t))$，其中 $R(t)$ 为时间参数化矩形、CT 为当前更新时间。

Margin（周长）：$\int_{CT}^{CT+h} Margin(R(t))$，其中 $R(t)$ 为时间参数化矩形、$Margin()$ 为时间参数化矩形的周长函数、CT 为当前更新时间。

两边界区域重叠的面积：$\int_{CT}^{CT+h} Area(R(t))$，其中 $R(t)$ 为时间参数化矩形代表两时间参数化矩形重叠之矩形、$Area()$ 为时间参数化矩形的面积函数、CT 为当前更新时间。

两边界区域质心的距离：$\int_{CT}^{CT+h} Dist(c1(t), c2(t))$，其中 $c1(t)$ 和 $c2(t)$ 为两时间参数化矩形的质心代表两时间参数化点、$Dist(c1(t), c2(t)$ 为两点的距离函数、CT 为当前更新时间。

TPR 树中插入的关键问题是要确定索引项插入哪一个结点以使得 TPR 树能有效地支持各种查询。与传统插入处理类似，对索引的插入采取最小面积增长原则。TPBR 在

$[CT, CT+h]$ 时段内的任何时刻的面积增长能够尽可能保持最小。因此，必须控制 TPBR 的增长速度，于是使用积分最小的原则。假设 $R(t)$ 是某 TPBR 或重叠区域，则应使得待插入项插入后新的区域面积（体积）$S=\int_{CT}^{CT+h} Area(R(t))$ 最小。

下面给出 TPR 树的数据插入过程。

Algorithm Insert：N 为根结点，E 为待插入的对象。

I1：调用 ChooseSubtree 算法选择一个叶子结点 L 来插入 E。

I2：如果 L 中的记录数小于 M，直接插入 E。

I3：如果 L 中的记录数等于 M，且插入 E 后 L 是所在层第一个发生溢出的结点。那么按 L 中记录 *TPBRs* 的中心和 L 的 *TPBR* 的中心之间距离的积分值对 L 中的记录从大到小进行排序，把前 p 个记录进行重新插入。

I4：如果 L 中的记录数等于 M，且插入 E 后 L 并非是所在层第一个发生溢出的结点。那么调用 SplitNode 算法，将 L 分裂成两个新结点 L 和 LL。

I5：对 L 调用 AdjustTree 算法，如果 L 发生了分裂，那么对 LL 也调用 AdjustTree 算法。

Algorithm ChooseSubtree：N 为根结点，E 为待插入的对象。

CS1：N 为树的根结点。

CS2：如果 N 是叶子结点，返回 N。

CS3：如果 N 不是叶子结点，但 N 的孩子指针指向叶子层。那么算法选择在包含 E 后有着最小重叠面积积分的记录；如果重叠面积积分相等，则选择在包含 E 后有着最小扩展面积积分的记录。如果扩展面积积分相等，则选择 N 中有着最小面积积分的记录。

CS4：如果 N 不是叶子结点，N 的孩子指针也没有指向叶子层。则选择在包含 E 后有着最小扩展面积积分的记录；如果扩展面积积分相等，则选择 N 中有着最小面积积分的记录。

CS5：令 N 等于所选择记录的孩子结点，算法转至步骤 CS2。

Algorithm AdjustTree 算法：

AT1：令 $N=L$。如果经过了分裂，那么令 $N=L$，$NN=LL$。

AT2：如果 N 是根结点，停止。

AT3：P 为 N 的父结点，P 中的记录 EN 为 N 的父记录，并且调整 EN 的 *TPBR* 使其刚好包含结点 N 中所有记录的 *TPBRs*。

AT4：如果 N 经过了一次分裂，那就产生一个新记录 ENN，$ENNP$ 指向结点 NN，而 ENN 的 *TPBR* 则包含了结点 NN 中所有记录的 *TPBRs*。如果 P 中的记录数还没有达到 M，那么就将 ENN 插入到 P 中；如果 P 中的记录数已经达到 M，且 P 是所在层第一个产生溢出的结点，那么执行强制重新插入，否则调用 *SplitNode* 算法产生结点 P 和 PP。

AT5：令 $N=P$，$NN=P$（如果产生了分裂）。回到步骤 AT2。

TPR 树的删除算法几乎和 R* 树的相同，首先是找到待删除记录所在的结点，然后删除该记录，然后调整其父结点记录的 TPBR；如果结点产生下溢，则将该结点删除，并将其中的记录进行重新插入。

TPR 树结点分裂算法的主要思想来源于 R* 树的结点分裂算法。但在 TRP 树分裂算法中，进行排序时需要使用不同时间点的移动点（或矩形）位置。对于装入时间边界矩形，在 t 的位置被使用来进行排序；而对于更新时间边界矩形，现在（current）时间的位置被使用。

此外，TPR 树的结点分裂算法还需要考虑每个空间维上速度的排序，也就是根据每个移动点对应的速度矢量进行排序。根据速度维进行移动点的分配所产生的边界矩形将会有着更小的“速度区域”，这将使得边界矩形的扩大速度变慢。

5. TPR 树的优缺点

TPR 树是一种基于 R 树的索引。在索引中，移动对象的位置可以通过参考位置和对应的速度矢量来表示。从而，TPR 树不但支持对移动对象当前位置的查询，也支持移动对象将来位置的预测查询，并且 TPR 树中，边界矩形的坐标是时间的函数。当对象移动时，边界矩形跟随对象变化。这不但减少了数据的存储量，而且也减少了数据的更新。

但现实世界中，移动对象的运动常常毫无规律，所以 TPR 树对将来位置的预测查询会比较粗糙。而且随着时间的推移，那些快速移动的对象和始终朝这个方向移动的对象，会使得 TPBR 之间的重叠达到无法忍受的地步，从而降低查询性能，最后不得不重新构建整棵树。

6.3.2　TPR* 树

Tao 等[12] 论述了 TPR* 树。TPR* 树使用的结构和假设与 TPR 树完全相同。但与 TPR 树的插入和删除函数不同的是，TPR* 树提供了一套新的插入和删除算法，旨在最小化代价函数，其方法几乎达到理论最优值，这些都有利于提高查询效率。在 TPR* 树中，一个移动物体 O 表示为 $O_R=\{(x_1,y_1)(x_2,y_2)\}$，也就是在参考时间点 t_{ref} 的一个区域。

速度边界矩形 VBR，$O_v=\{O_{v1-},O_{v1+},O_{v2-},O_{v2+}\}$，$O_{vi+}(O_{vi-})$ 表示物体的速度在沿着第 i 维方向的上界（下界），在任一维上，随着时间的推移，位置表示为

$$X_i(t)=X_i(t_{ref})=V_i(t-t_{ref}) \tag{6-10}$$

TPR* 树用 MBR 作为关键字，TPR* 树索引是由内部结点和叶结点构成的。叶结点指向移动物体的记录，也就是移动物体的位置。MBR 和 VBR 都是时间参数化的，整棵树有一个当前时间 t。对于每个移动物体记录，有一个参考时间 t_{ref}，当物体由于速度的变化更新时，参考时间 t_{ref} 就由更新时间 t_{upd} 取代。

TPR 树中，一个结点的最小化边界矩形在时间周期 $[q_{begin},\ q_{end}]$ 内与查询矩形 q 相交的情况下被访问。因此，q 访问某结点 n 的概率即是 q 与结点 n 的 MBR 相交的概率。假设查询集合 $\{q\}$ 是一些静态的点查询（即没有空间范围和速度大小），有一个时间域 $[q_{begin},\ q_{end}]$，并且他们均匀地分布在空间里，结点 n 满足这些静态点查询的概率是该结点 $R(q_{begin})$ 和 $R(q_{end})$ 的所有边所组成的凸形区域的比例。Tao 等将这个图形区域称为 R 在时间域 $[q_{begin},\ q_{end}]$ 上的扫描区域，把其表示为 $SR(R,[q_{begin},q_{end}])$。于是，回答时间域为 $[q_{begin},\ q_{end}]$ 的静态点查询的平均代价可以度量为

$$\forall n \in \{Nodes\}, \sum_n Area(SR(n.boundingBox,[q_{begin},q_{end}])) \tag{6-11}$$

式中：$SR(n.boundingBox,[q_{begin},q_{end}])$ 为 $n.boundingBox$ 在时间段 $[q_{begin}, q_{end}]$ 内的扫描区域；$\{Nodes\}$ 为树中所有点的集合。

可以减小构建算法中的式（6－11）的值来优化索引。Tao 等提出了一个用来评估非静态、非点查询的代价的表达式，其主要思想是将非动态、非点的移动对象查询的选择度评估问题降低到对移动对象的静态点查询。本文通过应用在每个节点的时间参数化的边界矩形上相对于相应的移动对象的查询 q 的一个转化操作来实现这种评估操作的降低。

在进行插入、删除操作时，所选用的函数与前面的索引也有差异，具体如下：

面积（$Area$）：$Area(SR(R(t), [CT,CT+h]))$，其中 $R(t)$ 是一时间参数化矩形，$Area(SR(R(t), [CT,CT+h]))$ 是从 t_1 到 t_2 时间段 R 的扫描区域的面积。

周长（$Margin$）：$Margin(SR(R(t), [CT,CT+h]))$，其中 $R(t)$ 是一时间参数化矩形，$Margin(SR(R(t), [CT,CT+h]))$ 是从 t_1 到 t_2 时间段 R 的扫描区域的周长。

两边界区域重叠的面积：没有相应的使用。TPR* 树在选择一叶子结点用作插入时，使用 $Area(SR(R(t), [CT,CT+h]))$ 最小的叶子结点。

两边界区域质心的距离：没有相应的使用。TPR* 树在选择对象实体用作强制插入时，使用会使 $Area(SR(R(t), [CT,CT+h]))$ 最小的对象。

因为随着时间向前发展，时间参数化的边界矩形也慢慢变大起来，导致重叠面积的增加，使得 TPR 树索引 ChoosesubTree 贪婪算法的问题进一步加强。为此，Tao 等提出了改进的 ChoosesubTree 算法，保证了能够找到最好的插入路径。改进的 ChoosesubTree 算法存储已经将遍历的候选路径存储在优先队列里。优先队列里的候选路径通过路径代价的退化大小来排序，路径插入代价的退化大小被定义为将新的对象通过路径 p 插入时扫描面积累积增加的大小。当优先队列里第一个候选路径达到期望插入的层次时，该算法结束。

6.3.3 P 树

P 树（Predictive Tree）[13] 可根据矢量道路网数据来预测道路网中移动目标的未来位置，并可在不知道移动对象历史轨迹的情况下，实现对未来时段移动对象的时空查询。

P 树可以支持的查询类型包括：预测性范围查询，例如查询 30min 后用户所在位置周边 30km 范围之内的所有酒店；预测性 KNN 查询，例如找到在接下来的 10min 内最接近用户位置的三辆出租车；预测性聚合查询，例如找出未来 20min 内预计在体育场周边行驶的汽车数量。

P 树的构建有一个重要假设，即移动对象通过最短路径到达目的地。当每个移动对象开始在道路网络上行进时，都会构建一个 P 树。道路网中移动对象的起始节点被认为是它的 P 树的根。该移动对象的 P 树由在一定时间范围内从根节点沿最短路径可达的所有道路节点组成，并基于概率分配模型预测到达节点的概率，只有当概率值超过特定阈值时，才会将该节点添加到 P 树中。对于道路网中的每个节点，预测并记录将出现在该节点处的移动对象列表及其概率和时间成本（即移动对象从根节点到达该节点的行程时间估计值）。某个节点的概率分配模型是根据该道路节点相对于根节点的位置关系，即移动对象从所在道路节点到该道路节点的时间成本以及其他同级别道路节点的数量所决定，默认情况下，P 树中各个节点的概率值可定义为在规定时间范围内，从根节点按照最短路径可达的所有道路节点数目的倒数。当然，也可以给定其他概率分配模型，例如可将位于商业中心的道路节点赋予更高的概率值等。图 6－19（a）展示了一系列移动对象在道路网中行进，图 6－19（b）展示了预测树如何集成在基本的 R 树索引结构中，以便于处理预测查询请求。

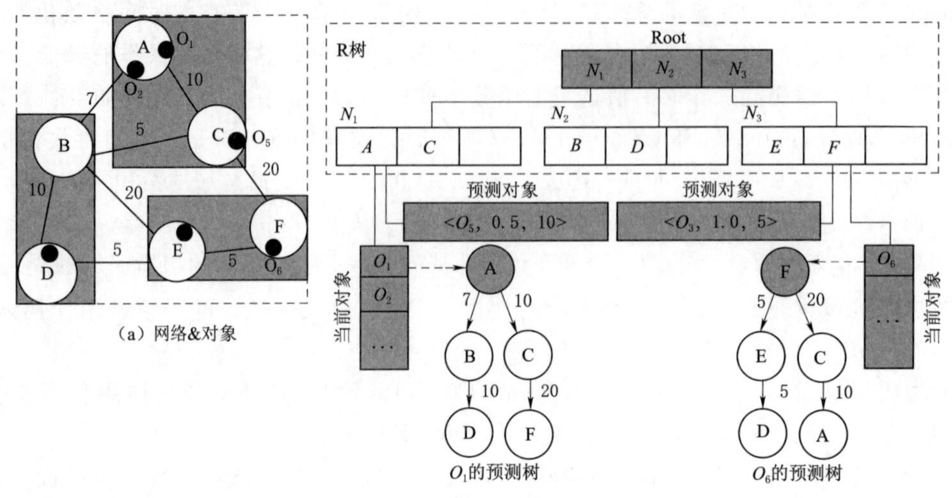

（a）网络&对象

（b）预测树集成在R树索引结构

图 6－19　P 树索引结构实例

以图 6－20 为例说明 P 树的构建过程，假设预测的时间范围为 20min。图 6－20（a）给出了原始道路网络结构，其中圆点表示节点，节点之间的线表示边，每条边上的数字表示该边上的权值，即行程时间。移动对象 O 初始时在道路节点 A 位置处。通过连续三次的节点扩充，找到了在 20min 以内可以从 A 点沿着最短路径到达的所有道路节点，即 B、C 和 D，同时标记了其预计所需最短耗时，即从 A 到达 B 点预计最短耗时 7min，到达 C 点预计最短耗时为 10min，而对于到达 D 点，则需要途径 B 点，预计最短耗时 17min，如图 6－20（b）、（c）所示。

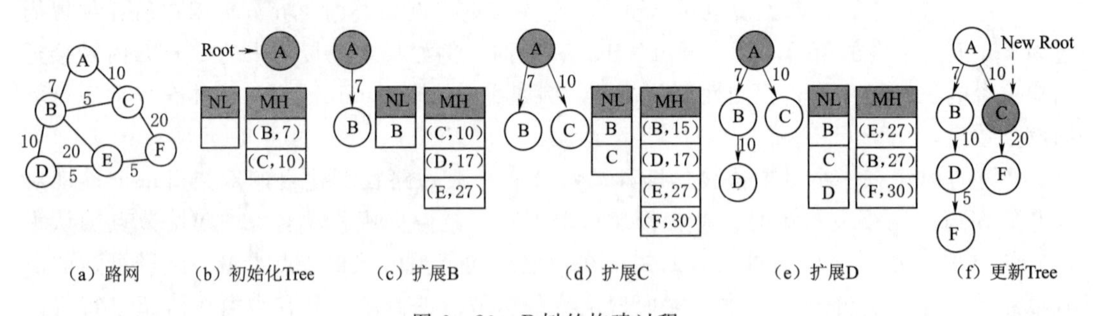

（a）路网　（b）初始化Tree　（c）扩展B　（d）扩展C　（e）扩展D　（f）更新Tree

图 6－20　P 树的构建过程

随着移动对象 O 的不断行进，其预测树也相应作出更新和维护。图 6－21 展示了 P 树的更新维护过程。图 6－21（a）仍是原始道路网结构，移动对象 O 初始位置在道路节点 A 处，并构建了原始的 P 树，如图 6－21（b）所示。随后 O 移动到了节点 B 处，则更新以节点 A 为根的原始 P 树中所有节点中的预测对象列表，具体方法是修改为移

动对象 O 从 B 点到达节点 B、E、F 和 G 的概率，并删除节点 A、C、D、H 和 M 处曾经记录的移动对象 O，因为它们不再是 O 的可能到达的目标。之后，可以判断，从起始节点 A 出发，途径节点 B 按照最短路径不能到达 A、C、D、H 和 M 等道路节点，则修剪原始的 P 树，将他们排除在外，如图 6－21（c）所示。当移动对象进一步移动到节点 F 处，此时发现 F 节点没有任何孩子节点，如图 6－21（d）所示。首先判断整个行程是否结束，否则扩展 F 节点下的子树［图 6－21（e）］，计算该子树中各个节点相应的概率，修改节点 B 下所有节点的预测对象列表，最后在修剪掉 B 节点下除 F 子树之外的其他节点。

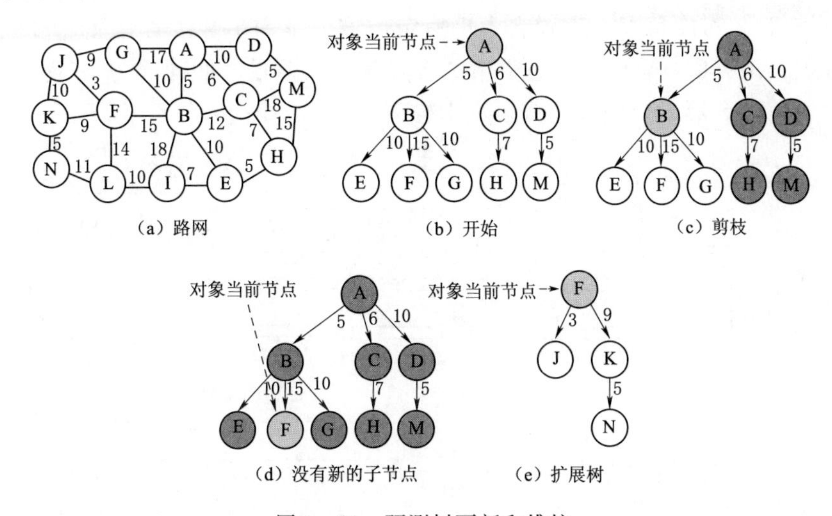

图 6－21　预测树更新和维护

在构建完成和动态更新了 P 树后，各种预测时空查询请求处理则相对简单，例如："查询未来 30min 内可能途径用户所在道路节点方圆 1km 内的所有车辆"。针对这个查询请求，首先，利用 R 树找到用户所在道路节点方圆 1km 的所有道路节点，继而再检索这些道路节点中所存储和预测的移动对象列表及其概率值，将结果进行组合后便可得到查询结果。

6.4　对所有时间点移动对象的索引

以上所有索引结构一般都只能单一回答关于过去、当前或者未来时间段的时空查询，由于大多数索引结构都是基于磁盘的 B 树或 R 树的各种变体，因此它们受到了各种限制。尤其是当移动对象的位置动态改变，需要频繁地更新索引树结构时，其索引查询性能表现不佳。

并行时空索引系统 PASTIS（Parallel Spatio－Temporal Indexing System）[14] 是一个可以面向所有时间点的索引结构，可以针对频繁移动的移动对象，实现对其过去、现在和未来的时空查询。该索引结构的关键在于充分利用硬件存储资源，包括主存的存储资源。将过去 N 天的轨迹数据存储在内存中，更早期的轨迹数据则存储在硬盘之中。开辟一个位置表以记录每个移动对象的位置，该表中的内容为｛对象 ID，纬度，经度，方向，速度，时间戳}。表中的每一行代表移动对象的一条记录，用一个记录号 *RID* 唯一标识。

PASTIS 的索引结构如图 6-22 所示。PASTIS 索引将整个空间区域划分为规则网格，并采用 Z-order 空间填充曲线来组织排序各个网格单元，每个网格单元同时存储移动对象访问该网格的部分时间索引。部分时间索引是由时间间隔查找表 Itab 组成，其中包含过去 *N* 天内每个时间间隔的数据条目。在每个条目中都有一个压缩位图，记为 *CBmap*，用于标识在给定时间间隔内在每一个网格单元中的各个移动对象，以及一个哈希图 *Hm-RIDList*。哈希图将每一个网格单元中每个移动对象与记录号的列表（记作 *RIDList*）相关联。根据记录号 *RID* 可以在位置表中迅速定位该记录，获得移动对象的时间戳、纬度和经度等数据。*RIDList* 可以以动态数组的形式存储。假设时间间隔为 *S* 秒，则 *CBmap* 位图可通过对每隔 *S* 秒的位图按位或运算来构造。

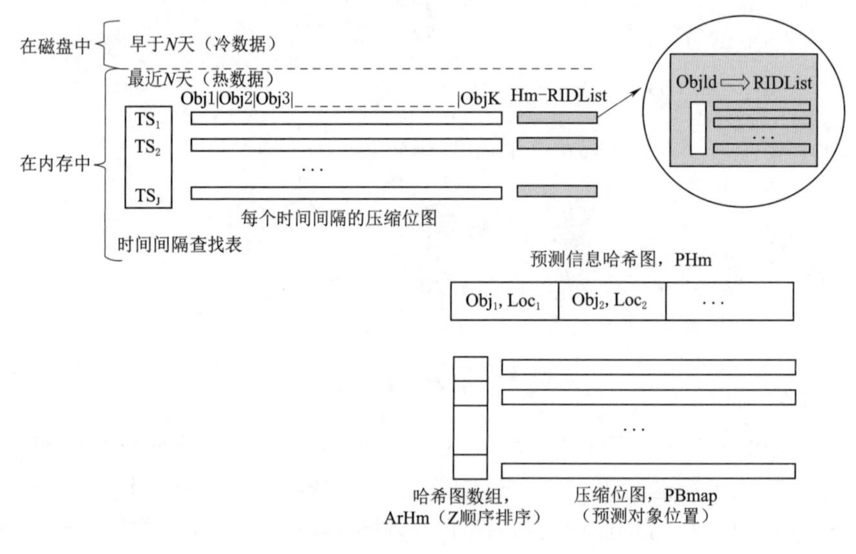

图 6-22　PASTIS 索引结构

假设移动对象 Obj_k（$k=1$ 到 K，K 为移动对象总数）有一个新的更新 u，其位置是（x，y），时间戳是 ds_t（表征时间 t），其记录号为 *RID*。假设 Obj_k 的新位置落在 $SGrid_i$ 网格单元中（$i=1\sim I$，I 为网格单元总数），$Itab_i$ 为相对应的时间间隔查找表。如果 ds_t 可对应到 $Itab_i$ 中已经存在的时间间隔 TS_j（$j=1\sim J$，J 为时间间隔总数），则更新相应的位图 $CBmap_j$ 和哈希映射 $HmRIDList_j$。否则，实例化新的间隔 TS_j 和相关数据结构。对于移动对象 Obj_k，设置位图 $CBmap_j$ 的第 k 位，例如可将其值设置为“1”。然后，根据移动对象 Obj_k 的下标 k，在哈希图 $HmRIDList_j$ 中定位记录号列表 $RIDList_k$，并将 RID_l 添加到 $RIDList_k$ 的 *RID* 列表的末尾，从而完成数据更新。

为了进一步支持预测性查询，开辟一个哈希图 *PHm*，其值是每一个移动对象的预测经纬度位置，预测位置可根据移动对象的当前位置和移动速度及方向快速求得。再开辟一个哈希图数组 *ArHm*，其值对应于每一个格网单元 SGrid_i 中所存储的压缩位图 $PBmap_i$，

位图 $PBmap$ 与 $CBmap$ 的作用相仿，但其是根据移动对象的预测位置而生成。当某个移动对象的新位置所在网格单元与之前不同时，则需要对之前的网格单元和当前的网格单元相对应的 $PBmap$ 位图值进行相应的更新维护。

在构建了 PASTIS 索引结构后，便可实现对过去、现在和未来所有时间点的时空范围查询。其大致过程是首先确定查询窗口完全或部分覆盖的网格单元。对于每个空间范围被完全覆盖的网格单元，通过相应的部分时间索引找到所对应的时间范围，继而再对该网格单元相对应的位图逐位“或”运算，便可找到该网格单元中符合条件的移动对象。对于被部分覆盖的网格单元，则需要对该网格单元中的每一个移动对象做具体的检查，从移动对象位置表中获取纬度、经度和日期戳等信息，再综合判定该移动对象是否在查询窗口内。

6.5　面向文本语义的轨迹时空索引

随着社交媒体的迅猛发展，网上涌现出越来越多的 POI（兴趣点）数据，使得空间位置与文本语义相互结合，这也催生了大量的轨迹空间数据与文本数据相互关联，扩充了语义信息，形成所谓的活动轨迹 $T=\{p_1,p_2,\cdots,p_{|T|}\}$，$p_i=(p_i.l,p_i.t,p_i.\Phi)$，其中：$p_i.l$ 是轨迹点的坐标，$p_i.t$ 是轨迹点采样时刻，$p_i.\Phi=\{w_{ij}\}$ 是其一系列关键词，关键词表示用户在特定位置执行的活动。为了对活动轨迹进行快速的检索查询，便诞生了面向文本语义的轨迹时空索引。

6.5.1　活动轨迹的相似性查询

在第 4 章已经给出了活动轨迹相似性查询的有关概念（Activity Trajectory Similarity Query，ATSQ）。即给定一条待查询的活动轨迹 S，查询返回结果是 k 个与 S 最相似的活动轨迹。所查询到的活动轨迹其兴趣点的关键词完全相同且空间位置也与查询兴趣点距离尽可能地接近。文献［15］在 ATSQ 的基础上又进一步提出语义轨迹的近似关键词查询（Approximate Keyword Query of Semantic Trajectories，AKQST）。AKQST 的输入是一组关键词，即 $Q=\{q_1,q_2,\cdots,q_{|Q|}\}$，需要检索 k 个最相关的活动轨迹或其子轨迹，所查询到的活动轨迹需要覆盖所有查询关键字，同时具有最短的行程长度。

AKQST 查询可在智能旅游规划中发挥重要作用。如图 6－23 所示，一个旅游者计划先访问 q_1：Restaurant（饭店）吃午饭，然后去 q_2：Theatre（剧院）看一场电影，如果允许关键词可以进行近似匹配，那么轨迹 T_2 中的从 $p_1^{(2)}$ 到 $p_6^{(2)}$ 的部分和轨迹 T_1 中的从 $p_1^{(1)}$ 到 $p_4^{(1)}$ 的部分都是返回查询结果，而且后者总行程距离更短，是更好的选择。

文献［15］提出了一种新的混合索引，即网格—关键字索引（Grid－Keyword index，GiKi），通过综合考虑空间和语义信息来实现面向文本语义轨迹的时空索引查询。具体而言，就是通过不断将空间区域四等分，构建四叉树来实现对大规模轨迹的空间索引。而 GiKi 索引又进一步构建语义四叉树索引（Semantic Quad－Tree index，SQ－Tree）和关键词索引（Keyword－Reference index，K－Ref）。

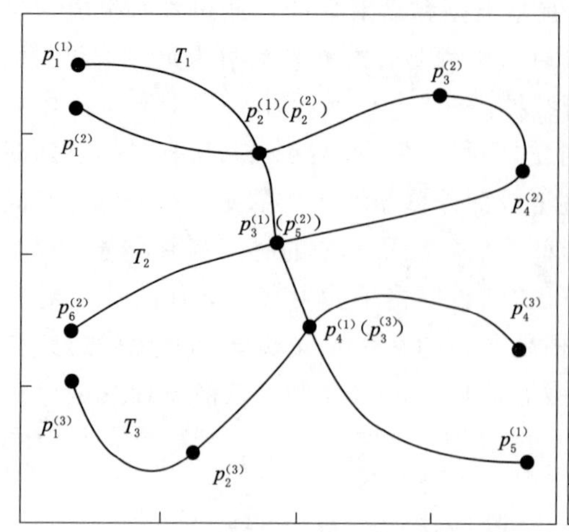

T_1	$p_1^{(1)}$	w_1^1:Restaurant,w_1^2:Club,w_1^3:Shop
	$p_2^{(1)}$	w_2^1:Cafe
	$p_3^{(1)}$	w_3^1:Park
	$p_4^{(1)}$	w_4^1:Theater,w_4^2:Pub
	$p_5^{(2)}$	w_5^1:Market,w_5^2:Station
T_2	$p_1^{(2)}$	w_1^1:Restaurant,w_1^2:Gym
	$p_2^{(2)}$	w_2^1:Cafe
	$p_3^{(2)}$	w_3^1:School,w_3^2:Pizza,w_3^3:Spa
	$p_4^{(2)}$	w_4^1:Bakery,w_4^2:Hotel,w_4^3:Mall
	$p_5^{(2)}$	w_5^1:Park
	$p_6^{(2)}$	w_6^1:Theatre,w_6^2:Bar
…	…	…

图 6-23　近似关键词查询

6.5.2　语义四叉树索引

基于网格划分，构建 SQ 树来索引轨迹及其关键字。如图 6-24 所示，叶结点对应于轨迹中带有关键字的 POI 地理对象，而非叶结点则是这些对象所组成的外接矩形（*MBR*）。对于非叶子结点 g，实际上也是一个 *MBR*，其中包含了三个元素（*GID*、*sg*、$\{g'\in g.sub\}$）。其含义为：*GID* 是指格网节点的编号，*sg* 是指关键词的签名，它是根据该节点中所包含的轨迹 POI 关键词的 n-grams 模型计算而来。$\{g'\in g.sub\}$ 则是该节点中存储的条目项，存储了指向孩子网格的一系列指针。以下介绍 n-grams 模型含义和关键词签名算法。

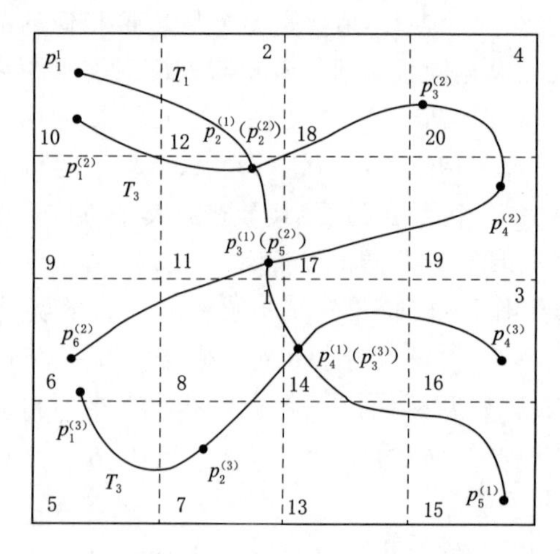

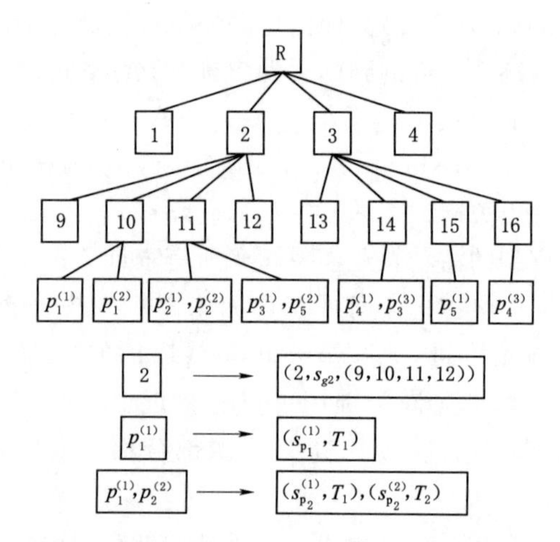

图 6-24　SQ 树

n-grams 模型是自然语言处理中一个非常重要的概念，可以用来预计和评估一个句子是否合理。此外，n-grams 模型也常用于字符串模糊匹配中评估两个字符串之间的差异程度。模糊匹配关键在于如何衡量两个单词（或字符串）之间的相似度。最为常见的是

Smith - Waterman 算法和 Needleman - Wunsch 编辑距离算法，其中后者应用动态规划思想，算法准确率高，但时间复杂度也较高。为了提高计算效率，可以定义它们之间的 N - Gram 距离。假设有一个字符串，那么该字符串的 N - Gram 就表示按长度 N 切分原词得到的词段，也就是所有长度为 N 的子字符串。设想如果有两个字符串，然后分别求他们的 n - grams，那么可采用如下公式衡量两者 n - grams 的相似性，从而衡量字符串相似度。其计算公式为

$$Sim = |GN(s)| + |GN(t)| - 2 \times |GN(s) \cap GN(t)| \tag{6-12}$$

此处，$|GN(s)|$，$|GN(t)|$ 分别是字符串 s 和 t 的 n - grams 集合中的元素个数，$|GN(s) \cap GN(t)|$ 则是两者 n - grams 相同的数量，n 值一般取 2 或者 3。以 $n=2$ 为例对字符串 Gorbachev 和 Gorbechyov 进行分段，可得如下结果（用下画线标出了其中的公共子串）：

$$\underline{\text{Go}},\underline{\text{or}},\underline{\text{rb}},\text{ba},\text{ac},\underline{\text{ch}},\text{he},\text{ev}$$

$$\underline{\text{Go}},\underline{\text{or}},\underline{\text{rb}},\text{be},\text{ec},\underline{\text{ch}},\text{hy},\text{yo},\text{ov}$$

综上所述，即可算得两个字符串之间的距离是 $8+9-2\times4=9$。显然，字符串之间的距离越小，它们就越接近。当两个字符串完全相等时，它们之间的距离就是 0。

关键字签名的生成：为了获得关键词签名，一个简单的解决方案是计算所有关键词的所有 n - grams 并将其存储在索引中。然而，这种方法过于占用存储空间。为了减少存储容量，提高计算效率，采用 MinHash 方法为每个结点生成关键字签名，也即计算 SQ 树中所有叶结点和非叶结点的关键字签名，即 $s_g = [\min\{\pi_1(G_g)\}, \cdots, \min\{\pi_{|\mathbb{F}|}(G_g)\}]$，其中 G_g 是格网 g 的 n - grams。

基于 n - grams 模型来计算字符串的相似度，实质上就是比较字符串的 n - grams 集合的相似度，遍历这两个集合中的所有元素，统计这两个集合中相同元素的个数，但是对于大规模轨迹数据，当这两个集合里的元素数量异常大，同时又有很多个集合需要判断两两间的相似度时，传统方法会变得十分耗时，最小哈希方法可以用来解决该问题。

首先看看 Jaccard 相似度。假设有两个集合 A，B，则

$$Jaccard(A,B) = \frac{|A \cap B|}{|A \cup B|} \tag{6-13}$$

一个很大的集合进行哈希处理的过程其实是由很多小的哈希过程组成的。而这些最小的哈希过程就被称为是最小哈希。最小哈希的具体内容就是把一个集合映射到一个编号上。例如，对于集合 $U=\{a,b,c,d,e\}$，分别有 4 个子集，S_1：$\{a, d\}$，S_2：$\{c\}$，S_3：$\{b, d, e\}$，S_4：$\{a, c, d\}$，用一个矩阵形式来表示

No.	*Item*	S_1	S_2	S_3	S_4
0	*a*	1	0	0	1
1	*b*	0	0	1	0
2	*c*	0	1	0	1
3	*d*	1	0	1	1
4	*e*	0	0	1	0

那么，对上述 4 个子集进行一次最小哈希就是在经过随机的行排列之后，对于每个集

合，从上到下取第一个数值为 1 的那一行的行号。对上面的矩阵进行随机行排列后变成

No.	*Item*	S_1	S_2	S_3	S_4
0	*b*	0	0	[1]	0
1	*e*	0	0	1	0
2	*a*	[1]	0	0	[1]
3	*d*	1	0	1	1
4	*c*	0	[1]	0	1

那么，这 4 个集合的最小哈希（MinHash）结果就应该是 $h(S_1)=2$，$h(S_2)=4$，$h(S_3)=0$，$h(S_4)=2$。

在经过随机行打乱后，两个集合的最小哈希值相等的概率等于这两个集合的 Jaccard 相似度，证明如下：

现仅考虑集合 S_1 和 S_2，那么这两列所在的行有下面 3 种类型：①S_1 和 S_2 的值都为 1，记为 X；②只有一个值为 1，另一个值为 0，记为 Y；③S_1 和 S_2 的值都为 0，记为 Z。

S_1 和 S_2 交集的元素个数为 x，并集的元素个数为 $x+y$，所以 $sim(S_1,S_2)=Jaccard(S_1,S_2)=x/(x+y)$。接下来计算 $h(S_1)=h(S_2)$ 的概率，经过随机行打乱后，从上往下扫描，在碰到 Y 行之前碰到 X 行的概率为 $x/(x+y)$，即 $h(S_1)=h(S_2)$ 的概率为 $x/(x+y)$。通过不断的随机行打乱可获得概率值，从而获得 Jaccard 相似度，但是当一个签名矩阵很大时（假设有上亿行），那么对其进行行打乱也是非常耗时的，更不要说还要进行多次行打乱。为了解决这个问题，可以通过一些随机哈希函数来模拟行打乱的效果。即再用一个哈希函数，将行号进行哈希变换，进一步的相关算法介绍可参见文献 [15]。

表 6-1　签名示例

Items	signatures
Grid 2	2，2，5，4，3，15，1，0，3，1
Grid 10	2，2，5，4，3，24，11，0，3，3
Grid 14	5，18，2，11，3，7，8，0，92，5
“Restaurant”	2，13，5，21，11，38，36，14，73，57
“Theatre”	5，16，2，19，10，9，8，0，129，1

表 6-1 显示了图 6-21 中运行示例的签名。随机生成 10 个哈希函数作为排列（即 $|F|=10$），很容易看出“Restaurant”更类似于网格 10，“Theatre”更类似于网格 14。

6.5.3　关键词索引

借助语义四叉树索引尽管可以快速找到候选匹配轨迹数据，但仍然需要与轨迹数据的 POI 对象进行关键词的语义匹配，其中语义相似度的计算方法仍然是通过编辑距离来准确计算的，由于编辑距离计算较为耗时，进一步再针对每一条轨迹中的 POI 对象的属性值建立关键词索引。针对一条轨迹数据，关键词索引就是首先采用编辑距离两两计算其所有 POI 对象的属性信息的语义相似度，再根据该距离值进行聚类，例如，可以采用 K-

Means 聚类方法进行聚类。在聚类完成后，找到该条轨迹中的 K 个参考关键词，而后根据各个关键词与参考关键词的距离大小构成 B^+ 树，由于编辑距离满足三角不等式，因此无须将查询关键词与该轨迹中的所有关键词一一比对，而是借助 B^+ 即可快速获得编辑距离最小的匹配关键词。此外，将每条轨迹中其他关键词与参考关键词距离的下界和上界提前计算并存储，还可以进一步加快查询效率。图 6－25 展示了轨迹 T_1 的关键词索引，其中 T_1 中的关键字被划分为 3 个簇，对应的参考关键词分别为"Cafe""Pub""Restaurant"。

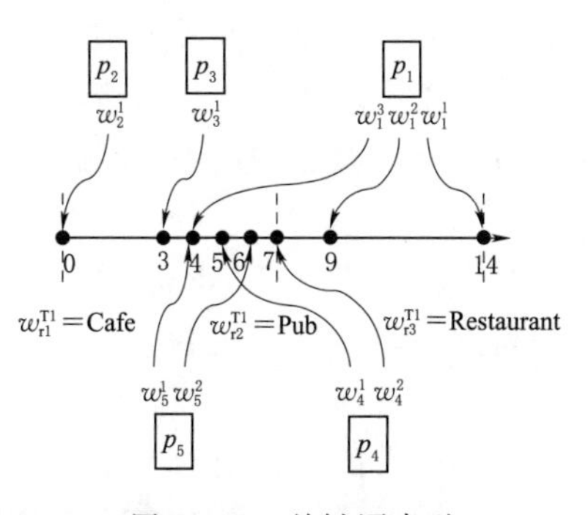

图 6－25　关键词索引

借助上述构建的语义四叉树和关键词树，就可以快速完成 AKQST 查询，其思路是首先针对查询关键词，在语义四叉树中进行搜索，在每个结点中借助所生成的签名矩阵，计算 n－grams 所组成的集合相似度，该值若大于 0，说明该结点中可能存在近似匹配的关键词，继续搜索该结点下的子结点，反之则对该结点进行剪枝，无须再进行计算，通过此种方式找到所有候选匹配轨迹，再借助关键词树快速计算每一个查询关键词与每条候选匹配轨迹中所有关键词的最小编辑距离，从而获得最佳匹配关键词，在此过程中，还可借助事先存储的编辑距离上界和下界以排除不必要的计算，从而查询获得 K 条最佳活动轨迹。

6.6　面向分布式系统的移动对象时空索引

由于移动轨迹数据量的日益庞大，更新频繁，单纯依赖单个或者局部的计算机软硬件资源已经不足以应付纷繁复杂的移动轨迹查询分析处理请求，于是面向分布式系统的轨迹时空索引查询应运而生。所谓分布式系统是一个硬件或软件组件分布在不同的网络计算机上，彼此之间仅仅通过消息传递进行通信和协调的系统。通俗地理解，所谓分布式系统，就是一个业务拆分成多个子业务，分布在不同的服务器节点，其共同构成的系统称为分布式系统。

6.6.1　Hadoop 分布式框架结构

Hadoop 是一个由 Apache 基金会所开发的分布式系统基础架构。用户可以在不了解分布式底层细节的情况下，开发分布式程序，充分利用集群的威力进行高速运算和存储。Hadoop 一般采用 Master－Slave 模式，包括一个 Master 和若干个 Slave，通俗地说，有一台机器作为 Master 主机，其他众多台机器则作为 Slave 分机。继而 Master 主服务器向 Slaves 分服务器分配任务，即把一个大任务分割为许多小任务，交由每个 Slave 分服务器去完成，并监控它们的执行，重新调度已经失败的任务。而后 Master 主服务器收集每个 Slave 的计算结果并加以处理得到最终结果，而 Hadoop 正是完成该过程的计算框架。Hadoop 的数据库被称之为 Hadoop Database，简称 HBase，它是一个高可靠性、高性能、面向列、可伸缩的分布式存储系统，利用 HBase 技术可在个人电脑上搭建起大规模结构化存储集群。HBase不同于一般的关系数据库，它是一个适合于非结构化数据存储的数据库。另一个不同的是HBase基于列而不是基于行的模式。HDFS是Hadoop分布式文件系统，HBase的数据通常存储在HDFS上，HDFS为HBase提供了高可靠性的底层存储支持。

MapReduce是Hadoop的分布式编程框架，基于该框架能够容易地编写应用程序，这些应用程序能够运行在由上千个商用机器组成的大集群上，并以一种可靠的、具有容错能力的方式并行地处理上TB级别的海量数据集。MapReduce的思想是分而治之，先分后合：将一个大的、复杂的工作或任务，拆分成多个小的任务，并行处理，最终进行合并。MapReduce这个术语来自两个基本的数据转换操作：Map（映射）过程和Reduce（归约）过程。Map和Reduce为程序员提供了一系列清晰的编程接口抽象描述。MapReduce处理的数据类型是<key，value>键值对。具体而言，Map过程就是将数据进行拆分，即把复杂的任务分解为若干个“简单的任务”来并行处理。可以进行拆分的前提是这些小任务可以并行计算，彼此间几乎没有依赖关系。Reduce过程就是对数据进行汇总，即对Map阶段的结果进行全局汇总。

下面通过一个例子来简单说明MapReduce的大致过程。搜索引擎是人们日常生活中常用的网络工具，作为业务的重要特征，搜索引擎自然想知道大众对哪些关键词更为感兴趣，例如以天为单位，收集所有人查询的关键词，统计其出现的次数。作为搜索引擎，会有大量的集群服务器，可将一天里人们所有搜过的关键词以Log文件的形式分别存储在多台机器上（服务器1，2，3…）。假设在机器1上存储了一个Log文件，内容是人们搜索过的关键词：Deer、Bear、River。不同的机器可以以文件的形式，保存不同的关键词。

既然Log文件存放在多台机器中，那么就先让每台机器统计本机上每个关键词的搜索次数，比如机器1的处理结果为：

Deer 150000

River 110000

Car 100000

参见图6-26中的Mapping过程。

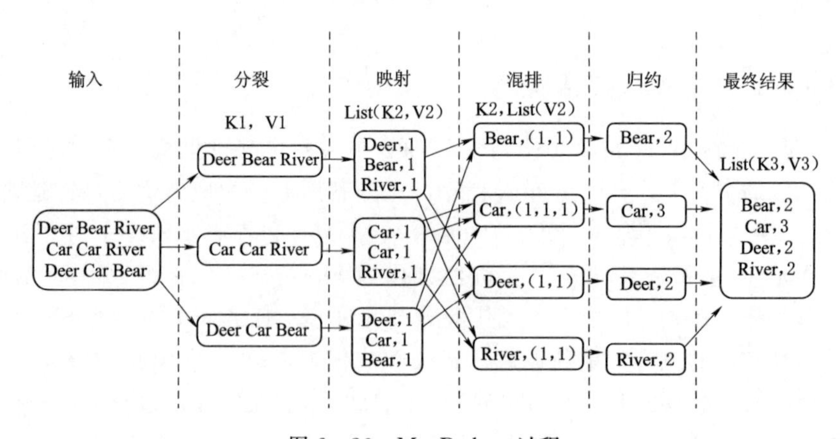

图6-26　MapReduce过程

Mapping 过程中每台机器获知了本机上关键词的搜索次数，接下来再找一组机器，不妨称其为：*a*、*b*、*c*、*d*。每台机器只统计一部分关键词出现在所有机器上的总次数，例如：

让机器 *a* 统计在机器 1、2、3、…、*n* 上“Bear”出现的总次数。

让机器 *b* 统计在机器 1、2、3、…、*n* 上“Car”出现的总次数。

让机器 *c* 统计在机器 1、2、3、…、*n* 上“Deer”出现的总次数。

让机器 *d* 统计在机器 1、2、3、…、*n* 上“River”出现的总次数。

这样当 *a*、*b*、*c*、*d* 完成各自的任务汇总后就得到全局人们对各个关键词的搜索总次数。这里各机器之间需要完成通信，例如，机器 *a*、*b*、*c*、*d* 要从机器 1、2、3 那里得到各机器计算的关键词搜索次数，机器 *a*、*b*、*c*、*d* 相互之间也要互相通信，确保分别统计不同的关键词。

结合上面的实例可知：

在 Mapping 阶段，从 HDFS 中读入文件，将数据进行拆分（Splite），并将数据的数据结构映射为<*key*，*value*>键值对的形式输出。

在 Shuffling 阶段，数据经过 Map 阶段的逻辑处理后，将他们输出并缓存在内存里，并进行排序、合并、归并，最终将数据转化为大磁盘文件，数据被划分为 R 个分区，R 即为 Reduce 任务的数量。也即 Shuffle 过程分区决定 Map 输出的数据将会被哪个 Reduce 任务进行处理。所谓合并：将具有相同 key 值 value 加起来，即<*key*1,1><*key*1,1>→<*key*1,2>。所谓归并：将具有相同 key 值的键值对被归并为新的键值对，即<*k*1,*v*1>,<*k*1,*v*2>,<*k*1,*v*3>,<*k*1,*v*4>→<*k*1,<*v*1,*v*2,*v*3,*v*4>>。

在 Reduce 阶段完成对结果的汇总和输出，即 Mapping 输出的键值对作为输入，把相同 key 值的 value 进行汇总，输出新的键值对。

在具体的编程实现环境中，MapReduce 编程模型借鉴了函数式程序设计语言的设计思想，程序员只需要重点关注其中的 Map 函数和 Reduce 函数即可，其他环节都是由分布式计算框架自动完成。

6.6.2　移动对象的 K 个最邻近查询分布式处理

移动对象的 K 个最邻近查询（k nearest neighbor queries，KNN）[16] 是基于位置服务的一项重要基本功能，例如，在社交网络服务中可以帮助用户找到 *k* 个离他/她最近的人或者餐厅等。KNN 查询一般是面向当前时刻，或者设置一个较短的时间段而开展。

现有 KNN 查询的大多数处理方法都是为集中式设置而设计的，其中查询处理都是针对单个服务器上而实施，其算法很难扩展到分布式环境中，以面对和处理日常位置服务中越来越常见的大量位置数据的并发查询操作。在分布式环境中开发 KNN 查询算法需要考虑到如下几个因素。

通信成本：使用多个服务器并行处理研发 KNN 查询算法可能会导致过度的不同服务器之间的数据通信，这将占用大量网络资源，且较为明显地影响算法的执行效率，远比在单个服务器上执行程序更为耗时，减少集群内网络通信成为算法设计的一个关键方面。

维护成本：大量移动对象的动态位置改变将会导致移动对象定位数据的频繁更新，这就要求能够胜任 KNN 查询的索引结构必须能够适应移动对象的频繁更新，并予以快速响应。

负载平衡：在现实环境中，移动对象数据本身和查询处理请求的所在位置其空间分布都是不均衡的，因此算法设计过程中，也应该重点关注存储对象的存储策略以及查询负载在集群中不同节点的分配方案。

针对上述问题，Yu 等[17] 提出了分布式条带索引（Distributed Strip Index，DSI），以解决分布式 K 个最邻近查询问题（DKNN），并基于 MapReduce 的编程思想，在 Apache S4 开源分布式流数据计算框架中予以实现。

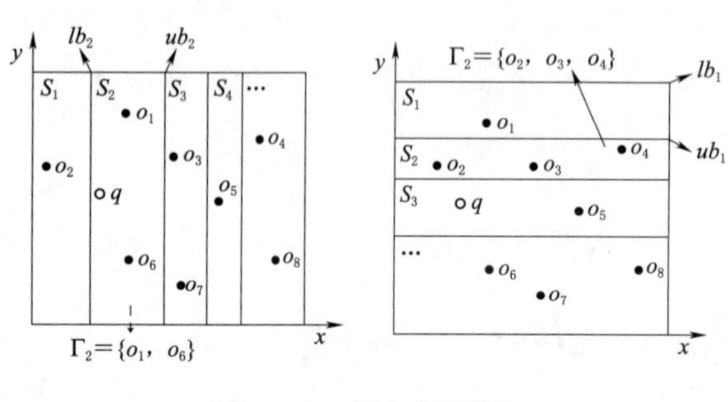

图 6-27　DSI 索引结构

1. DSI 的结构

DSI 结构是将移动对象所在的空间分别划分为互不重叠的水平条带和垂直条带，如图 6-27 所示。以下以垂直条带具体介绍 *DSI* 结构，一个垂直条带 S_i（$1\leqslant i\leqslant N_v$），其中 N_v 是垂直条带的数量，可以表示为｛id_i、lb_i、ub_i、Γ_i｝的数据形式，id_i 是 S_i 的唯一标识符，lb_i 和 ub_i 分别是条带的上边界和下边界，Γ_i 是落入 S_i 条带中所有移动对象的无序列表，每一个移动对象必然在某一个条带内。条带并不是对空间区域的等间隔划分，而是根据数据的分布情况进行的区域划分。每个条带规定至少包含 ξ 个对象，最多包含 θ 个对象，当移动对象发生位置更新时，根据该条件对条带进行拆分或者合并，以确保始终满足该要求。

面向分布式计算，DSI 结构有如下优点：

可并行：其数据分割策略使其易于部署在分布式系统中，单个条带可以在集群中的不同节点上维护。而条带相互不重叠，也方便并行查询处理。

可扩展：每个服务器可以处理一定数量的 DSI 条带，由于每个条带中的对象数量都在给定范围内，因此 DSI 中条带的容量与服务器的数量成正比，这有利于大规模数据处理。

存储空间小：DSI 索引的存储开销很小。除了对象列表之外，只需要存储每个条带的 *id* 号和两个边界，因此整个索引结构可以放入到内存中存储。

2. 基于 DSI 结构的索引查询算法

给定一个查询点 q，DKNN 算法主要包括两个部分，具体如下：

（1）候选条带的获取（这部分的程序称之为 DCS，Determining Candidate Strips）。给定一个查询点 q，欲查询距离其最近的 k 个移动对象。假设候选条带的数目为 c，从每个条带中选择 χ 个到 q 的欧几里得距离最短的对象，使得 $\chi * c\geqslant k$，这里的 χ 可以人工指定。这样，至少可以为 q 找到 k 个邻居。当然，这些对象可能不是最终的 k-NN，但它们可以帮助修剪搜索空间，并作为计算最终 k-NN 的起点。接下来，进一步根据条带的边界来确定“最接近” q 的条带。如图 6-28 所示，q 落在 S_3 中，S_3 显然是 q 的候选条带，继而由于条带 S_4 距离 q 更近（$l_j<l_i$），S_4 也成为 q 的候选条带，照此类推，直至候选条带的数目达到 c 个。

（2）确定最终的搜索区域。在确定了候选条带之后，从每个候选条带中选择 χ 个最接近 q 的对象并形成候选对象集。继而从中找到第 k 个位置最接近于 q 的支持对象 O。设 O 和 q 之间的距离为 r_q，则可以形成一个最终的圆形搜索区域，该区域的圆心即为 q 点，半径则为 r_q。判断与搜索圆相交的条带，计算相关条带中移动对象与 q 点的距离，并从中找出 k 个距离的对象，这就是最终 KNN 查询的结果。如图 6-29 所示，假设进行 3-NN 查询，设 χ=1，则可找到三个候选条带，分别是 S_2、S_3、S_4，并可得候选对象集合为（O_3、O_2、O_4），由于 O_3 与 q 的距离最大，再以其为半径，以 q 点为圆心，可做出图 6-27 中的搜索圆，将该搜索圆与垂直条带进行求交，进一步可找到候选对象 O_1，最终可得 q 的三个最邻近对象分别为（O_1、O_2、O_4）。注意到，DSI 结构中不但包括垂直条带，还包括水平条带，故可先使用垂直条带确定搜索圆，再使用水平条带也确定搜索圆，并选择面积更小的搜索圆，如图 6-30 所示，垂直条带所确定的搜索圆面积更小。最终根据搜索圆进一步搜寻出距离 q 最近的 k 个对象。

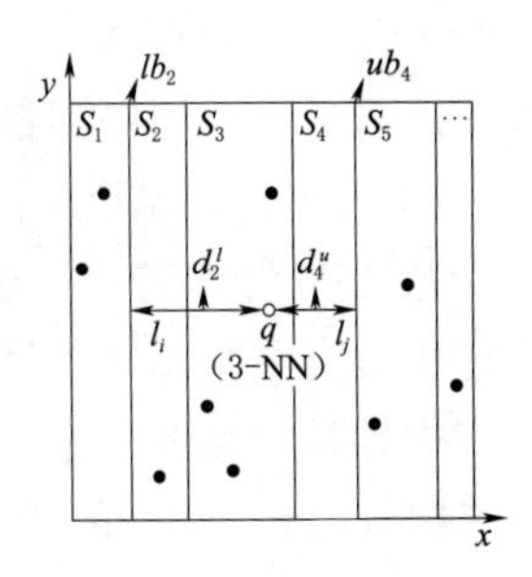

图 6-28　判断候选条带

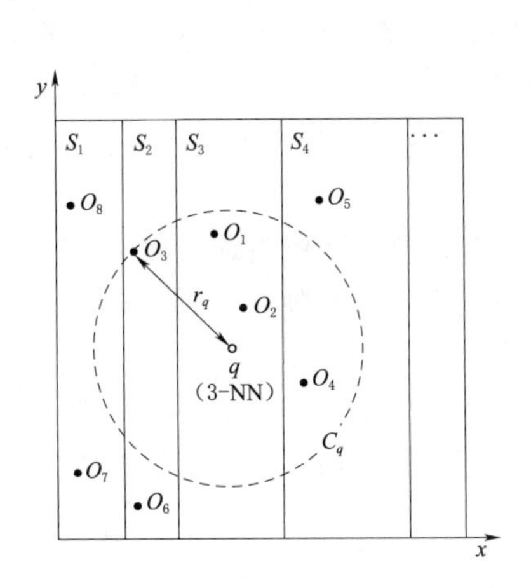

图 6-29　3-NN 查询

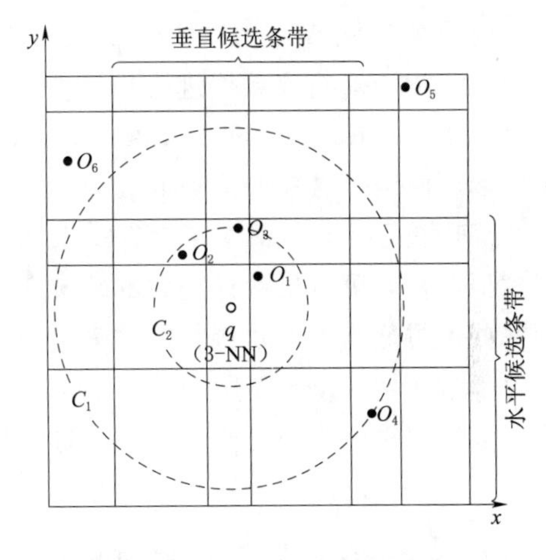

图 6-30　水平和垂直索引相结合

DKNN 算法也同样采用 Master-Slaves 模式，Master 主机负责接受查询请求和维护索引结构的更新，存储各条带的 ID 序号以及它们各自的边界。当 Master 主机收到查询请求 q 后，它首先确定候选条带，并向 Slave 分机分配任务，每个 Slave 分机并行地执行所负责的若干个条带的计算（图 6-27）。

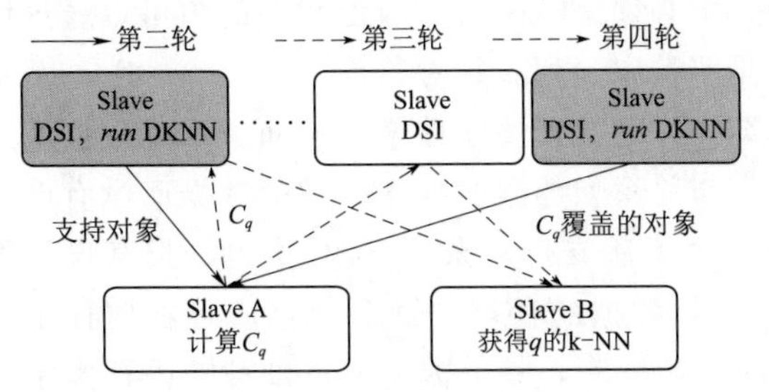

图 6-31　Master-Slaves 模式的运行过程

图 6-31 显示了 Master-Slaves 模式的运行过程，灰色的 Slave 分机从自身所负责的每一个条带中选出 χ 个候选对象，并将这些候选对象统一发送给 Slave A 机器，Slave A 可计算获取搜索圆，并最终确定与搜索圆相交的各个条带，负责维护相关条带的 Slave 分机分别计算各条带中移

动对象与 q 点的距离，并将其发送给 Slave B，最后经由 Slave B 选出距离 q 点最近的 K 个最邻近对象，从而得到最终的 KNN 查询结果。

DKNN 只需四轮通信即可处理任意点 q 的 KNN 查询，如图 6 - 31 所示。第一轮是 Master 主机将查询 q 发送给 Slave 分机，向 Slave 分机分配任务，每个 Slave 分机并行地执行所负责的若干个条带的计算。在第二轮中，接收到查询 q 的 Slave 分机从各自的候选条带中计算出候选对象，并将其发送给 Slave A 分机，Slave A 分机计算获取搜索圆 C_q，计算得到与 C_q 相交的相关条带。在第三轮中，在负责维护与 C_q 相交的相关条带的各个 Slave 分机中，进一步计算出相关条带中各个候选对象与 q 点的距离，将结果发送给 Slave B 分机。在第四轮中，Slave B 分机从中选出距离 q 点距离最近的 k 个邻居对象，由此最终经过 k - NN 查询，获得查询结果。

6.7　面向相似查询的轨迹时空索引

轨迹数据的相似性查询日益成为轨迹数据管理与分析的一项重要功能，考虑到轨迹的数据量非常庞大，而轨迹的相似性度量又十分复杂，因而轨迹数据的相似性查询要比轨迹的常规时空查询操作要难得多，需要提供高效的轨迹相似性查询时空索引框架。文献［18］研究了在键值数据库中对轨迹数据进行相似性检索的框架，并命名为 TraSS（framework for trajectory similarity search based on key - value database）。为了提高相似性搜索的效率，TraSS 采用如下两个步骤来加快查询效率：

（1）全局剪枝。TraSS 改进了 XZ Ordering 空间填充曲线索引，提出了 XZ* Ordering 空间曲线索引结构，可方便设计高效的轨迹存储策略和快速的轨迹查询处理算法，并以此来修剪掉那些不可能与查询轨迹相似的索引空间。

（2）局部过滤。TraSS 使用 Douglas - Peucker 算法（简称 DP 算法）从轨迹中提取代表性特征点以实现对轨迹的化简，并以此过滤那些不相似的轨迹，降低轨迹相似度的计算量，从而提高相似轨迹的查询效率。

6.7.1　基于 XZ* Ordering 索引描述轨迹

1. 键值数据库

键值存储（key - value store），也被称为键值数据库（key - value database），是一个非关系型数据库（NoSQL）。每一个独特的标识符都被存储为一个带有相关值的键。这种数据配对就被称为键值对。在一个键值对中，键必须是唯一的，与键相关的值可以通过键来访问。键可以是纯文本或散列值，值可以是字符串、列表、对象等。

随着互联网的快速发展，网络上各种非结构化的数据爆发性增长，而关系型数据库难以应对海量数据，于是键值数据库应运而生。与关系型数据库相比，键值数据库没有严谨的数据范式，数据的逻辑一致性会受到影响，也无法支持复杂的 SQL 查询。但其设计思想简单，支持快速的读写，适用于海量非结构化数据的存储。键值数据库可在内存中存储，如 Redis 就是一种典型的基于键值对的内存数据库，整个数据库都加载在内存当中进行操作，定期通过异步操作把数据库数据复制到硬盘上进行保存（flush 操作）。因为是纯内存操作，Redis 的读写性能非常出色。键值数据库还可以分布式存储，例如，Aerospike、LevelDB 等分布式键值数据库，键值数据库的分布式存储主要采用分布式哈希表，用来将一个键（key）的集合分散到所有在分布式系统中的节点，这里的节点类似哈希表中的存储位置。在设计分布式系统时，需要顾及 CAP 理论，即 Consistency（一致性：所有客户在同一时间看到的都应该是相同的数据，无论他们连接到哪个节点）、Availability（可用性：何时请求数据的客户端都能得到响应，即使有些节点发生了故障）和 Partition Tolerance（分区容忍度，尽管两个节点的通信中断，系统仍能继续运行），CAP 理论指出一个分布式系统不可能同时满足这三种保证，必须牺牲三个属性中的一个来支持三个属性中的两个。

2. 轨迹的 XZ－Ordering 索引结构

在键值数据库中存储轨迹数据一般是借助空间索引的编号系统来充当键值对中的键。例如 R 树中可存储各个轨迹的最小外接矩形 MBR，每一个叶子节点分配一个唯一的索引编码，可将该编码作为键的一部分来存储和查询轨迹，但是，R 树及其变体的可维护性和可扩展性较为复杂。针对在键值数据库中存储轨迹数据，一些研究表明（如 JUST、TrajMesa 等），XZ－Ordering 索引是表示轨迹数据的更好选择。如图 6－32 中的箭头所示，XZ－Ordering 索引可以被视为四叉树的扩展，它将四叉树每个层级的格网单元以左下角为原点，将其宽度和高度都乘以 2 倍。XZ－Ordering 索引利用能够包含轨迹 MBR 的最小格网单元来近似表达轨迹数据，相应的格网单元编号即为“键”值。如图 6－32（a）中的“303”格网单元代表其所对应的结点位于四叉树的第三层，可以认为其分辨率的值为 3，分辨率的值越大，格网单元越小，“303”则是其编号。

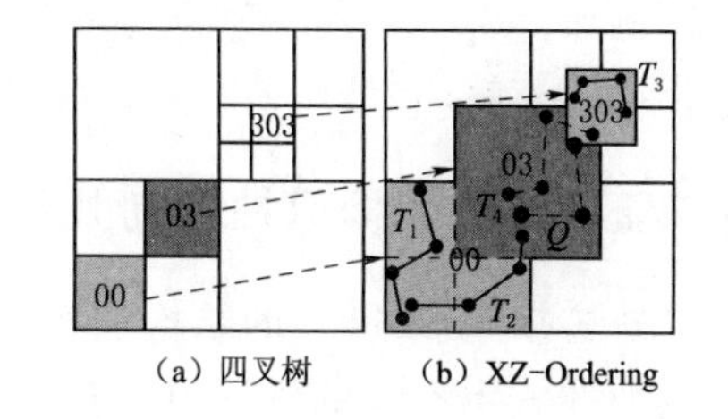

（a）四叉树　（b）XZ-Ordering

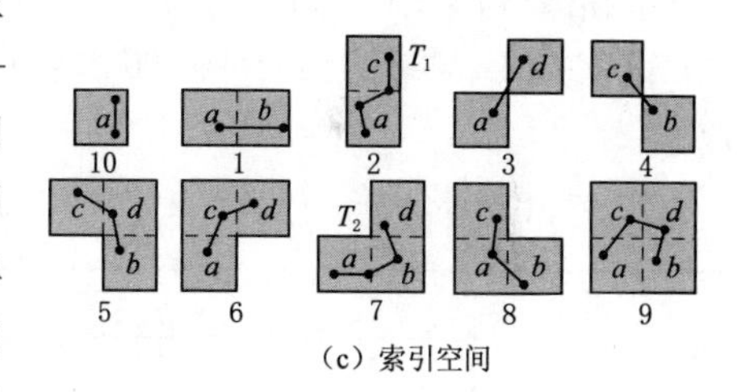

（c）索引空间

图 6－32　XZ－Ordering 索引结构

如图 6－32（b）所示，轨迹 T_4 如果是用传统的四叉树来近似表达，则其将对应于根结点，因为只有根结点方能完整包含 T_4 的 MBR，这显然过于粗糙了，即便是采用扩大后格网单元“03”来表示，轨迹 T_4 也只是占据该格网单元所对应索引空间的一小部分，仍然粗略。导致查询处理难以通过修剪 XZ－Ordering 索引空间来过滤掉不相似轨迹。文献［18］提出的 XZ* 索引能在同一索引空间内表示尽可能多的相似轨迹。它将 XZ－Ordering 索引中每个放大后的格网单元再次划分为四个相等的子区域，并利用子区域的组合作为索引空间。如图 6－32 所示，将扩大后的索引空间“03”再次划分为四个区域，并根据轨迹在这个四个子区域的不同情况下的位置分布予以不同的位置码（position code），如图 6－32（c）的十种情况。按照这种索引方式，可将上图放大后的索引空间“00”分成四等份，即 a、b、c、d，然后使用图 6－32（c）中的位置码来代表不同形状的轨迹，例如，下图（‘00’，2）和（‘00’，7）就分别代表轨迹 T_1 和 T_2。

3. 轨迹的 key - value 存储

TraSS 进一步设计了一个映射函数，将上文中轨迹所在的索引空间转换为连续的整数值。其好处在于不需要在内存中维护索引结构。这种整数编码比字符串编码消耗更少的存储开销，而且相近的整数值，在空间上也邻近，从而提高了可维护性和可扩展性。例如，T_1 和 T_2 所对应的索引空间（'00'，2）和（'00'，7）经过映射函数计算就分别转化为整数值 40、45。TraSS 既然使用了一个不规则的索引空间来表示一个轨迹，那么就可以用这个索引空间所对应的整数值来充当其空间键值，其键定义为

$$rowkey = shards + index \sim value + tid \tag{6-14}$$

式中："+"为连接操作；*shards* 为一个散列值，用于分散轨迹；*index～value* 为利用映射函数将索引空间所转换为的整数值；*tid* 为轨迹的唯一标识符。

表 6 - 2 中给出了轨迹表的结构，其中 *tid* 是标识符，*points* 列存储轨迹的原始轨迹点点。值得注意的是，为了有效地执行轨迹相似性搜索，还需要列来存储一些有价值的特征，例如，*dp - points* 记录轨迹采用 DP 算法压缩化简后所保留的特征点在原始轨迹的序号，*dp - mbrs* 存储压缩轨迹各分段的 MBR。

6.7.2　轨迹的相似性查询处理

轨迹按照表 6 - 2 的结构进行存储，并且通过行键进行搜索。每个行键都配有一个轨迹所在索引空间的索引值。查询处理需要首先通过全局剪枝策略快速过滤与查询轨迹不可能相似的索引空间，进而再通过局部过滤进一步减少轨迹之间相似度的计算量。TraSS 框架支持离散 Fre'chet 距离、Hausdorff 距离等轨迹相似度测度的计算及相似性搜索。

表 6 - 2　　轨　迹　表　示

rowkey	***value***				
	tid	***points***	***dp - points***	***dp - mbrs***	…
01110t1	*t*1	MultiPoint(…)	List⟨Integer⟩	MultiPolygon(…)	…
11011t2	*t*2	MultiPoint(…)	List⟨Integer⟩	MultiPolygon(…)	…

全局剪枝。对于两条相似轨迹而言，首先形状相似，其次距离较近。故而一方面，可直接过滤查询轨迹所在索引空间包含或者被包含太大或太小的索引空间，这些索引空间所索引的轨迹都无须再加以对比。另一方面，通过计算查询轨迹的索引空间与其他轨迹索引空间的几何距离，如果二者的几何距离过大，也可过直接滤掉这些索引空间。

如图 6 - 33 所示，图 6 - 33（b）分别是查询轨迹 Q 所在的索引空间和待查询轨迹 T 所在的索引空间，前者的高和宽分别是 h 和 w，后者的高和宽分别是 h_1 和 w_1，前者包含后者。记 $d_0=(h-h_1)/2$，$d_1=(w-w_1)/2$，假设相似度测度的距离阈值为 ξ，那么，如果 d_0 或者 d_1 的值超过 ξ，那么这两个索引空间中的轨迹其相似度距离必然超过 ξ，可以直接判定他们不可能相似，予以提前排除。故而如果一个被查询轨迹所在索引空间包含的索引空间所在分辨率比图 6 - 33（b）所给出的最大分辨率 Max$R$ 还要大，则该索引空间中的轨迹都无须再参与轨迹相似度计算，直接予以排除。同理还可以给出最小分辨率

Min$R$，见图 6－33（a）的示意图，也即如果待查询轨迹 T 的索引空间包含查询轨迹 Q 的索引空间，那么，比图 6－33（a）所给出的最小分辨率 Min$R$ 还要小的索引空间中所包含的轨迹都无需再进行相似度计算，他们的相似度距离必然超过规定阈值 ξ，可以直接予以排除。而在图 6－33（c）中，假设 MinDistEE 是查询轨迹中落在 MBR 上的任意一个轨迹点与索引空间 EE 最小的几何距离，如果所有这些最小几何距离中的最大值 MinDistEE 仍然比阈值 ξ 还要大，那么查询轨迹 Q 不可能与索引空间 EE 中的任何一个轨迹之间的相似度测度的距离满足阈值要求，故也可以直接排除索引空间 EE 中的所有轨迹。

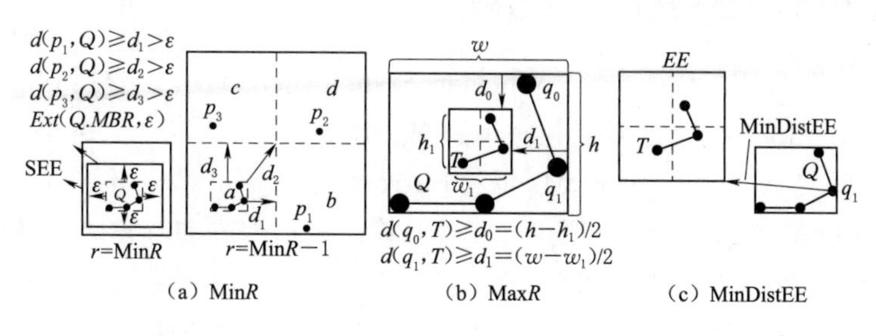

图 6－33 剪枝操作

局部过滤。过滤掉不必要的索引空间后，剩下索引空间中的轨迹就需要参与进行轨迹相似度计算了。TraSS 进一步设计了局部过滤策略，以较小的计算成本加速轨迹相似度的计算，其思路是采用 DP 算法对各个轨迹进行化简，减少参与计算的轨迹点数量，并加快轨迹相似度距离的计算，如图 6－34（a）所示，设化简阈值为 θ，则根据 DP 算法的原理，到每段基线的垂直距离大于 θ 的轨迹特征点得以保留，再根据化简后的各个基线分段构造条带矩形［图 6－34（b）中的 bbox_2］，也就是原始轨迹中该分段的最小外接矩形。借助各个分段条带，可以进一步加速轨迹之间相似度距离的计算。

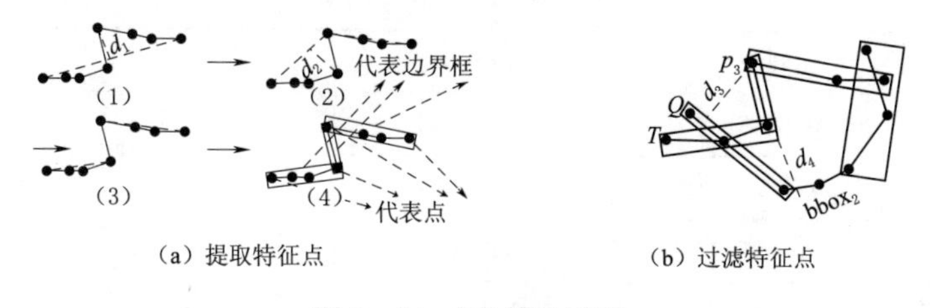

图 6－34 DP 算法原理

通过以上全局剪枝和局部过滤，排除了大量不必要参与相似度计算轨迹从而提高了轨迹相似度的计算效率，最终得以在键值数据库中高效率的实现轨迹相似性搜索查询。

6.8 面向压缩轨迹路径查询的时空索引

对于大规模车辆轨迹进行高效的时空查询是轨迹数据管理的基础性需求，然而其巨大存储空间给轨迹数据的查询、分析和应用也带来了严峻挑战。如何对海量车辆轨迹进行有效压缩，同时又支持对轨迹数据的高效时空查询，这对于轨迹数据的基础管理具有十分重要的意义。尽管前文已经叙述了多种轨迹的索引查询结构，这些树状索引结构能够高效地支持轨迹的时空查询问题，但都没有考虑到轨迹数据压缩问题。这会带来如下问题：一方面树状索引结构无法直接适用于压缩后的轨迹数据；另一方面其本身占据大量存储空间。针对这种情况，文献（CiNET、Enance indexing）提出了一种面向压缩轨迹的数据索引查询结构 SNT 索引，既可以实现对轨迹的压缩，又可对轨迹实现路径时空查询。SNT 索引中通过利用 BWT 算法实现对轨迹数据的压缩，利用 FM - Index 实现严格子路径的模式匹配查询，再利用 B^+ 树实现对严格子路径的时间范围查询。

6.8.1　基于 BWT 算法的轨迹数据压缩

CiNET[19] 主要采用（Burrows - Wheeler Transform，BWT）变换算法[20] 实现轨迹数据的压缩和 FM - Index[21] 实现路径查询索引。Burrows - Wheeler 变换是一种典型的块排序压缩算法，该算法于 1994 年被 Michael Burrows 和 David Wheeler 在位于加利福尼亚州帕洛阿尔托的 DEC 系统研究中心发明。BWT 算法包括编码和解码两个过程。

编码过程为：假设有一个字符串“ACGTAA”，在字符串末尾添加一个标识符“$”，其不能在字符串的字符集中，且定义其 ASCI 码小于字符集中的任意字符。

将当前字符串的第一个字符移到最后一位，形成一个新的字符串，再将新的字符串的第一位移到最后一位形成另一个新的字符串，如此不断循环这个过程，直到字符串循环完毕（即“$”处于第一位），从而得到 n 个长度为 n 的字符串。对循环移位后的 n 个字符串按照字典序排序，可形成一个字符矩阵 M，分别记下第一列 F 和最后一列 L。见表 6 - 3，这样，原来的字符串“ACGTAA”就转换为了最后的 L 列“AATACG”。L 列就是字符串的编码结果。经过 BWT 变换后，原始字符串中相同的字符串其位置会更加靠近，这就有助于对字符串进行统计压缩或者字典压缩等。

表 6 - 3　　BWT 算法编码示例

ID	rotations	sort	F	L
1	ACGTAA $	$ ACGTAA	$	A
2	CGTAA $ A	A $ ACGTA	A	A
3	GTAA $ AC	AA $ ACGT	A	T
4	TAA $ ACG	ACGTAA $	A	$
5	AA $ ACGT	CGTAA $ A	C	A
6	A $ ACGTA	GTAA $ AC	G	C
7	$ ACGTAA	TAA $ ACG	T	G

BWT 编码过程具有以下性质：

（1）L 列的第一个字符是源字符串的最后一个字符。

（2）同一行的 F 列和 L 列的字符在源字符串里是相邻的，而且 L 列字符的下一个字符就是同行里 F 列的字符。

（3）同一种字符在 F 列和 L 列里的序号是一致的，例如，图 6 - 35 中 F 列里的第二个 A 和 L 列里的第二个 A 在源字符串里是同一个 A。

表 6-4　　**BWT 算法编码**

Sort	F	L
$\$_0A_0C_0G_0T_0A_1A_2$	$\$_0$	A_2
$A_2\$_0A_0C_0G_0T_0A_1$	A_2	A_1
$A_1A_2\$_0A_0C_0G_0T_0$	A_1	T_0
$A_0C_0G_0T_0A_1A_2\$_0$	A_0	$\$_0$
$C_0G_0T_0A_1A_2\$_0A_0$	C_0	A_0
$G_0T_0A_1A_2\$_0A_0C_0$	G_0	C_0
$T_0A_1A_2\$_0A_0C_0G_0$	T_0	G_0

解码过程为：整体思路是已知 *L* 列，得出 *F* 列，再回溯推出源字符串。也就是根据上述 BTW 编码过程的相关性质，进行回溯便可得源字符串。例如，按照图 6-35 带箭头直线所示进行回溯，可得到字符串“$AATGCA”，将其反序便是源字符串“ACGTAA$”。

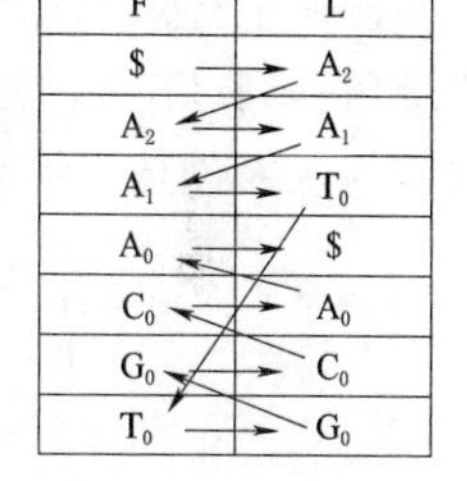

图 6-35　解码过程

上述解码过程中，由 *L* 列推导出 *F* 列字符串的过程被称之为 LF(Last to First) 函数，*LF* 的计算公式为

$$LF(pos,na)=C(na)+pre\_na(pos,na) \qquad (6-15)$$

式 (6-15) 的含义是指对于 *L* 列中的第 *pos* 行的字符‘na’，得出其在 *F* 列中的对应字符。*C*(*na*) 是在 *F* 列中字符‘na’第一次出现的位置，*pre_na*(*pos*, *na*) 则为 *L* 列中第 *pos* 行之前总共出现过多少个字符‘na’。例如，在图 6-35 中，$LF(2,A)=C(2)+pre\_na(2,A)=2+1=3$。即 *L* 列中的第二个出现的 A_1 对应于 *F* 列中的第二个出现的 A_1。

需要注意的是，BWT 算法与后缀数组有着密切的关系，如图 6-36 展示了一个字符串“abaaba”的整个 BWT 编码过程。

向该字符串末尾增加一个字符“$“后，图 6-37 展示了该字符串的各个后缀数组，所谓后缀数组 SA 是一个通过对字符串的所有后缀经过排序后得到的数组。“abaaba$”的所有后缀分别是“$”“a$”“ba$”“aba$”“aaba$”“baaba$”和“abaaba$”，将他们按照字典序排序，SA 数组中记录每个后缀起始字符在源字符串中的位置。

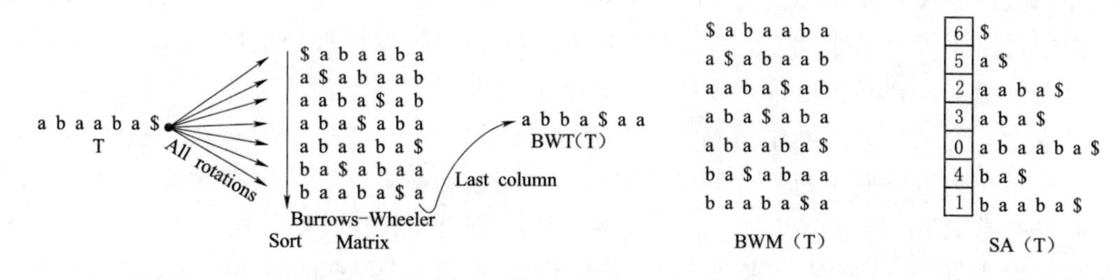

图 6-36　BWT 算法与后缀数组关系　　图 6-37　后缀数组排序

可以发现，BWT 算法的循环转移过程与后缀数组有着高度的相似性，事实上，根据后缀数组也可以重建 BWT。公式如下：

$$BWT[i]=\begin{cases}T[SA[i]-1] & ,(SA[i]>0)\\ \$ & ,(SA[i]=0)\end{cases} \tag{6-16}$$

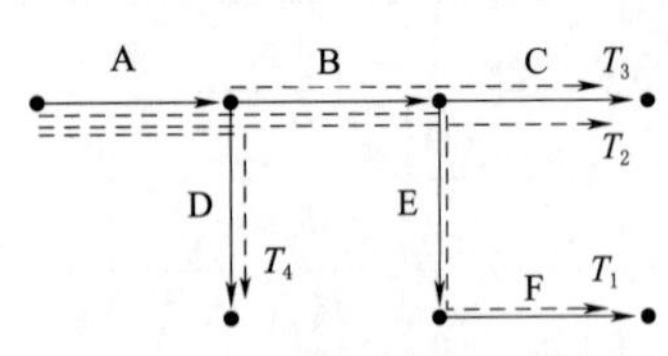

图 6－38　路网匹配后的轨迹

仿照上述过程，文献［19］也对道路网采用相同的方式进行数据压缩。例如，图 6－38 所示道路网，给道路网中的每一个路段进行编号，为了叙述方便，图中的 6 个路段对应于 6 个字母，道路网中的所有路段的编号就构成了字符集。共有四个轨迹分别是 ABEF、BC、ABC 和 AD。文献中用“$”字符分割轨迹，并在最后添加一个字符“#”，以表示结束。每个轨迹都以逆序表示。这样，原始的轨迹字符串表示为

$$T=\underbrace{FEBA}_{T_1^r}\$\underbrace{CBA}_{T_2^r}\$\underbrace{CB}_{T_3^r}\$\underbrace{DA}_{T_4^r}\$\#. \tag{6-17}$$

按照上述 BWT 变换，对轨迹字符串进行编码，结果如图 6－39 所示的 L 列，即图中的最后一列 Tbwt。在 Tbwt 中，与原始轨迹字符串相比，相同字符在位置上也更为靠近，这就为压缩创造了有利条件。

原始字符串 / 轨迹的所有变换		排序后的字符串	BWT: T_{bwt}
T = FEBACBACBDA#	0:	#FEBACBACBDA	$
EBACBACBDA#F	1:	$#FEBA$CBACBDA	A
BACBACBDA#FE	2:	CBDA$#FEBA$CBA	A
ACBACBDA#FEB	3:	CBACBDA#FEBA	A
CBACBDA#FEBA	4:	DA#FEBACBACB	B
CBACBDA$#FEBA$	5:	A$#FEBA$CBACBD	D
BACBDA$#FEBA$C	6:	ACBDA$#FEBA$CB	B
ACBDA$#FEBA$CB	7:	ACBACBDA#FEB	B
CBDA$#FEBA$CBA	8:	BDA#FEBACBAC	C
CBDA#FEBACBA	9:	BACBDA$#FEBA$C	C
BDA#FEBACBAC	10:	BACBACBDA#FE	E
DA#FEBACBACB	R(BA) 11:	CBDA#FEBACBA	$
DA$#FEBA$CBACB	12:	CBACBDA$#FEBA$	$
A$#FEBA$CBACBD	13:	DA$#FEBA$CBACB	$
$#FEBA$CBACBDA	14:	EBACBACBDA#F	F
#FEBACBACBDA	15:	FEBACBACBCA#	#

排序　　最后一刻

图 6－39　轨迹字符串编码

文献［19］为了进一步提高压缩率，根据道路路段之间的相对拓扑邻接关系来进行轨迹编码，文中称之为 RML（Relative movement labelling）。容易理解，轨迹就是由一系列拓扑邻接的路段连接而成。如图 6－40（a）是图中道路网络及四个轨迹的图结构表示。图中道路路段 A 拓扑邻接两条道路路段 B 和 D，故而可以用数字 1 和 2 来表示这两种可能的情况。在现实地理世界中，每条路段的拓扑邻接路段个数都是有限的，一般不超过 5 个，也就是道路网中道路节点的度一般不大于 5。采用 RML 这种轨迹的相对编码方法要比为道路网中每一个路段都分配一个绝对的唯一编码数据量要小得多。图 6－40（b）是 RML 相对编码的示意图，图中第一行是 BWT 变换的第一例（F 列），F 列是按照字典顺序排列的，根据不同字符将其分割成不同的部分。以图中第二行 Tbwt（L 列）中第三块“DBB”为例来说明 RML 的编码方法。第三块对应于第一行中的字符 A，而从路段 A 到路段 D，其编码是 2，从路段 A 到路段 B 编码是 1，故 DBB 可编码为 211。

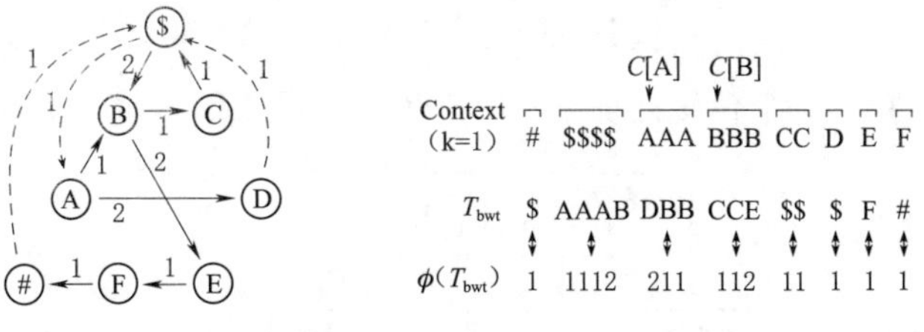

（a）道路网络及四个轨迹的图结构　　（b）RML 相对编码

图 6-40　轨迹编码

6.8.2 基于 FM-index 的轨迹模式匹配查询

FM-Index（Full text index）[21] 是一种结合 BWT 算法和后缀数组的压缩文本索引查询方法，可以有效支持对压缩文本的字符串匹配查询。假定有一个字符集 Σ，令 $Texts[1,u]$ 是以该字符集表示的任意文本，字符个数为 u 个。Z 为对文本 Texts 执行 BWT 算法编码后的结果（即 BWT 字符矩阵的 L 列），利用后缀数组 A 与字符矩阵 M 的关系，则 FM-Index 不用对 Z 进行解压缩，即可实现两种快速的字符串模式搜索。

FM-Index 中需要用到一个重要函数功能 *Rank*。对于一个字符串，*Rank*（*position*，α）返回该字符串 *position* 位置之前字符 α 的数量，例如，对于下图中的字符串，有 $Rank(5,e)=2$。*Select* 函数是 *Rank* 函数的反向操作。对于一个只有 {0,1} 构成的二进制字符串，$Select(frequency,1)$ 代表该字符串中第 *frequency* 次出现 {1} 的位置。例如，在图 6-41 的二进制字符串中，$Select(4,1)=7$。

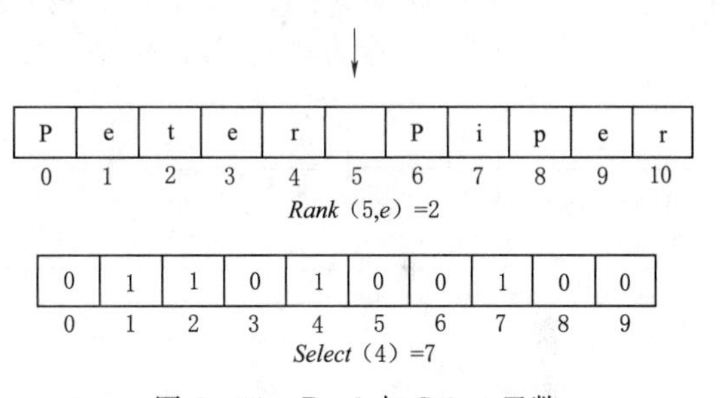

图 6-41　*Rank* 与 *Select* 函数

为了加快 Rank 函数的计算，文献［21］采用简明数据结构（succinct dictionary）中的小波树（wavelet tree）来存储 T_{bwt}，以快速计算 $Rank_w(T_{bwt},i)$。即返回字符 w 在 T_{bwt} 字符串中在第 i 个位置之前的数量。小波树的巧妙之处在于其时间复杂度不取决于 T_{bwt} 字符串本身的长短，而只和字符集的数量有关。图 6-42 是对字符串 $S=T_{bwt}$ 所构建的小波树。其中，每个字符都可以根据出现的频率大小编码为哈夫曼二进制串。小波树中的每个节点 v 都存储了一个二进制串 B_v。对于根节点 v_0，B_{v_0} 存储了每个字符的最高有效位（*MSB*）。在树的第二层，根据每个字符所对应的二进制值被分别分到左右子树，并仍然保持原有顺序不变。继而第二层的节点存储了每个字符的第二个有效位。按照此种方式，递归地形成每个层级的每个节点，就可完整构建小波树。对于函数 $Rank_w(T_{bwt},i)$，设字符 w 的哈夫曼编码长度为 k，那么只需 k 次计算即可得到结果，也就是说在小波树的支持下，$Rank_w$ 函数的时间复杂度几乎为 $O(1)$。以计算 $Rank_w(S,10)$ 为例来说明具体过程，即在 S 中第 10 个位置之前共有几个字符‘C’，首先字符‘C’的哈夫曼编码第一位是 1，在 B_{v_0} 中，在第 10 个位置之前共有 6 个 1。由于其第一位是 1，故进入到右子树，此时字符‘C’的哈夫曼编码第二位也是 1，在第 2 层中，在第 6 个位置之前共有 5 个 1。由于字符‘C’的哈夫曼编码的第二位是 1，故进入到右子树中，此时字符‘C’的哈夫曼编码第三位是 0，在第 5 个位置之前共有 2 个 0，故最终的结果是 $RankC(S,10)=2$。

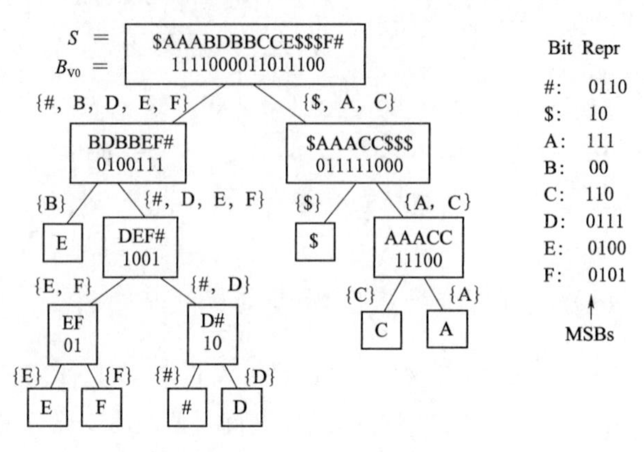

图 6 - 42　小波树结构存储 T_{bwt}

对于给定的欲查询模式字符串 P，设其长度为 m，则定义范围 $R(P)=[sp,ep)$，其含义是指字符矩阵 M 中 F 列的第 sp 行到第 $ep-1$ 行的前缀（前 m 个字符）均为 P。将找到给定 P 的 $R(P)$ 称为模式匹配查询。例如，假设 $P=BA$，那么将可得到 $R(P)=[9,11)$（参考图 6 - 39 中第 9 行和第 10 行）。其算法如下所示：

Algorithm 1: Finding the suffix range $R(P)=[sp,ep)$ for a given query P of length m based on T_{bwt} (*SearchFM*)

Input: BWT string of length n: T_{bwt},
　　Query string of length m: P
Output: Range of T_{bwt} that matches to P

1 $w \leftarrow P[m-1]$; $sp \leftarrow C[w]$; $ep \leftarrow C[w+1]$
2 **for** $i \leftarrow 2$ *to* m **do**
3 　$w \leftarrow P[m-i]$
4 　$sp \leftarrow C[w]+rank_w(T_{bwt}, sp)$
5 　$ep \leftarrow C[w]+rank_w(T_{bwt}, ep)$
6 　**if** $sp \geqslant ep$ **then return** NotFound
7 **return** $[sp, ep)$

在算法 1 中，$C[w]$ 是字符矩阵 M 的 F 列中按照字典顺序排列比 w 要小的字符个数，例如，$C[A]=5$ 和 $C[B]=8$。以 $P=BA$ 为例来说明算法 1 的执行过程，在行 1 中，有 $w=A$，$sp=5$，$ep=8$. 由于 P 的长度 $m=2$，所以算法 1 中变量 i 只循环一次，由于 $Rank_w(T_{bwt},5)=1$，$Rank_w(T_{bwt},8)=3$，所以最终的 $[sp, ep)$ 应变为 $[9, 11)$，也就是 R(P)=[9,11)。算法 1 的时间复杂度神奇之处在于与原始字符串的长度无关，而只取决于查询字符串 P 的长度 m 以及 Rank 函数的时间复杂度，由于 Rank 函数是几乎 $O(1)$ 的时间复杂度，因此算法 1 的字符串模式查询速度极为快速。

注意到，在上例中，尽管正确找到了两处 BA，分别对应于 F 列中的第 9 行和第 10 行，但并不知道这两处 BA 在原始字符串中的位置。事实上，前文已经提及字符矩阵和后

缀数组 SA 有对应关系，第 9 行后缀字符串为”BA \$CBA\$CB\$DA\$ #”，第 10 行后缀字符串为“BA\$CB\$DA\$ #”，并由后缀数组的定义可知 $SA[8]=3$，$SA[9]=7$。3 和 7 即是两处 BA 在原始字符串中的起始位置。不过由于再单独存储后缀数组较为占用存储空间，为此可以每隔一定区间存储一个后缀数组的值，称之为检查点。而其余后缀数组的值可通过回溯并与检查点的偏移量来推导得出，也就是通过牺牲一定的时间复杂度，来换取较大幅度减少后缀数组的存储空间。

6.8.3 基于 B^+ 树的轨迹时间范围查询

借助上述轨迹字符串的模式匹配查询，可以高效率地实现前文第 3 节所述的严格子路径查询，可也就是说从所有轨迹的对应路径中迅速找到所有欲查询的子路径。考虑到第 3 节的严格子路径查询中尚有时间因素，以下进一步讨论轨迹字符串所对应严格子路径的时间索引查询。文献［22］是采用 B^+ 树来索引道路网中每一个路段所对应轨迹的时间范围信息。下面以一个完整的实例来给出严格子路径的时间查询，并给出相关算法 2。

图 6-43 共有四条轨迹 T_1-T_4，由路段及到达每个路段的时间点所组成。再将四个轨迹逆序组成一个原始轨迹字符串后，以字符‘\$’分割各轨迹，并在最后仍然增加一个字符‘#’以表征结束。提取原始轨迹字符串的各个后缀，并将后缀按照字典顺序排列，可得到后缀数组 SA 以及逆后缀数组 ISA，二者关系是 $SA[j]=i$，$ISA[i]=j$。也即 SA 中存储的是后缀第一个字符在原始字符串中的索引号，而 ISA 中则存储的是将后缀按照字典顺序排列后该后缀的排序行号。

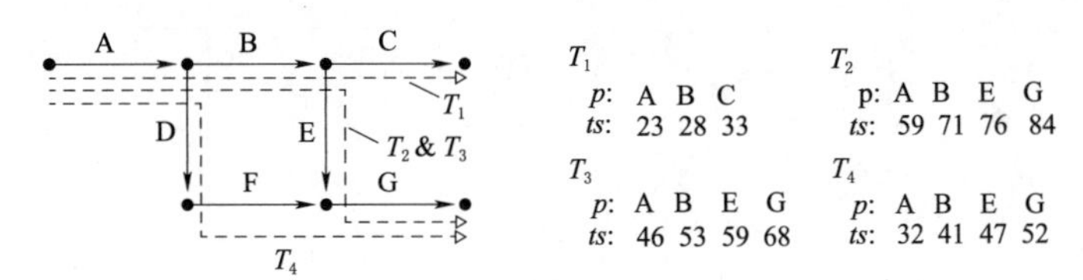

图 6-43 四条轨迹及编码

接下来就是构建每个路段的 B^+ 树。如图 6-45 所示，首先是四条轨迹数据连接到一起，继而计算各个轨迹中路段的 ISA 数组的值。以第二条轨迹 T_2 为例，在图 6-44 中，以 G 为开头的第一个后缀其排序行号为 17，以 E 开头的第一个后缀其排序行号为 14，故 T_2 中路段 G 和 E 二者的 ISA 值分别为 17 和 14。第三步就是将图中的四条轨迹根据他们所途经的路段重新进行数据的组织，也就是构建每个路段 A、B，…，G 的倒排表（Posting List），倒排表中所包含的元素就是按照时间戳顺序排列访问该路段的各个轨迹编号以及所对应的 ISA 数组的值。由于已经按照时间戳顺序升序排列，故可以直接构建 B^+ 树以索引时间范围数据。最后一步就是构建 FM 索引，以实现对轨迹所对应路径的字符串模式匹配查询。

算法 2 粗略给出了利用 SNT 索引来完成轨迹的严格子路径时空查询（SPQ，strict path query），P 是欲查询的字符串，P^r 是 P 的倒序。算法的第 2 行首先利用 FM 索引找到给定查询字符串 P 的前缀范围 $R(P)=[sp,ep)$。第 3 行中的 I 是指时间范围［I_{begin}，

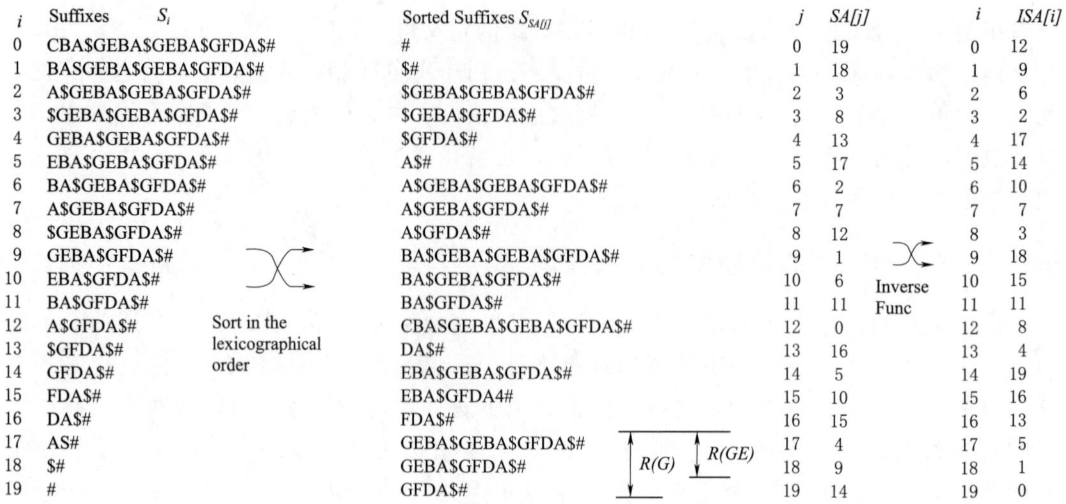

i　Suffixes　S_i
0 CBA$GEBA$GEBA$GFDA$#
1 BA$GEBA$GEBA$GFDA$#
2 A$GEBA$GEBA$GFDA$#
3 $GEBA$GEBA$GFDA$#
4 GEBA$GEBA$GFDA$#
5 EBA$GEBA$GFDA$#
6 BA$GEBA$GFDA$#
7 A$GEBA$GFDA$#
8 $GEBA$GFDA$#
9 GEBA$GFDA$#
10 EBA$GFDA$#
11 BA$GFDA$#
12 A$GFDA$#
13 $GFDA$#
14 GFDA$#
15 FDA$#
16 DA$#
17 A$#
18 $#
19 #
Sort in the lexicographical order
Sorted Suffixes $S_{SA[j]}$
#
$#
$GEBA$GEBA$GFDA$#
$GEBA$GFDA$#
$GFDA$#
A$#
A$GEBA$GEBA$GFDA$#
A$GEBA$GFDA$#
A$GFDA$#
BA$GEBA$GEBA$GFDA$#
BA$GEBA$GFDA$#
BA$GFDA$#
CBA$GEBA$GEBA$GFDA$#
DA$#
EBA$GEBA$GFDA$#
EBA$GFDA4#
FDA$#
GEBA$GEBA$GFDA$#
GEBA$GFDA$#
GFDA$#
R(G)
R(GE)
j　SA[j]
0 19
1 18
2 3
3 8
4 13
5 17
6 2
7 7
8 12
9 1
10 6
11 11
12 0
13 16
14 5
15 10
16 15
17 4
18 9
19 14
Inverse Func
i　ISA[i]
0 12
1 9
2 6
3 2
4 17
5 14
6 10
7 7
8 3
9 18
10 15
11 11
12 8
13 4
14 19
15 16
16 13
17 5
18 1
19 0

图 6-44　轨迹字符串后缀数组示意图

tid ts isa
1 23 6
2 59 7
3 46 8
4 32 5
步骤3. 为每条轨迹构建倒排表
Posting-List of B: ΦB
tid ts isa
1 28 9
2 71 10
3 53 11
⋮
Posting-List of G: ΦG
tid ts isa
2 84 17
3 68 18
4 52 19
i tid eid ts iaa
0 1 C 33 12
1 1 B 28 9
2 1 A 23 6
3 $ 2
4 2 G 84 17
5 2 E 76 14
6 2 B 71 10
7 2 A 59 7
8 $ 3
9 3 G 68 18
10 3 E 59 15
11 3 B 53 11
12 3 A 46 8
13 $ 4
14 4 G 52 19
15 4 F 47 16
16 4 D 41 13
17 4 A 32 5
18 $ 1
19 # 0
T_1
T_2
T_3
T_4
步骤1. 连接所有 NCT数据
Trajectory String T
ISA of T
FM-index of Trajectory String T
步骤4. 构建轨迹的FM索引
步骤2. 计算轨迹的ISA

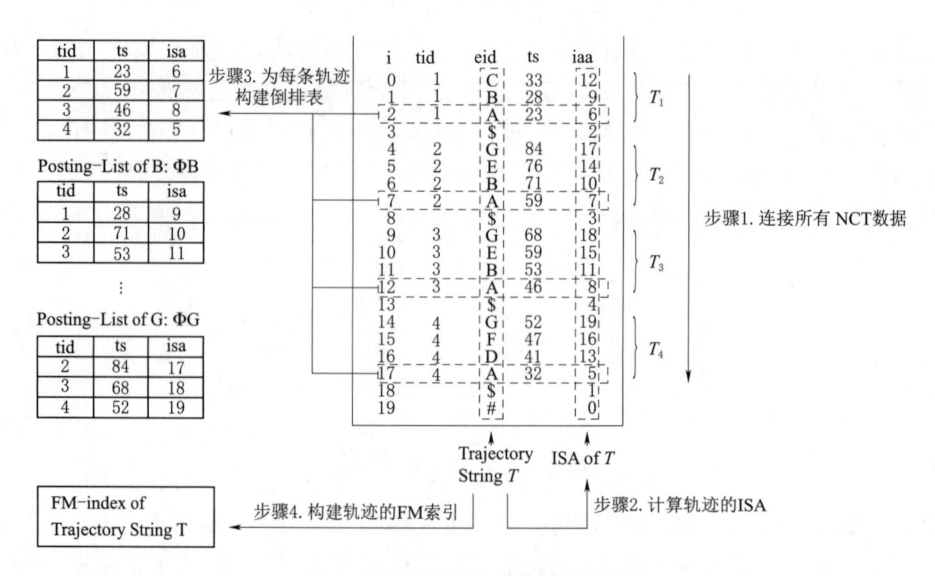

图 6-45　SNT 索引构建示意图

I_{end}]，SPQ 查询是找到给定的子路径，同时移动对象通过第一条路段 $P[0]$ 和最后一条路段 $P[|P|-1]$ 的时间应该落在时间范围 I 之内。第 3 行利用 B^+ 树对路段 $P[|P|-1]$ 的倒排表进行查询，找到在时间范围［I_{begin}，I_{end}］之间途径该路段的所有轨迹记录，第 4 行到第 6 行则是判断这些轨迹记录的逆后缀数组 ISA 的值是否在［sp，ep）之间，若否，则它们必然不是欲查询的字符串 P，也就说不属于欲查询的子路径。第 7 行则也是利用 B^+ 树对路段 $P[0]$ 的倒排表进行查询，找到在时间范围［I_{begin}，I_{end}］之间途径该路段的所有轨迹记录。第 8 行则是对 X 和 W 这两个集合的结果求交集，即可得到最终查询结果。

ALGORITHM 2: Proposed algorithm for SPQ(*P*,*I*) (proposed-SPQ)

```
1 W ← φ
2 [sp,ep) ← FM-search(P^r, T_bwt)
3 Y ← RangeQuery(P[|P|−1], I)
4 for each record y ∈ Y do
5 |  if sp ≤ y.isa < ep then
6 |  |_ W ← W ∪ {y}
7 X ← RangeQuery(P[0], I)
8 U ← ST-join(X, W)  // intersection of X
  and W
9 return U.tid
```

6.9　顾及轨迹压缩的车辆路径查询算法

当前较为缺乏既能实现轨迹的数据压缩，又支持对压缩轨迹开展较为全面的路径查询的相应研究。因此，笔者提出一种直接面向压缩车辆轨迹的路径空间查询算法[23]。该算法将力求既能有效降低轨迹数据的存储容量，又能较为高效且全面地支持面向压缩车辆轨迹的路径查询。

算法的主要思想是，首先基于 Stroke 道路层次结构压缩轨迹空间数据，提取关键变速点压缩轨迹时间数据，并构建了一种用于建立轨迹空间和时间数据之间联系的哈希编码，从而实现车辆轨迹的时空数据集成压缩；之后利用后缀数组对车辆轨迹的基于 Stroke 路段的压缩编码构建空间索引结构，再以此为基础，设计了车辆轨迹所对应路径的点信息查询算法、相同子路径查询算法和相似路径查询算法，算法技术框架图如图 6－46 所示。

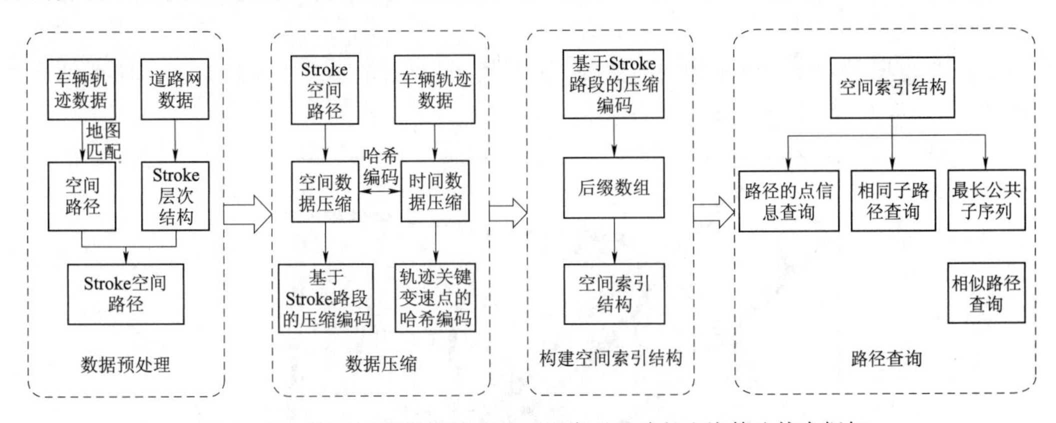

图 6－46　面向压缩车辆轨迹的空间索引及路径查询算法技术框架

6.9.1　基于 Stroke 层次结构的轨迹压缩编码和关键变速点哈希编码

基于 Stroke 层次结构特征实现对车辆轨迹的数据压缩，并构建基于 Stroke 路段的压缩编码和轨迹关键变速点的哈希编码两种压缩编码。

将 Stroke 道路按照长度或者交通流量进行排序和层级划分，从而构建 Stroke 道路层次结构。如图 6－47 所示，较长的 Stroke 道路一般是主干道路，其交通流量一般较大，车辆访问频繁程度也较高。图中，根据 Stroke 道路的长度值由大到小对 Stroke 道路编号为

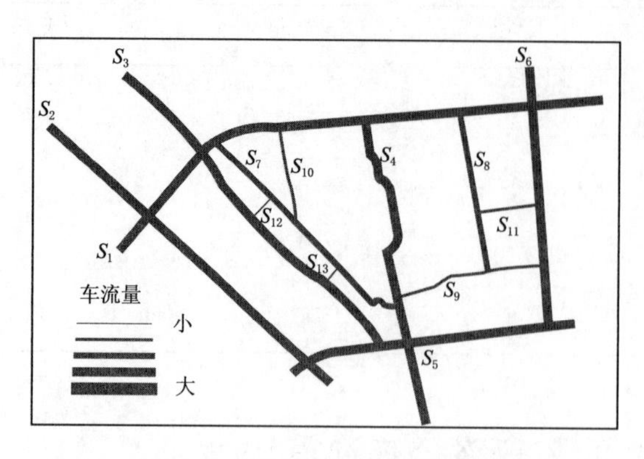

图6-47 Stroke道路层次结构

S_1 到 S_{13}。如图6-48所示，一条原始轨迹经地图匹配后，形成由一系列连续路段组成的空间路径 Tr（图中灰色路径）。根据道路节点编号则其基于路段的路径编码表示为："18，19，28，20，17，25，15，27，14，10，3，4，5，8，13"。而利用Stroke道路层次结构对空间路径 Tr 进行压缩编码，步骤如下：

（1）将Stroke道路中的道路节点重新按照从左到右，从上到下进行编号；例如，S_6 的各个道路节点按照从上到下的顺序将道路节点18，19，28，20，21编号为1到5。

（2）根据步骤（1）中Stroke道路节点编号将上述基于路段的路径编码转换为基于Stroke路段的路径编码，即："S_6，1，2；S_6，2，3；S_6，3，4；S_9，3，2；S_9，2，1；S_4，2，3；S_4，3，4；S_5，4，3；S_5，3，2；S_2，3，2；S_1，2，3；S_1，3，4；S_1，4，5；S_1，5，6；"。同一个Stroke道路上只保留第一个和最后一个道路节点，如："S_9，3，2；S_9，2，1；"只保留"S_9，3，1；"即可。上述路径可进一步编码为"S_6，1，4；S_9，3，1；S_4，2，4；S_5，4，2；S_2，3，2；S_1，2，6；"。

（3）在 Tr 中，当Stroke道路能够唯一表示Stroke路段时，可以进一步对步骤（3）中基于Stroke路段的路径编码进行压缩。其编码可以压缩表示为："S_6；S_9；S_4；S_5；S_2；S_1"。

经过上述步骤，原始轨迹的空间路径 Tr 最终可以压缩表示为基于Stroke路段的压缩编码"S_6，1，4；S_9；S_4；S_5；S_2；S_1，2，6"。

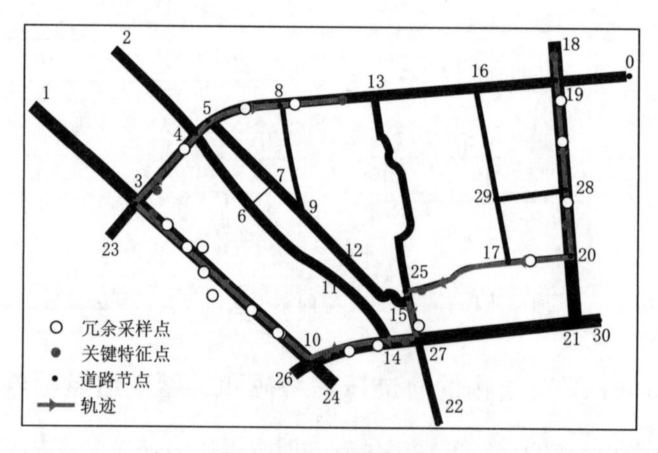

图6-48 一条车辆轨迹

对原始轨迹时间信息的压缩需要提取速度变化明显的关键特征点，即当轨迹点的速度变化超过规定阈值，则记录当前轨迹点为关键变速点。如图6-48所示，灰色线为轨迹的空间路径，包含26个采样点，其中白点表示速度保持稳定的冗余采样点，灰点表示速度变化超过阈值规定的关键特征点。为了建立压缩后轨迹空间信息和时间信息之间的联系，构建了一种哈希编码。该编码既记录轨迹关键变速点的时间信息，又记录关键变速点在Stroke道路中的空间位置。可以根据关键变速点时间信息立即找到所对应空间位置，反之亦然。哈希编码数据形式如下：

$$N.TIME\ P\ Q \tag{6-18}$$

式中：N 为关键变速点在基于Stroke路段的压缩编码的第 N 个Stroke路段上；$TIME$ 为关键变速点时间信息；P 为关键轨迹点在当前Stroke路段的第 P 段路段上；Q 为当前路段划分为100份，轨迹点在第 Q 份。

6.9.2　面向压缩车辆轨迹的空间索引结构构建

针对压缩车辆轨迹，空间索引结构不能过于复杂，否则就失去了轨迹压缩的意义，故采用后缀数组来构建压缩车辆轨迹的空间索引结构。

假设有两条车辆轨迹 Tr_1 和 Tr_2，他们基于Stroke路段的压缩编码中Stroke道路部分分别为“S_6；S_9；S_4”和“S_5；S_2；S_1”。将轨迹中每个Stroke道路编号作为一个字符，则 Tr_1 和 Tr_2 的后缀数组见表6-5和表6-6。再将二者排序后的后缀合并在一起统一排序，其结果见表6-7。记录每条轨迹基于Stroke路段的压缩编码中字符的总个数，例如，Tr_1 中字符的总个数为3个，Tr_2 亦然，那么表中后缀数组 $SA[i]$ 的值为1～3时对应于第一条轨迹 Tr_1，4～6时对应于第二条轨迹 Tr_2。

表6-5　Tr_1 后缀数组

后缀	$SA[i]$
S_4	3
S_6；S_9；S_4	1
S_9；S_4	2

表6-6　Tr_2 后缀数组

后缀	$SA[i]$
S_1	3
S_2；S_1	2
S_5；S_2；S_1	1

表6-7　两个后缀数组合并后的结果

后缀	$SA[i]$
S_1	6
S_2；S_1	5
S_4	3
S_5；S_2；S_1	4
S_6；S_9；S_4	1
S_9；S_4	2

6.9.3　路径的点信息查询

路径的点信息查询算法包括两种查询算法，即 $Where(Tr,t)$ 查询和 $When(Tr,x,y)$ 查询。

1. $Where(Tr,t)$ 查询

$Where(Tr,t)$ 查询返回车辆在时刻 t 位于待查询轨迹所对应空间路径 Tr 中的位置（x，y）。根据哈希编码定义，压缩轨迹的关键变速点对应于一组按照时间顺序排列的哈希编码串。$Where(Tr,t)$ 查询的步骤如下：首先利用二分查找时刻 t 所对应的哈希编码，再根据该哈希编码中所存储的Stroke空间路径信息，最后获取时刻 t 在空间路径中位置。

算法中待查询路径的关键变速点个数为 n 个，使用二分查找法查询其哈希编码的时间

复杂度应为 $O(\log_2 n)$，故 $Where(Tr,t)$ 算法的时间复杂度仅为 $O(\log_2 n)$。

2. $When(Tr,x,y)$ 查询

$When(Tr,x,y)$ 查询返回移动对象到达轨迹所对应空间路径 Tr 的位置（x，y）处的时间戳。$When(Tr,x,y)$ 查询的步骤如下：给定位置 $A(x,y)$，首先利用地图匹配得到 A 点所在的 Stroke 道路编号 *StrokeID* 与 A 点所在路段的起始节点 *StartNode* 和终止节点 *EndNode*。在 S（待查询路径基于 Stroke 路段的压缩编码）中顺序查找 *StrokeID* 所在位置，并将其存入一个临时数组 *TempArray* 中。遍历 *TempArray* 数组，根据该数组中所存储的位置值，可在 S 中的该处位置得到一条 Stroke 路段，继而判断该 Stroke 路段是否包含路段［*StartNode*，*EndtNode*］。若包含，再根据该 Stroke 路段中各个关键变速点的哈希编码线性插值得到到达位置 A 的时刻 t；反之，表示位置 A 不在待查询路径上。

设算法中待查询路径的基于 Stroke 路段的压缩编码 S 包含 m 个 Stroke 路段，哈希编码中包含 n 个关键变速点。则顺序查找上述 A 点所在 Stroke 路段的时间复杂度为 $O(m)$。设所找到的 Stroke 路段中包含的压缩轨迹关键变速点数量为 q 个（$q \ll n$），则在该 Stroke 路段中具体定位 A 点所在时刻的时间复杂度为 $O(log_2 q)$，因此 $When(Tr,x,y)$ 的时间复杂度为 $O(m+k*log_2 q)$，其中，k 是 *TempArray* 数组中元素的个数，即查找到的重复 Stroke 路段个数。

6.9.4　路径查询

路径查询算法包括两种查询算法，即相同子路径查询和相似路径查询。

1. 相同子路径查询

相同子路径查询是指在所有待查询路径中找到所给定子路径，并给出其在待查询路径中的位置。

如图 6-49 所示，待查询空间路径的基于 Stroke 路段的压缩编码可表示为“S_6，1，4；S_9；S_4；S_5；S_2；S_1，2，6”，给定子路径 2 的基于 Stroke 路段的压缩编码可表示为“S_2，1，2；S_1，2，4；”。虽然经过字符串匹配发现子路径 2 连续的两个 Stroke 道路编码“S_2；S_1”与待查询路径连续的两个 Stroke 道路编号“S_2；S_1”完全一致，但待查询路径

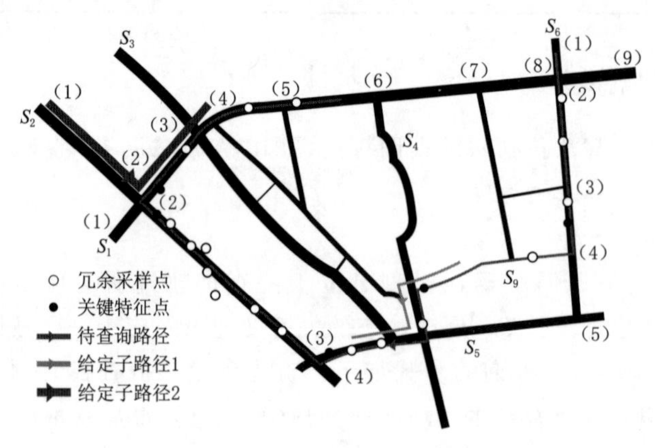

图 6-49　相同子路径查询

中并不包含子路径 2。因此还需要对二者 Stroke 道路编号相互匹配的部分作进一步判断。在匹配部分中，进行两项判断，其一是判断待查询路径中的第一个和最后一个 Stroke 路段是否能够包含给定子路径中第一个和最后一个 Stroke 路段。其二是判断二者中间各个 Stroke 路段是否相同。若两个判断条件均满足，则表明成功找到子路径；反之则查询失败。

给定子路径的基于 Stroke 路段的压缩编码记为 L，所有待查询路径的基于 Stroke 路段的压缩编码记为 S。设 L 的长度为 m_L、S 的长度为 m_S，采用后缀数组进行二分查找的时间复杂度为 $O(\log_2 m_s)$，假设在待查询路径中能够找到 k 个模式匹配成功的子路径，则相同子路径算法的时间复杂度为 $O(m_L \log_2 m_s + km_L)$。

2. 相似路径查询

给定一条路径，从所有候选查询路径中找到与给定路径最相似的路径，即相似路径查询。本算法利用最长公共子序列方法寻找轨迹之间所对应空间路径的最长公共部分，由此计算空间路径相似度，以完成相似路径查询。

如图 6－50 所示，假设给定查询路径 1 和待查询路径 2 的基于 Stroke 路段的压缩编码分别为“S_6，2，4；S_9；S_4；S_5；S_2，3，2;”和“S_3，1，2；S_1；S_6；S_5；S_2，3，2;”。如果只对两条路径的压缩编码中的 StrokeRoad 字符串查找最长公共子序列，则其结果应该为“S_6；S_5；S_2;”。但两条路径的重叠部分显然并非整条 Stroke 道路，因此还需要对路径的真正重叠部分做出具体判断。图中查询路径 1 中“S_6”对应的 Stroke 路段为从 2 号节点到 4 号节点，而待查询路径 2 中“S_6”对应的 Stroke 路段为从 2 号节点到 5 号节点，二者的公共部分实际上为从 2 号节点到 4 号节点的 Stroke 路段。同理可分别找出“S_5”和“S_2”这两条 Stroke 道路在给定查询路径 1 和待查询路径 2 中的公共重叠部分，最终两条空间路径的公共重叠部分见图中椭圆所圈出的部分。

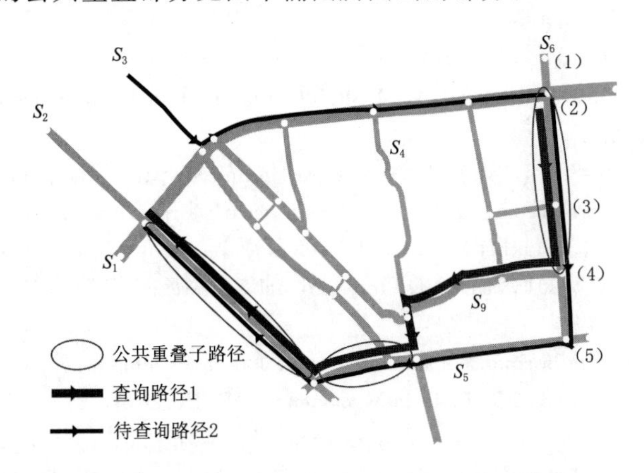

图 6－50 基于最长公共子序列查找最长重叠路径

若 S 和 L 的字符串长度分别为 m_s、m_L，则动态规划算法求最长公共子序列构造的二维表有 $m_s * m_L$ 项，使用递推的方法求每项的时间复杂度 $O(1)$，即动态规划求 Stroke 道路编码最长公共子序列的时间复杂度为 $O(m_s \cdot m_L)$，因此相似路径查询算法总的时间复杂度为 $O(m_s \cdot m_L)$。

参考文献

[1] Frentzos E. Indexing objects moving on fixed networks [C]//Advances in Spatial and Temporal Databases: 8th International Symposium, SSTD 2003, Santorini Island, Greece, July 2003. Proceedings 8. Springer Berlin Heidelberg, 2003: 289-305.

[2] De Almeida V T, Güting R H. Indexing the trajectories of moving objects in networks [J]. GeoInformatica, 2005, 9 (1): 33-60.

[3] 丁治明，李肖南，余波. 网络受限移动对象过去、现在及将来位置的索引 [J]. 软件学报，2009，20 (12): 3193-3204.

[4] Popa I S, Zeitouni K, Oria V, et al. PARINET: A tunable access method for in-network trajectories [C]//2010 IEEE 26th International Conference on Data Engineering (ICDE 2010). IEEE, 2010: 177-188.

[5] Sandu Popa I, Zeitouni K, Oria V, et al. Indexing in-network trajectory flows [J]. The VLDB Journal, 2011, 20: 643-669.

[6] Papadias D, Tao Y, Kanis P, et al. Indexing spatio-temporal data warehouses [C]//Proceedings 18th international conference on data engineering. IEEE, 2002: 166-175.

[7] Silva Y N, Xiong X, Aref W G. The RUM-tree: supporting frequent updates in R-trees using memos [J]. The VLDB Journal, 2009, 18: 719-738.

[8] Zhu Y, Wang S, Zhou X, et al. RUM^+-tree: a new multidimensional index supporting frequent updates [C]//Web-Age Information Management: 14th International Conference, WAIM 2013, Beidaihe, China, June 14-16, 2013. Proceedings 14. Springer Berlin Heidelberg, 2013: 235-240.

[9] Mahmood A R, Aly A M, Kuznetsova T, et al. Disk-based indexing of recent trajectories [J]. ACM Transactions on Spatial Algorithms and Systems (TSAS), 2018, 4 (3): 1-27.

[10] Mahmood A R, Aref W G, Aly A M, et al. Indexing recent trajectories of moving objects [C]//Proceedings of the 22nd ACM SIGSPATIAL International Conference on Advances in Geographic Information Systems. 2014: 393-396.

[11] Šaltenis S, Jensen C S, Leutenegger S T, et al. Indexing the positions of continuously moving objects [C]//Proceedings of the 2000 ACM SIGMOD international conference on Management of data. 2000: 331-342.

[12] Tao Y, Papadias D, Sun J. The TPR^*-tree: An optimized spatio-temporal access method for predictive queries [C]//Proceedings 2003 VLDB conference. Morgan Kaufmann, 2003: 790-801.

[13] Hendawi A M, Bao J, Mokbel M F, et al. Predictive tree: An efficient index for predictive queries on road networks [C]//2015 IEEE 31st International Conference on Data Engineering. IEEE, 2015: 1215-1226.

[14] Ray S. Towards high performance spatio-temporal data management systems [C]//2014 IEEE 15th International Conference on Mobile Data Management. IEEE, 2014, 2: 19-22.

[15] Zheng B, Yuan N J, Zheng K, et al. Approximate keyword search in semantic trajectory database [C]//2015 IEEE 31st International Conference on Data Engineering. IEEE, 2015: 975-986.

[16] Yu X, Pu K Q, Koudas N. Monitoring k-nearest neighbor queries over moving objects [C]//21st International Conference on Data Engineering (ICDE'05). IEEE, 2005: 631-642.

[17] Yu Z, Liu Y, Yu X, et al. Scalable distributed processing of k-nearest neighbor queries over moving objects [J]. IEEE Transactions on knowledge and Data Engineering, 2014, 27 (5): 1383-1396.

[18] He H, Li R, Ruan S, et al. TraSS: Efficient Trajectory Similarity Search Based on Key-Value Data Stores [C]//2022 IEEE 38th International Conference on Data Engineering (ICDE). IEEE,

2022：2306 - 2318.

[19] Koide S，Tadokoro Y，Xiao C，et al. CiNCT：Compression and retrieval for massive vehicular trajectories via relative movement labeling [C]//2018 IEEE 34th International Conference on Data Engineering (ICDE). IEEE，2018：1097 - 1108.

[20] Manzini G. An analysis of the Burrows—Wheeler transform [J]. Journal of the ACM (JACM)，2001，48 (3)：407 - 430.

[21] Navarro G，Mäkinen V. Compressed full - text indexes [J]. ACM Computing Surveys (CSUR)，2007，39 (1)：2 - es.

[22] Koide S，Tadokoro Y，Yoshimura T，et al. Enhanced indexing and querying of trajectories in road networks via string algorithms [J]. ACM Transactions on Spatial Algorithms and Systems (TSAS)，2018，4 (1)：1 - 41.

[23] 赵东保，邓悦. 顾及轨迹压缩的车辆路径查询算法 [J]. 测绘学报，2023，52 (03)：501 - 514.

第7章 总结和展望

7.1 总　　结

各类移动对象的轨迹数据就像一座空间信息宝库，可以从中挖掘移动对象复杂的活动规律和运行模式。但由于其数据量过于庞大，对轨迹数据的传输、管理、检索和挖掘构成了严峻挑战。本专著对大规模移动对象的轨迹压缩及其时空索引查询技术进行了深入剖析和叙述，主要贡献如下：

（1）分析了时空轨迹的特征，全面总结了现有各种轨迹压缩算法。将这些算法划分为基于特征点提取的轨迹压缩方法、基于道路网约束的轨迹压缩方法、基于相似性的轨迹压缩方法以及基于语义的轨迹压缩方法，并对比了上述各类压缩算法的优缺点。针对每一种类轨迹压缩算法，深入浅出地阐述了其典型压缩算法的有关原理、模型及步骤，与此同时，穿插介绍了作者研究团队所提出的多种轨迹压缩算法。

（2）全面总结了移动对象的各类时空查询模式，重点阐述了移动对象最邻近查询技术，并将其分为由静态对象查询动态对象、由动态对象查询静态对象以及由动态对象查询动态对象三种应用场合，深入阐释了每一种类移动对象最近邻查询的典型算法原理及其实现过程。

（3）在系统介绍常用空间索引算法的基础上，全面总结了各类时空索引算法，并将其划分为面向历史移动对象的时空索引、面向当前移动对象的时空索引、面向未来移动对象的时空索引、面向所有时间点移动对象的时空索引、面向文本语义的轨迹时空索引、面向分布式系统的移动对象时空索引、面向相似查询的轨迹时空索引以及面向压缩轨迹路径查询的时空索引等八大类轨迹时空索引方法。针对每一种类的轨迹时空索引方法，简明扼要地阐述了相关索引结构及其查询技术，与此同时，穿插介绍了作者研究团队提出的面向轨迹压缩的路径索引查询算法。

7.2 展　　望

尽管目前针对轨迹数据压缩与索引的相关研究已较为深入，但是仍有相关理论与技术亟待深入研究。基于现有研究成果，本书提出还需进一步探索的几个方向：

（1）支持大规模时空轨迹数据实时清洗、管理、挖掘的高性能分布式计算方法。大数据环境下，传统的单一处理模式和方法已经无法适应多源、异构和海量的轨迹数据，分布式处理是提升海量数据处理能力的重要手段。根据轨迹数据类型与状态的不同，提出相应的高性能分布式计算方法是未来研究人员关注的重点。

（2）支持面向轨迹数据挖掘的轨迹压缩和索引方法。海量的轨迹数据对轨迹数据挖掘提出了挑战，在轨迹数据挖掘前对轨迹进行压缩能够有效地提高轨迹挖掘效率。研究即能有效减小轨迹数据量而不显著丢失轨迹蕴含的模式信息的压缩算法，同样是相关学者未来需要研究的方向。

（3）基于深度学习的轨迹大数据挖掘技术。大规模的历史轨迹数据集为深度学习提供了足够的训练样本，可以从中能挖掘出新的规律和知识，结合知识图谱与知识库等技术对这些获取到的知识进行组织、关联和管理能进一步拓展其应用价值。

（4）时空轨迹数据与多种信息流综合分析。不仅仅单一地研究轨迹数据处理与分析，融合其他领域信息（如手机信令数据、签到数据、POI 数据以及夜间灯光遥感数据）来扩大轨迹数据分析的应用范围。

（5）轨迹数据挖掘过程中涉及的个人隐私问题。在不暴露用户敏感信息的前提下进行有效的轨迹数据挖掘，既可以挖掘出活动规律，又能有效地保护隐私，并严格遵守法律法规。